高等院校电脑美术教材

Photoshop+InDesign CC
平面设计基础教程

张　宇　王明皓　编著

U0223458

清华大学出版社
北　京

内 容 简 介

Photoshop 和 InDesign 在印前技术以及商业图文设计及排版方面功能强大，是每一个平面设计人员都应该掌握的软件。本书的主要内容包括印前必备知识、Photoshop CC 快速入门、图像的创作与修饰、图层的创建与编辑、通道的运用以及 InDesign CC 快速入门、InDesign CC 基本操作、InDesign CC 页面处理、InDesign CC 文本的创建与编辑、段落属性的创建与处理、图形的绘制、颜色的定义与图文混排、图层与矢量图形、印刷前的颜色设置及文件的打印与输出等内容，在本书的最后四章安排了四个不同领域及类别的项目指导，以方便读者或用户可以结合实践，熟悉不同领域宣传册的制作思路及方法。

本书不仅适合作为初学者的入门教材，还可作为从事图形图像创作、婚纱影楼、灯箱广告实景模拟、珠宝首饰造型设计、包装设计等设计领域人员的参考用书，也可作为电脑培训学校的图形图像专业教材。

图书在版编目(CIP)数据

Photoshop+InDesign CC 平面设计基础教程/张宇，王明皓编著. --北京：清华大学出版社，2015
(高等院校电脑美术教材)
ISBN 978-7-302-38241-6

Ⅰ. ①P… Ⅱ. ①张… ②王… Ⅲ. ①平面设计—图像处理软件—高等学校—教材 ②电子排版—应用软件—高等学校—教材 Ⅳ. ①TP391.41 ②TS803.23

中国版本图书馆 CIP 数据核字(2014)第 235106 号

责任编辑：张彦青
封面设计：杨玉兰
责任校对：王　晖
责任印制：宋　林

出版发行：清华大学出版社
　　　　网　　　址：http://www.tup.com.cn，http://www.wqbook.com
　　　　地　　　址：北京清华大学学研大厦 A 座　　　　邮　　编：100084
　　　　社 总 机：010-62770175　　　　邮　　购：010-62786544
　　　　投稿与读者服务：010-62776969，c-service@tup.tsinghua.edu.cn
　　　　质 量 反 馈：010-62772015，zhiliang@tup.tsinghua.edu.cn
　　　　课 件 下 载：http://www.tup.com.cn，010-62791865
印 装 者：清华大学印刷厂
经　　销：全国新华书店
开　　本：185mm×260mm　　　印　张：28　　　字　数：681 千字
　　　　　(附 DVD1 张)
版　　次：2015 年 1 月第 1 版　　　印　次：2015 年 1 月第 1 次印刷
印　　数：1～3000
定　　价：55.00 元

产品编号：060671-01

前　言

1. Photoshop CC 和 InDesign CC 中文版简介

Photoshop 是平面图像处理业界的霸主，它功能强大，操作界面友好，赢得了众多用户的青睐。Photoshop 支持众多图像格式，对图像的常见操作和变换做到了非常精细的程度，使得任何一款同类软件都无法与其比肩。

Adobe 的 InDesign 是一个定位于专业排版领域的全新软件， 由 Adobe 公司于 1999 年 9 月 1 日发布。它是基于一个新的开放的面向对象体系，可实现高度的扩展性，还建立了一个由第三方开发者和系统集成者可以提供自定义杂志、广告设计、目录、零售商设计工作室和报纸出版方案的核心。Adobe Photoshop CC 和 Adobe InDesign CC 较之前的版本而言有了较大的升级。为了使读者能够更好地学习它，我们对本书进行了详尽的编排，希望通过基础知识与实例相结合的学习方式，让读者以最有效的方式来尽快掌握 Adobe InDesign CC 和 Adobe Photoshop CC。

2. 本书内容介绍

本书以循序渐进的方式，全面介绍了 InDesign CC 和 Photoshop CC 中文版的基本操作和功能，详尽说明了各种工具的使用。本书实例丰富，步骤清晰，与实践结合非常密切。具体内容如下。

第 1 章介绍了印前必备常识，数字印刷的工艺特点及优势、数字印前技术的工艺流程，印前图文信息处理系统等内容。

第 2 章介绍 Photoshop CC 的入门基础知识，包括 Photoshop CC 的安装、启动、与退出以及对其工作界面进行介绍。通过本章的学习，读者能够对 Photoshop CC 有一个初步的认识，从而为后面章节的学习奠定良好的基础。

第 3 章介绍 Photoshop 在图像创作和修饰方面的功能。利用修复与修饰工具，在 Photoshop 中可以将有缺陷的图像进行修复。在图像绘制、图像的修复和处理等方面 Photoshop 有着无可比拟的优势。本章将通过基础与案例的结合，向读者介绍如何使用 Photoshop 中的工具对图像进行创作和修饰。

第 4 章介绍 Photoshop 图层的功能与操作方法。图层承载了几乎所有图像效果，它的引入改变了图像处理的工作方式。【图层】面板为图层提供了每一个图层的信息，利用【图层】面板可以灵活运用图层处理处各种特殊效果

第 5 章介绍通道的类型与应用。通道就是选区，Photoshop 中包含 3 种类型的通道，即颜色通道、Alpha 通道、专色通道。通道主要用来保存图像的颜色信息及选区等。

第 6 章介绍 InDesign CC 版面设置的基本知识。通过学习本章可以了解 InDesign CC 的工作环境、安装，学习如何新建 InDesign CC 文档和模板，打开以及保存等基本操作方法。

第 7 章介绍在 InDesign 中的一些基本操作，如选择对象、编辑对象、变换对象和锁定对象等。通过本章的学习可以深入了解和熟悉 InDesign 中的一些基本操作。

第 8 章介绍一些处理多页文档的操作方法，如添加、复制、删除或移动等操作。另外

还介绍了调整页面版面和对象、使用主页、编排页码和章节等操作方法。

第 9 章介绍 InDesign 中文本的创建与编辑，例如添加文本、导出文本等简单操作。用户可以在 InDesign 中进行一般的文字编辑，可以对文本框架、文本等对象灵活地进行操作。

第 10 章介绍在 InDesign 中增加段落间距、设置首字下沉、添加项目符号和编号以及美化文本段落等方法和技巧，为以后的版式编排打下坚实的基础。

第 11 章介绍如何通过路径绘制图形，使用户可以通过本章的学习了解如何运用路径工具绘制需要的任意图形。

第 12 章介绍在 InDesign CC 中使用【色板】面板、【颜色】面板、【渐变】面板等创建颜色的方法和图文绕排、图文排版中的一些基本操作，包括文本绕排方式、剪切路径与复合路径和设置脚注等。

第 13 章介绍在 InDesign 中如何设置制表符和编辑表格。InDesign CC 不仅具有强大的绘图功能，而且还具有强大的表格编辑功能。如果想要快速地创建简单的表，可以使用制表符；如果需要得到复杂的表，就需要使用表编辑器，例如在表中添加图形、为单元格添加对角线、设置表中文本的对齐方式和设置表的描边、填色等。

第 14 章介绍如何设置印前颜色、文件打印以及输出等。印前设置影响着印刷品的一切，一幅再好的作品，如果在印刷时出现错误也是会毁掉作品的，因此，一定要注意印前的设置。

第 15 章介绍如何制作一些简单实用的卡片，通过输入文本、设置字体等简单基础的操作，使读者掌握设计卡片的方法。

第 16 章介绍如何制作汽车宣传单。本例将通过 Photoshop、InDesign 两个软件，综合地介绍一下汽车宣传单页的操作方法及步骤。

第 17 章介绍如何利用 Photoshop CC 和 InDesign CC 制作三折页宣传单，其中包括如何制作折页的 Logo 和如何设计三折页宣传单，通过本章的学习，读者能够对前面所学的知识进一步巩固加深。

第 18 章介绍如何制作房地产宣传单。房地产宣传单是房地产开发商或销售代理商宣传楼盘、吸引购房者的重要资料，是房地产广告的一种重要形式，它较大众媒体上的房地产广告和销售宣传资料更为翔实和丰富。

使用 InDesign 和 Photoshop 制作的 4 个大型综合案例，将很多的技术点融合在一起综合运用。通过 4 个案例的制作，读者可更全面、更熟练地掌握一些技术点，更重要的是学会一种创作思路，使自己根据要求制作出不同的作品。

本书主要有以下几大优点：

- 内容全面。几乎覆盖了 InDesign CC 和 Photoshop CC 中文版所有选项和命令。
- 语言通俗易懂，讲解清晰，前后呼应。以最小的篇幅、最易读懂的语言来讲述每一项功能和每一个实例。
- 实例丰富，技术含量高，与实践紧密结合。每一个实例都倾注了作者多年的实践经验，每一个功能都经过技术认证。
- 版面美观，图例清晰，并具有针对性。每一个图例都经过作者精心策划和编辑。只要仔细阅读本书，读者能够从中学到很多知识和技巧。

本书主要由张宇、王明皓编写，同时参与编写的还有刘蒙蒙、徐文秀、任大为、白文才、高甲斌、刘鹏磊、张炜、李少勇、张紫欣、王雄健、张林、王玉、张云、李娜、贾玉印、刘杰、罗冰、陈月娟、陈月霞、刘希林、黄健、黄永生、田冰、徐昊，北方电脑学校的刘德生、宋明、刘景君老师，德州职业技术学院的张锋、相世强两位老师，在此一并表示感谢。本书不仅适合图文设计的初学者阅读学习，还是平面设计、广告设计、包装设计等相关行业从业人员理想的参考书，也可以作为大中专院校和培训机构平面设计、广告设计等相关专业的教材。当然，在创作的过程中，由于时间仓促，书中错误和疏漏之处在所难免，希望广大读者批评指正。

3. 本书约定

本书以 Windows 7 为操作平台来介绍，不涉及在苹果机上的使用方法，但基本功能和操作，苹果机与 PC 相同。为便于读者阅读理解，本书作如下约定：

- 本书中出现的中文菜单和命令将用"【】"括起来，以区分其他中文信息。
- 用"+"连接的两个或三个键，表示组合键，在操作时表示同时按下这两个或三个键。例如，Ctrl+V 是指在按下 Ctrl 键的同时，按下字母 V 键；Ctrl+Alt+F10 是指在按下 Ctrl 和 Alt 键的同时，按下功能键 F10。
- 在没有特殊指定时，单击、双击和拖动是指用鼠标左键单击、双击和拖动；右击是指用鼠标右键单击。

目　　录

第1章 印前必备常识

近年来，随着电子出版的快速普及以及数字技术的广泛应用和发展，传统印刷方式的市场受到很大冲击。传统印刷正面临着客户需要的按需印刷以及印刷品的印数越来越少的双重困难，这就迫使传统印刷方法必须进行变革以寻求发展和突破。数字印刷技术的出现提供了解决困难的途径，也是当今印刷技术发展的一个焦点。

1.1 Photoshop 与 InDesign 简介

Photoshop 是平面图像处理业界的霸主，Adobe 公司推出的跨越 PC 和 MAC 两界首屈一指的大型图像处理软件。它功能强大，操作界面友好，得到了广大第三方开发厂家的支持，从而也赢得了众多用户的青睐。Photoshop 支持众多图像格式，对图像的常见操作和变换做到了非常精细的程度，使得任何一款同类软件都无法望其项背。从某种程度上来讲，Photoshop 本身就是一件经过精心雕琢的艺术品，更像为您量身定做的衣服，刚开始使用不久就会觉得的备感亲切。

Adobe 的 InDesign 是一个定位于专业排版领域的全新软件，由 Adobe 公司于 1999 年9 月 1 日发布。它是基于一个新的开放的面向对象体系，可实现高度的扩展性，还建立了一个由第三方开发者和系统集成者可以提供自定义杂志、广告设计、目录、零售商设计工作室和报纸出版方案的核心。

1.2 Photoshop 与 InDesign 的应用领域

1.2.1 Photoshop 的应用领域

Photoshop 的应用领域很广泛，在图像、图形、文字、视频、出版各方面都有涉及。

● 平面设计

平面设计是 Photoshop 应用最为广泛的领域，无论是我们正在阅读的图书封面，还是大街上看到的招贴、海报，这些具有丰富图像的平面印刷品，基本上都需要 Photoshop 软件对图像进行处理。

● 修复照片

Photoshop 具有强大的图像修饰功能。利用这些功能，可以快速修复一张破损的老照片，也可以修复人脸上的斑点等缺陷。

● 广告摄影

广告摄影作为一种对视觉要求非常严格的工作，其最终成品往往要经过 Photoshop 的修改才能达到满意的效果。

● 影像创意

影像创意是 Photoshop 的特长，通过 Photoshop 的处理可以将原本风马牛不相及的对象组合在一起，也可以使用"狸猫换太子"的手段使图像发生面目全非的巨大变化。

● 艺术文字

当文字遇到 Photoshop 处理，就已经注定不再普通。利用 Photoshop 可以使文字发生各种各样的变化，并利用这些艺术化处理后的文字为图像增加效果。

● 网页制作

网络的普及是促使更多人需要掌握 Photoshop 的一个重要原因。因为在制作网页时Photoshop 是必不可少的网页图像处理软件。

● 建筑效果图后期修饰

在制作建筑效果图包括许多三维场景时，人物与配景包括场景的颜色常常需要在Photoshop 中增加并调整。

● 绘画

由于 Photoshop 具有良好的绘画与调色功能，许多插画设计制作者往往使用铅笔绘制草稿，然后用 Photoshop 填色的方法来绘制插画。除此之外，近些年来非常流行的像素画也多为设计师使用 Photoshop 创作的作品。

● 界面设计

界面设计是一个新兴的领域，已经受到越来越多的软件企业及开发者的重视，虽然暂时还未成为一种全新的职业，但相信不久一定会出现专业的界面设计职业。在当前还没有用于做界面设计的专业软件，因此绝大多数设计者使用的都是 Photoshop。

● 绘制或处理三维贴图

在三维软件中，如果能够制作出精良的模型，而无法为模型应用逼真的贴图，也无法得到较好的渲染效果。实际上在制作材质时，除了要依靠软件本身具有材质功能外，利用Photoshop 可以制作在三维软件中无法得到的合适的材质也非常重要。

● 婚纱照片设计

当前越来越多的婚纱影楼开始使用数码相机，这也使得婚纱照片设计的处理成为一个新兴的行业。

● 视觉创意

视觉创意与设计是设计艺术的一个分支，此类设计通常没有明显的商业目的，但由于它为广大设计爱好者提供了广阔的设计空间，因此越来越多的设计爱好者开始了学习Photoshop，并进行具有个人特色与风格的视觉创意。

● 图标制作

虽然使用 Photoshop 制作图标在感觉上有些大材小用，但使用此软件制作的图标的确非常精美。

上述列出了 Photoshop 应用的 13 大领域，但实际上其应用远不止上述这些。例如，目前的影视后期制作及二维动画制作，Photoshop 也有所应用。

1.2.2　InDesign 的应用领域

InDesign 与 Photoshop、Illustrator 等软件配合使用，已经渗透到了版式设计的多个领域，如报纸、杂志、书籍、宣传品等，大大减少了由于版面变化而改变版式的工作量，提高了工作效率。

- 平面设计

在 InDesign CC 中，可以进行平面广告、包装、宣传品的版式设计。软件提供了图形绘制、文字排版、色彩管理等方面的功能，给平面设计提供了一个优秀的制作平台。

- 电子出版物的制作

在 InDesign CC 中，使用超链接、书签、按钮等功能，能够制作集文字、图片、Flash动画、音频、视频等内容丰富、互动性强的电子出版物。电子出版物以其阅读模式多、选择性强等突出的优点，迅速且广泛地被大众所接受，目前已成为一种不可或缺的信息传播手段。

- 杂志、书籍的排版

在 InDesign CC 中，对于杂志、书籍这些长文档的处理同样给出了很好的解决方法。在制作杂志、书籍这些传统的长文档时，编辑、打字员、设计师等在一起工作，可能需要同时修改其中的不同部分，而对索引、目录、页码和样式又具有一致性的要求，这一切InDesign CC 都可以轻而易举地完成。

1.3　数字印刷概述

数字印刷是利用印前系统将图文信息直接通过网络传输到数字印刷机上印刷的一种新型印刷技术。将数字化的图文信息直接记录到承印材料上进行印刷，也就是说输入的是图文信息数字流，而输出的也是图文信息数字流，要强调的是它是按需印刷、无版印刷，是与传统印刷并行的一种科目。

数字印刷机突破了数码印刷技术瓶颈，实现了真正意义上的一张起印、无须制版、全彩图像一次完成，如图 1.1 所示。数字印刷机按照用途的不同分为工业用数码印刷机和办公用数码印刷机。按照原理不同可以分为 7 类：在机成像 DI 印刷机、连续喷墨式、按需喷墨式、电凝成像技术印刷机、磁记录数字印刷机、静电成像数字印刷机、电凝聚数字印刷机。

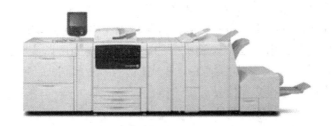

图 1.1　数字印刷机

1.3.1　传统印刷

在学习数字印刷之前我们先简单了解一下传统印刷，即胶片印刷，也称之为菲林印刷。胶片印刷有一定的印量要求；其印刷流程为：文件编排→印前拼版→菲林输出→印刷晒版→上机印刷→特点折页→装订。可以看出工序较多，印刷周期较长。菲林印刷都是油墨纸张印刷品，在起印量上会有一定要求，都会有一个最低起印费。

1.3.2　数字印刷的原理

数字印刷系统主要由印前图文输入系统、印前图文处理系统、印前图文输出系统和数字印刷机组成，有些系统上还配备有装订和裁切设备，即印后加工工艺系统。整个数字印刷的工作原理是：操作者将印刷文档(图文数字信息)或数字媒体信息输入计算机中，利用计算机中的专业排版软件进行版式设计，数字信息修改、文档编排等一系列操作，最后成为客户满意的数字化信息后进行输出。经 RIP(栅格图像处理器)处理，成为相应的单色像素数字信号后传至激光控制器，再由激光控制器发射出相应的激光束并对印刷滚筒进行扫描。滚筒经感光后形成可以吸附油墨或墨粉的图文，然后转印到纸张等承印物上。

1.3.3　数字印刷的工艺特点及优势

数字印刷是印刷技术数字化和网络化发展的产物。数字印刷具有以下几个特点。

- 数字化印刷方式：数字印刷过程是指从计算机到纸张或印刷品的过程。整个过程全部实现数字化运行，工序间不需要胶片和印版、晒图等传统而烦琐的印刷工序。
- 无空间限制印刷：在有网络支持的情况下，可以利用网络进行文件传输从而进行异地印刷，不受空间、地点的制约，将客户和印刷服务有机地连接起来，这是以往从来没有的现象。
- 可变信息印刷：数字印刷品的信息是 100%的可变信息，在印刷过程中可以随时进行修改，可以使相邻输出的两张印刷品完全不同。

数字印刷与传统印刷相比，有以下优势。

- 周期短：数字印刷不需要菲林、自动化印前等一系列准备，并且省去了传统的印版，简化了制版工艺、装版定位、水墨平衡等一系列传统印刷工艺过程，这样就大大缩短了整个印刷周期。
- 成本不受印量制约：中小型企业印务需求广，但印数一般不会太大，当印刷数量少于 5000 份时，习惯上就称为"短版印"，这时使用传统印刷费用会比较高昂，但是数字印刷品的成本与印数没有太大关系。使用数字印刷可以在不影响利润的情况下进行低印量作业，起印份数可以在 50～5000 份。
- 可变数据输入：由于数字印刷机中的印版或感光鼓可以实时生成影像，文档即使在印前修改，也不会对后续工作造成损失。电子印版或感光鼓使您可以一边印刷，一边对图像和文字信息进行修改。

1.4　数字印前技术

印刷工艺分为印前工艺、印刷工艺和印后加工工艺。印前工艺也称为制版工艺，随着计算机直接制版、数码印刷、色彩管理等技术的出现，使得印前技术实现数字化和高效率。

1.4.1　数字印前技术的工艺流程

在数字印前系统中，制作过程变得非常简单，自动化程度的提高以及可变因素的降低，使得文字排版、图像复制、图文集成不再是必须由印刷企业完成的工作了。

- 明确设计及印刷要求，将文档数据输入计算机。
- 构思与设计方案创意。
- 使用 Photoshop 编辑图片，使用矢量图软件制作图形，最后使用排版软件进行排版、组合。
- 定稿后使用激光照排机经光栅图像处理器(RIP)把版面描述成点阵图像，并分成 CMYK 四色片。
- 将设计制作完成的文件进行输出，送至印刷厂印刷。

1.4.2　数字印前技术的优势

数字印前技术与传统印前技术相比，具有以下优势。

- 图像处理方法更加灵活，便于修改，可以根据要求进行及时调整。
- 实现图文合一处理，具有直观效果，使印刷品质量得到最大保证。
- 工序相对传统印前技术而言相对简单，工作效率明显提高。
- 原材料使用量减少，节省成本。
- 单人即可完成印前工作，节省人力，并且人员培训相对容易。
- 完成后的图文信息可以实时进行远程传送。

1.5　数字印前系统及其组成

数字印前系统由图文输入系统、图文信息处理系统和图文输出系统 3 部分组成，下面分别进行介绍。

1.5.1　印前图文输入系统

该系统主要任务是将文字、图形、图像等信息转换为数字信息，包括数码相机、扫描仪、键盘以及 DVD 光盘等。计算机中的图像是以数字方式进行记录和存储的，这些由数字信息表述的图像被称为数字化图像。在一般情况下，可以通过以下方式获取数字化图像。

- 通过绘图软件获取

使用 Photoshop、Illustrator 和 CorelDRAW 等绘图软件处理图像时，可获取数字化图像。

- 通过数位板获取

数位板常用来进行专业的数码艺术创作，从数位板中可以获取手绘风格的数字化图像。

- 使用扫描仪获取

用户可以使用扫描仪将图片和需要获取的图像信息保存在计算机中。

- 从数码相机中获取

随着数码相机的普及与性能的提高，使用数码相机获取数字化图像已成为一种时尚。

● 从光盘中获取

用户可以根据需要在市场上购买各种专业的图片库。

● 从互联网上下载

互联网上的资源丰富，用户可在网站上购买图片，许多网站也提供了可供免费下载的图片。

数码相机主要用于图像的获取，如图 1.2 所示。被摄对象通过照相机镜头在传感器平面上成像。为了将数码摄影纳入印刷媒体的生产工作流程中，所提供的计算机色彩管理软件也日益增多，如图 1.3 所示。色彩管理系统让使用者在不同的输入和输出设备上进行色彩匹配，从而使用户可以预见何种色彩不能在某些特殊的设备上精确地复制，与及在其他的设备上仿真某设备的色彩再现，以实现精确的复制色彩。

图 1.2　数码相机

图 1.3　色彩管理软件

扫描仪是一种计算机外部仪器设备，通过扫描图像并将其转换为计算机可以显示、编辑、存储和输出的数字化信息的设备。照片、文档页面、图纸、美术图画、菲林软片，甚至纺织品、标牌面板、印制板样品都可作为扫描对象，扫描仪广泛应用在标牌面板、印制板、印刷行业等。

扫描仪通常可分为手持式扫描仪、平板式扫描仪和滚筒式扫描仪。

滚筒式扫描仪一般应用在大幅面扫描领域上，如图 1.4 所示。因为图稿幅面过大，采用滚筒式走纸装置可以有效减小扫描仪的体积。滚筒式扫描仪为 CAD、测绘、勘探、地理信息系统、工程图纸管理等应用领域提供了新的输入手段，在这些领域得到了广泛应用。

平板式扫描仪主要应用于各类图形图像处理、电子出版、印前处理、广告制作、办公自动化等方面，如图 1.5 所示。经过多年来的发展，目前平板式扫描仪的性能已经达到了很高的水平。分辨率通常为 600～1200DPI 左右，高的可达 2400DPI。色彩数一般为30bit，高的可达 36bit。

图 1.4　滚筒式扫描仪

图 1.5　平板式扫描仪

　　键盘是最常见的计算机输入设备，它广泛应用于微型计算机和各种终端设备上，如图 1.6 所示。计算机操作者通过键盘向计算机输入各种指令、数据，指挥计算机的工作。计算机的运行情况输出到显示器，操作者可以很方便地利用键盘和显示器与计算机对话，对程序进行修改、编辑，控制和观察计算机的运行。

　　DVD 光盘是以光信息作为存储物的载体，来存储数据的一种物品，如图 1.7 所示。其超大容量用于提供图像、图形素材，DVD 光盘的尺寸分为两种：一种是常用的 120mm 光盘；另一种是很少见到的 80mm 光盘，其容量达 4.7GB。

图 1.6　键盘

图 1.7　DVD 光盘

1.5.2　印前图文信息处理系统

　　该系统主要将数据信息按复制要求进行处理，包括图像调整、创意分色、图文版式编排和组版等，用于图文处理的主要设备就是计算机，如图 1.8、图 1.9 所示。在计算机选购上一定要注意显示器和配置选择中高档的。

图 1.8　Mac 一体机

图 1.9　PC

　　印前图文信息处理系统仅仅靠计算机是无法完成的，只有利用计算机以及安装的相应软件才能完成文字、图形、图像的印前处理工作，如图 1.10 所示。

图像处理类	Photoshop　Painter
图形绘制类	FreeHand　Illustrator CorelDraw
排版类	Indesign　PageMaker

图 1.10　需要的相关软件

1.5.3　图文输出系统

印前系统的输出方式包括图文显示、预打样、图文存储、输出记录等。用于图文输出的设备主要有激光打印机(见图 1.11)、激光照排机(见图 1.12)、直接制版机以及数字印刷机等。

图 1.11　激光打印机

图 1.12　激光照排机

1.6　什么是宣传册

1.6.1　宣传册的概述

伴随着市场竞争的加剧和企业自身发展的需要，产品宣传册和企业形象宣传册已成为向外传递产品信息和企业宣传自己的重要手段，如图 1.13 所示。同时公益性宣传册也成为服务于大众、面向大众传播科学知识的有力手段，如图 1.14 所示。宣传册的应用范围涵盖各个领域，如服务业、生产企业、传媒业等。同时在公共场所以及学校等教学单位也会张贴宣传单页来提升文化氛围，如图 1.15 所示。

图 1.13　企业宣传册

图 1.14　公益宣传册

图 1.15　教育宣传册

宣传册的制作离不开版式设计和印刷。其中设计是最为重要的一个环节，不但包括封面封底的设计，还包括环衬、扉页、内文版式的构思与编排等。宣传册设计讲求一种整体感和视觉冲击感，对设计者而言，尤其需要具备一种掌控力。从宣传册的开本、字体选择到目录和版式的变化，从图片的排列到色彩的设定，直到最后的印刷材质和印刷要求，都需要做整体的考虑和规划，然后合理调动一切设计要素，将它们有机地融合在一起，这样才能将宣传页的作用发挥到极致，并且服务于大众。

1.6.2 宣传册的用途

- 政府宣传：用于各级政府部门对外宣传、招商引资、城市地域人文介绍以及政府性公益事业推广，如图 1.16 所示。
- 企业形象宣传：企业形象宣传是目前国际上最为流行的一种宣传品，它可以使企业得到社会公众的信赖和支持，有助于企业产品占领市场和增强企业的凝聚力等。
- 产品展示及使用说明：使用多媒体技术制作的产品展示宣传册，能够让顾客了解到更多的产品信息，达到最佳的宣传效果。
- 楼盘展示：制作精美的宣传册配合楼盘效果图及周边配套设施的介绍，可以使得购房者充分了解楼盘的所在环境、升值潜力、房屋结构等详尽资料。最大限度地进行推广，如图 1.17 所示。

图 1.16 政府宣传

图 1.17 楼盘展示

- 会展招商：用于对展销会、展览会、博览会、招商会等进行详尽的综合介绍。

1.6.3 宣传册的开本

宣传册的开本即指宣传册的幅面大小，通常情况下幅面大小用"开"或"开本"来做表示，如 16 开、32 开、64 开或 16 开本、32 开本、64 开本等。通常，一张全开纸张原纸可裁切成一定数量同等尺寸的小纸，该小纸的张数即被称为宣传册的开数或开本数。例如，将一张全开纸张平均裁切成 16 张小纸，这种小纸幅面大小的宣传册就称为 16 开书或16 开本书。由于全开纸张的幅面有大小差异，故宣传册幅面也因所用全开纸张不同而有大小差异。使用多大的开本需要根据实际情况而定，没有固定值，但是切记开本不要太大，如内容过多可以采取装订方式将其装订成册。

1.6.4　宣传册的分类

宣传册按照形式的不同可以分为宣传折页和宣传单页，下面分别对这两种形式的宣传册进行介绍。

1. 宣传折页

宣传折页主要是指四色印刷机彩色印刷的单张彩页，一般是扩大影响力而做的一种纸面宣传材料。折页形式有二折、三折、四折、六折等，特殊情况下，机器折不了的工艺，还可以加进手工折页。现在很多宣传册例如保险业务介绍、银行业务推广以及简易说明书都采用折页制作，如图 1.18 所示。

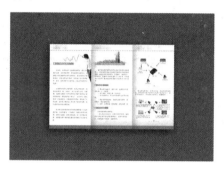

图 1.18　银行宣传折页

宣传折页具有针对性和独立性的特点，正为工商界所广泛应用。

* 针对性

宣传折页是针对某一类业务或者某种产品介绍而推出的，且具有强烈针对性的广告手段。可以在特定时段进行制作发放，从而大大提升当前时段的广告效应。由于折页轻便而且体积小，还可以有针对性地为潜在客户群体开展邮寄业务，扩大宣传范围，强化了广告的效用，也最大限度地降低了宣传费用。

* 独立性

宣传折页不同于其他宣传媒体，它自成一体，不受其他媒体的宣传环境、公众特点、刊登或播出时段、版面、受众、纸张等各种限制。正因为宣传折页具有独立的特点，因此要充分发挥其广告效应，从版式设计到内容编排，再到开本大小、纸张的选择和印刷方式，都要按照高标准来执行，这样当宣传册到达消费者手中时，才能在第一时间吸引住消费者眼球，达到宣传或推广的目的。

2. 宣传单页

宣传单页是不定期推出的一种在特定时间段进行宣传的产品，规格通常是 8 开或 16 开，纸张一般是 105 克、128 克或 157 克铜版纸，正反面彩色印刷而成。最常见的宣传单页是商业促销宣传单页，如图 1.19 所示。一年中的主要节假日也是做宣传单页的最好时机，例如元旦、春节、端午节、劳动节、中秋节、国庆节等。在一些饭店也会适时推出宣传单页进行优惠促销，如图 1.20 所示。

图 1.19　商业促销宣传单页

图 1.20　饭店宣传单页

宣传单页的优点如下。

- 宣传单页不同于其他传统广告媒体，它可以有针对性地选择目标对象，有的放矢，减少浪费。
- 宣传单页是对事先选定的对象直接实施广告，广告接受者容易产生其他传统媒体无法比拟的优越感，使其更自主关注产品。
- 一对一地直接发送，可以减少信息传递过程中的客观挥发，使广告效果达到最大化。
- 不会引起同类产品的直接竞争，有利于中小型企业避开与大企业的正面交锋，潜心发展壮大企业。
- 可以自主选择广告时间、区域，灵活性大，更加适应善变的市场。
- 想说就说，不为篇幅所累，广告主不再被"手心手背都是肉，厚此不忍，薄彼难为"困扰，可以尽情赞誉商品，让消费者全方位了解产品。
- 内容自由，形式不拘，有利于第一时间抓住消费者的眼球。
- 信息反馈及时、直接，有利于买卖双方双向沟通。
- 广告主可以根据市场的变化，随行就市，对广告活动进行调控。
- 摆脱中间商的控制，买卖双方皆大欢喜。
- 宣传单页广告效果客观可测，广告主可根据这个效果重新调配广告费和调整广告计划。

1.7　宣传册设计的视觉要素

人们接受宣传册信息的方式来自视觉，所以样式及版式设计是制作宣传册的一个重要环节，关系到宣传册受关注度和发挥作用的大小。所以在制作过程中要考虑如何利用视觉冲击力传递给人们信息，其中视觉要素包括色彩、图形及文字。

1.7.1　色彩

在宣传册设计的诸多要素中，色彩是一个重要的组成部分。每个色彩都有它自己的语言，找到适合自己的色彩不仅能突出自身的优点，还可以充分表达自己的个性风格，例如夏日冷饮广告通常选择蓝色作为主色调，因为蓝色会传递给我们凉爽的感觉，如图 1.21 所示。再比如现在越来越多的绿色有机蔬菜进入我们的生活，其宣传页通常使用绿色作为基调颜色，因为绿色会传递给我们自然、健康的含义，很好地诠释了蔬菜本身的特点，如图 1.22 所示。

图 1.21　蓝色基调冷饮宣传页

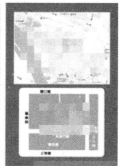

图 1.22　绿色基调蔬菜宣传页

常用色彩的语言含义如下。

- 红：由于红色在可见光谱中光波最长，最为醒目，给人视觉上一种迫近感和扩张感，容易引发兴奋、激动、紧张的情绪，其色彩语言的含义有生命、热情、朝气、爱情、健康、活力等
- 橙：橙色是红色和黄色的搭档，是一个充满活力与华丽的醒目的暖色。它比红色少了些热情和挑衅，但是可以被用于吸引注意力之类的样式和设计中高度重要的区域。其色彩语言的含义有收获、温暖、未来、友爱、高贵、豪爽等。
- 黄：黄色也是一种暖色调，它有大自然、阳光、希望的含义，而且通常被认为是一个快乐和有希望的色彩。其色彩语言的含义有智慧、典雅、忠诚、权力、光明等。
- 绿：绿色是自然界中常见的颜色，是光的三基色之一，其色彩语言的含义有公平、自然、和平、健康、理智、新鲜等。
- 蓝：蓝色是三原色中的一元，蓝是最冷的色彩，蓝色非常纯净，通常让人联想到海洋、天空、水。纯净的蓝色表现出一种冷静、理智、安详与广阔。其色彩语言的含义有自信、永恒、真理、真实、沉默、冷静等。
- 紫：紫色是由温暖的红色和冷静的蓝色化合而成，是极佳的刺激色，是一个神秘的富贵的色彩，与幸运和财富、贵族和华贵相关联。其色彩语言的含义有权威、尊敬、高贵、优雅、信仰、孤独等。
- 黑：黑色深邃、神秘、暗藏力量。它将光线全部吸收没有任何反射，同时黑色是一种具有多种不同文化意义的颜色。其色彩语言的含义有神秘、寂寞、黑暗、压抑、严肃、气势。

一般来说每种颜色都有其搭配技巧：

- 红色配白色、黑色、蓝灰色、米色、灰色。
- 粉红色配紫红、墨绿色、白色、米色、褐色。

- 橙色配白色、黑色、蓝色。
- 黄色配紫色、蓝色、白色、咖啡色、黑色。
- 绿色配白色、米色、黑色、暗紫色、灰褐色。
- 墨绿色配粉红色、浅紫色、杏黄色、暗紫红色。
- 蓝色配白色、粉蓝色、酱红色、金色、橙色、黄色。
- 浅蓝色配白色、浅灰、浅紫、灰蓝色、粉红色。
- 紫色配浅粉色、灰蓝色、黄绿色、白色、黑色。

1.7.2　图形

图形是说明性的图画形象，它是有别于词语、文字、语言的视觉形式，可以没有任何障碍地跨越国界和语言进行交流沟通，还可以通过各种手段进行大量复制，是传播信息的重要视觉形式，再配合简短的文字即可将思想进行诠释，如图1.23所示。

近年来，随着电脑辅助设计软件的应用，极大地拓展了图形的创作与表现空间。可以说只要有创意，就可以制作出任何想要的图形，同时运用图形的组合也会起到耳目一新的感觉，如图1.24所示。但需要注意的是，任何图形都要符合大众的审美观，不要过于追求新奇。

图1.23　使用图形表达主题含义　　　　　图1.24　组合图形宣传页

1.7.3　文字

文字的编排设计是增强视觉效果，使版面整体化的重要手段之一。宣传册设计中，在字体的选择上首先要便于识别，不要过于追求个性而使用不常见的字体，应选用日常生活中常用字体。随着图形图像处理软件的普及，各种有创意的艺术字逐渐步入我们的视野，在使用改变字体形状的艺术字时，要注意文字是否可以快速进行识别，否则不建议使用。

在字体的使用上，需要根据整个宣传册的整体风格进行定位，或严肃端庄，或卡通时尚，或高雅古典，或新奇现代。在字体的选择上一定要与宣传册所表现的主题相吻合，如图1.25所示为整体风格偏向卡通时尚的宣传页所使用的文字。

在整本的宣传册中，字体的变化不宜过多。标题或提示性的文字可适当地根据宣传册所表达的内容进行形象化处理，如图1.26所示。同时文字的编排要符合日常阅读习惯，比如横向从左至右进行。

图 1.25　卡通风格文字

图 1.26　形象化处理文字

1.8　宣传册的制作技巧与特点

本节将介绍宣传册的制作技巧以及宣传册的特点，为以后的制作奠定基础。

1.8.1　宣传册的制作技巧

- 外观大方美观

根据宣传册的定位不同，外观设计也不相同。高端的宣传册在外观设计上要相对高雅和精致，颜色搭配上不要过于杂乱，适当提高设计费用。中低端宣传册在设计中可以降低设计费用，根据产品形式不同做到主体突出醒目，内容规整即可。

- 掌握好内页数量

对于一般类别的宣传页内页控制在 4 页以内即可，过多的内容不但占用篇幅而且会相应提升制作成本，短期促销宣传页一页即可，开本可以选择大开本。当超市或大型商场遇到重大节日需要进行促销活动时，可以将宣传册页数进行增加而装订成册。

- 增加有效信息量

在有效的篇幅中可以最大限度地增加有效信息量，比如告知读者或消费者详情进店了解或者登录网站进行深入体验等，这样在无形中拉近了读者和商家的距离，也扩大了宣传的范围，同时要避免无关信息出现在宣传册中。

- 语言通俗易懂

在进行宣传页语言编写时，一定要做到通俗易读，避免生僻字或晦涩难懂的语句出现，尽量使用简洁明了的语句。

- 彩色印刷

随着人们的审美观的提升，黑白宣传页已经逐步淡出了我们的视野，在宣传页印刷时切记采用彩色印刷。

1.8.2　宣传册的特点

无论哪种宣传册，它们都具有以下几个共同的特点。

- 应用范围广泛，使用灵活方便。无论是商业行为还是公益行为或者政府部门的宣传推广，都可以运用。而且可以根据实际情况及时做出调整，整个制作发行周期短，在现代社会快节奏的步伐中占据主动性。

- 内容针对性强。宣传册往往针对某种单一商品或类型制作，所有篇幅都有针对性进行主题的介绍。并且可以根据受众群体不同针对某一群体喜爱的表现方式进行设计。
- 成本低廉且印刷精美，性价比高。宣传册页数在 4 页左右，批量印刷可以很好地控制成本，在纸张和印刷方式的选择中根据预算可以及时进行调整，一般宣传册印刷都比较精美，可以很好地吸引大众目光。

1.9 电子宣传册

随着我们的工作生活数字化和网络化以及现代人们环保意识的提高，电子宣传册应运而生。电子宣传册就是将制作完成的宣传册转换为电子版后发布到网络上，其优势在于它可以将图片、视频、声音、文字集合在一起，做到图文声画并茂，多页宣传册也可以制作为模拟翻页效果进行查看，同时设计各种按钮，做到一键查看，看哪儿点哪儿，如图 1.27 所示。这是传统宣传册无法达到的。并且省去印刷环节也可以大大降低成本，而且现代计算机技术和网络技术可以实现任何需要的效果，从各个方面超过纸质宣传册。

图 1.27 电子宣传册

电子宣传册可以分为两类，一类是在线阅读宣传册；另一类是下载电子宣传册。在线阅读宣传册打开相应界面即可进行阅读浏览，但无法进行下载保存，当下次需要阅读时只有登录相应网页才可以进行阅览，所以必须提供网络支持。而下载电子宣传册可以将其下载到自己的电脑中，再次查阅时只需找到下载的相应文件打开即可，和在线阅读是完全一样的，此时则不再需要网络支持，可以随时随地浏览和复制传播。

1.10 图　　书

1.10.1 图书的常用术语

- 开本：图书开本的大小，是以印刷用纸的全张幅面为计算单位的，裁切成多少小张，就称作多少开本。如全张纸裁切成 16 小张的就叫作 16 开，裁切成 32 小张的就叫作 32 开等，如图 1.28 所示。
- 封面：在书心之前的称前封面，又称封一；靠书心的一面称封里，又称封二；在书心后面的称后封面，靠书心一面的称封底里，又称封三；最后的外表一面称封底，又称封四。前后封面相连护住书心订口一侧的部分称为书脊。在书籍封面外裹附一层纸张或其他片状物以保护书籍的，叫作护封。封面或护封在切口处多留一定宽度向里折叠，叫作勒口。如图1.29所示。

图 1.28　开本大小

图 1.29　前封面

- 版权页：版权页一般安排在正扉页的反面，或者正文后面的空白页反面。文字处于版权页下方和书口方面为多。版权文字书名字体略大，其余文字分类排列，有的设计并运用线条分栏和装饰用，起着美化画面的作用。图书版权页，是一种行业习惯称呼，是指图书中载有版权说明内容的书页。在国家标准中，它实际上是图书书名页中的主书名页背面。且是一本书的出版历史记录，版权页内应包括：书名、著作者、印刷厂、发行单位、出版时间以及开本、印张、插页、字数、版次、印次、定价等内容。版权页一般印在扉页(内封)背面或内文最后一页，如图1.30所示。

图 1.30　版权页

- 版次：第一次出版的出版物称为"第一版"或"初版"，第一次出版后，内容经过大量修改、增删再版者，称为"第二版"，依次类推。

- 印次：即每一版印刷的次数。从每一版第一次印刷计算起，每重印一次都要累计并标注明确(如二版一次，二版二次，三版一次，三版二次)。

- 印张：版权页上的印张，表示该种出版物的一本书所需要的印刷纸张数量，它是计算定价的依据之一。一张全开纸有两个印刷面，即正面和反面，规定以一个印刷面为一个印张。这样，一张全开纸有2个印张。

  印张的计算方法：全书总面数÷开本＝印张。

- 定价：印在书上的价格。一本书的定价由两部分组成，一部分是根据规定的定价标准，按书籍的类别，选定每印张定价，再按每印张定价乘以印张数量得出的；另一部分是按标准计算的这本书的封面、装帧材料和插页等的价格。两部分相加就是这本书的定价。

- 版心：版心是页面中主要内容所在的区域。即每页版面正中的位置，书刊等每页排印文字图画的部分，又叫节口。版心通常有用作对折准绳的黑线和鱼尾形图案，有的还印有书名、卷数、页码及本页字数，明代以前，版心下方往往还印有刻工姓名，如图 1.31 所示。

- 白边：是版心与上切口、下切口，订口和外切口之间的空隙部分。版心上端的白边叫"天头"，版心下方的白边叫"地脚"，靠装订一侧的白边叫"订口"，和订口相对的白边叫"外切口"，如图 1.32 所示。

图 1.31　版心　　　　　　　　　　　　图 1.32　白边

- 页码：是表示页数的数码，一般排在书籍版心的靠外切口的上角或下角，也有排在版心下方左右居中的。凡是另页起或另面起的篇名、章名和没有文字的插页和空白页，一般都不排页码，叫作"暗码"。扉页、版权页等虽然不排页码，但仍计算在全书的总页数之内。前言、目录等文前辅文部分，页码另计，也计算在全书总页数之内。一般习惯，正文开始为第一页，如图 1.33 所示。

- 书眉：印在版心以外空白处的书名或篇、章、节名，横排本印在上端，叫作书眉。一般双页码排篇名，单页码排章名；或双页码排章名，单页码排节名。总之，双页码的内容层次大于单页码的内容层次。读者在阅读时，可以直观地了解本页文字是归属某一篇、章、节的范围。如在一面之内出现两个同级标题时，书眉应排最后一个标题，如图 1.34 所示。

图 1.33　页码　　　　　　　　　　　　图 1.34　书眉

- 出血版：以图版为主的图书，为了美观和美化版面，将图版的边沿超出版心，经过裁切之后，不留白边，称之为出血版。一般常见于通俗读物、儿童读物、美术画册、大型画报等。
- 页、面：页和面是两个概念，书籍的一页包括两面(与"张"同义)，每面就是书刊中的一个页码(Page)。在实际工作中，页、面不能混淆。"另页起"表示每一篇文章或篇、章、标题必须是从单页码开始。如前面文字排到单码结束，则双码是白面。"另面起"表示每篇文章或篇章标题不接排，必须从另一面开始，它可以从单码排，也可以从双码起排。
- 通栏、分栏：正文文字的行长与版心相等，叫作通栏排式；正文的行长如按版心的宽度分成相等的两栏或多栏，称为分栏排式。
- 另行、顶格、缩格、齐肩：正文每一段落的开始，一般要缩进二字，叫作另行起；另行排之后在回转第二行时，要顶版口排，叫作顶格；不顶格的称缩格排，但要注明缩几格；若第一行缩进二字，转行时同样缩进两字，称为齐肩。
- 行距：从一行文字的底部到另一行文字底部的间距。一般行距至少要空正文字身高的 1/2 以上。
- 占行：为了使标题突出和醒目，标题要占行。如果是占 5 行，指的是占正文字的 5 行(包括行距)。标题字数如果较多，可以转行，两行之间的行距要大于正文的行距。
- 居中：标题占几行居中，即表示上下排在这几行的中间，左右居中；其他如公式、图表居中，即表示以版心宽度或最长行为准，左右居中。
- 串文：指标题、图表的旁边排正文。一般超过版心的 1/2 宽的图可不串文排。串文的目的是使版面紧凑，全书能容纳更多的内容，节约纸张。
- 背题：背题是印刷排版术语，指排在一面的末尾，并且其后无正文相随的标题。排印规范中禁止背题出现，当出现背题时应设法避免。解决的办法是在本页内加行、缩行或留下尾空而将标题移到下页。

1.10.2 图书版式设计要求

- 美学原则

版式是一种形式美，它就像绘画一样，也是由点、线、面所组成。版面中的字是"点"，文字排列成行就是"线"，按一定规律组合起来的"字行"就是"面"。除文字以外，图书中的插图、表格、各级标题、书眉、脚注以及扉页、序文、目录、索引、版权甚至白页，把它们按美学原则配置整合起来，就能树立起独特的书刊艺术美学形象，如图 1.35 所示。

- 科学性原则
  - 从生理角度讲，版式设计最基本的一条，就是使人们阅读方便、舒适。人的视觉最大纵向角从上视 55° 到下视 65°，横向向外能看到 90°，向内能看到 60°。所以，横排本优于直排本。横排本的行长一般以 80～100mm 为宜，超过 120mm 时，阅读速度会下降。因此，32 开本的书版心都控制在这一范围内。16 开的杂志一般排成双栏或三栏。

图 1.35　美学版式

◆ 从心理角度讲，版面的排列与分割和版面的中心点有关。版面的中心点有两个：一个是几何中心，它在纵横中轴线的交会处；另一个是视觉中心，它比几何中心高 1/10 左右。版面重心的安排影响整个版面的稳定。我国图书版面习惯天头大于地脚，这是由古籍版本的传统发展而来的。但是在标题的安排上，仍遵循视觉中心这一规律。如一面上仅有卷、篇的顺序和名称，往往安放在版心居中偏上的位置。版面上各个不同的部位，给人的视觉效果也不尽相同，横排书上方的左侧，直排书上方的右侧，均为视觉的焦点，是最先引起人们注意的部位。

◆ 黄金分割率：取近似值为 1∶0.618。图书的开本、版面的分割都在应用这个规律。如大 32 开本的外观尺寸 203mm∶140mm=1∶0.689，最接近黄金分割率。所以，大 32 开本的长乘宽的比例看起来最舒服。

1.10.3　图书的排版

排版，就是把文稿、图稿转变成可印制的胶片。它是通过版式设计、文字录入、插图分裁、图文合一、校对、改样、出胶片等程序来完成的。排版，是印制工作的基础，排版质量的高低，直接关系到印刷物的质量，因为只有制作出合格的胶片，才能保证印制出合格的书籍。

排版工作的程序如下。

(1) 根据书稿的开本，确定版心、行距。

(2) 文字录入。

(3) 插图分裁，图文合一：在文字录入的同时，将图盘中的图进行分裁，然后进行图文合一的处理。一般来讲，图中的字要小于正文，图与文之间相距 5～10mm。

(4) 打样，校对，改样。

(5) 核红、出胶片。

排版中的注意事项如下。

- 全书版式要统一
  - ◆ 标题的字体、字号、占行自始至终要一致。还要注意占行的标题不要背题。
  - ◆ 全书的版心、行距要统一。每一个版面的高度和宽度要一致，这样印出书来才显得规范、漂亮。有特殊情况不能撑满版心时，在插图、表格和标题、公式处进行调整。
  - ◆ 页码的字体、字号、位置也必须一致。因为印刷拼版是靠页码对齐来确定的。如页码距版口的尺寸不一致，则印刷时无法拼版。
- 插图及表格的排法
  - ◆ 插图的排法

    第一，遇到较大的插图时，可以横排，即将书顺时针转 90°，双页码时图注排在订口，单页码时图注排在切口，不能头顶头或脚对脚。

    第二，为节省版面，一般来讲，当图的尺寸不足版心宽度的 1/2 时，图旁应排文字，这叫作串文排。

    第三，图注一般用小于正文的字号排在图下，居中，转行时可齐肩。
  - ◆ 表格的排法

    第一，为美观起见，用小于正文的字号，表题可用黑体。

    第二，表线上下为粗线，其余用细线。

    第三，超过版心宽度的表，可作卧排或跨面处理，卧排时，双码表头应沿切口，单码表头应沿订口。跨面排的表格，应在分栏处分拆，双码不再排竖线。

    第四，表格在一面排不下时，可作续表处理，为便于阅读，另面时应重复排表头，并在左上角或右上角排"续表"二字。

    第五，当横表头栏目过多，竖表头项目过少，形成狭长的表式，有时还超出版心宽度，可将表置换成上下叠排的形式。当竖向项目过多，而横向栏目过少、成竖向长条形、影响版面均衡，甚至超出版心高度，可在竖向适当项目处断开，排成双列或多列版式。横向表头上的栏目，应重复排出，列与列间用双细线分隔。

    第六，表里的数字、个位、十位要对齐，与线之间稍有距离。
- 插页的处理

插图的图面或表格超过开本的幅面，又不适宜采用合版的方式，以及不同于正文印刷工艺的印件，在书刊装订时需作插页处理。插页在印装过程中需单独制作，既费工时又增加成本，所以一般尽量不采用。如必须使用插页才能说明问题时，要注意以下两点。

- ◆ 集中插：一般排版，要求先见文字，后见插图，插页就要打破这条规律，将插页集中在全书前或全书后，这样不仅简化工艺，也可节省时间。
- ◆ 书外附页：幅面特大或插页特多的书籍，由于插页经折叠后膨起，不仅影响书籍的外形美观，也会给生产施工带来困扰。遇到这类插页，可配用套壳，经折叠与书一起，装用套壳配套出售。

- 零件与正文的区别

零件是指正文以外的部分。比如：内封、版权、前言、目录、序、编者的话等。在排版时注意：一是页码不要与正文衔接；二是字体与正文要有所区别。

1.11　常用的图形图像处理软件

在平面设计领域中，较为常用的图形图像处理软件包括 Photoshop、Painter、Illustrator、CorelDRAW、PageMaker、InDesign 和 FreeHand 等，其中，Painter 常用在插画等计算机艺术绘画领域；在印刷出版上多使用 PageMaker 和 InDesign。这些软件分属不同的领域，有着各自的特点，它们之间存在着较强的互补性。

1.11.1　Illustrator

Adobe 公司的 Illustrator 是目前使用最为普遍的矢量图形绘图软件之一，它在图像处理上也有着强大的功能。Illustrator 与 Photoshop 联系紧密、功能互补，操作界面也极为相似，深受艺术家、插图画家以及广大计算机美术爱好者的青睐。

1.11.2　CorelDRAW

Corel 公司的 CorelDRAW 是一款广为流行的矢量图形绘图软件，它也可以处理位图，在矢量图形处理领域有着非常重要的地位。

1.11.3　FreeHand

Macromedia 公司的 FreeHand 是一款优秀的矢量图形绘图软件，它可以处理矢量图形和位图，有着强大的增效功能，可以制作出复杂的图形和标志。在 FreeHand 中，还可以输出动画和网页。

1.11.4　Painter

Corel 公司的 Painter 是最优秀的计算机绘画软件之一，它结合了以 Photoshop 为代表的位图图像软件和以 Illustrator、FreeHand 等为代表的矢量图形软件的功能和特点，其惊人的仿真绘画效果和造型效果在业内首屈一指，在图像编辑合成、特效制作、二维绘图等方面均有突出表现。

1.12　图像的类型

本节将介绍图像的类型与图像分辨率的相关知识。

1.12.1　矢量图与位图

计算机图形主要分为两类，一类是位图图像；另一类是矢量图形。Photoshop 是典型的位图软件，但它也包含有矢量功能，可以创建矢量图形和路径。了解两类图形间的差异对于创建、编辑和导入图片是非常有帮助的。

● 矢量图

矢量图由经过精确定义的直线和曲线组成，这些直线和曲线称为向量，通过移动直线调整其大小或更改其颜色时，不会降低图形的品质。

矢量图与分辨率无关，也就是说，可以将它们缩放到任意尺寸，可以按任意分辨率打印，而不会丢失细节或降低清晰度。因此，矢量图最适合表现醒目的图形，这种图形(例如徽标)在缩放到不同大小时必须保持线条清晰，如图 1.36 所示。

图 1.36　矢量图

矢量图的另外一个优点是占用的存储空间相对于位图要小很多。由于计算机的显示器只能在网格中显示图像，因此，我们在屏幕上看到的矢量图形和位图图像均显示为像素。

● 位图

位图图像在技术上称为栅格图像，它由网格上的点组成，这些点称为像素，如图 1.37 所示。在处理位图图像时，编辑的是像素，而不是对象或形状。位图图像是连续色调图像(如照片或数字绘画)最常用的电子媒介，因为它们可以表现出阴影和颜色的细微层次。

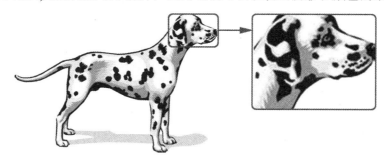

图 1.37　位图

位图图像的特点是可以表现色彩的变化和颜色的细微过渡，从而产生逼真的效果，并且可以很容易地在不同软件之间交换使用。由于受到分辨率的制约，位图图像包含固定的像素数量，在对其进行旋转或者缩放时，很容易产生锯齿。这是因为 Photoshop 无法为图像创建新的像素，它只能将原有的像素变大来填充放大后的空间，产生的结果往往会造成图像空虚。另外，在保存位图图像时，需要记录每一个像素的位置和颜色值，因此位图占用的存储空间也比较大。

在屏幕上缩放位图图像时，它们可能会丢失细节，因为位图图像与分辨率有关，它们包含固定数量的像素，并且为每个像素分配了特定的位置和颜色值。如果在打印位图图像时采用的分辨率过低，位图图像可能会呈锯齿状。

1.12.2　图像分辨率

分辨率是指单位长度内包含的像素点的数量，它的单位通常为像素/英寸(ppi)。如96ppi 表示每英寸包含 96 个像素点，300ppi 表示每英寸包含 300 个像素点，分辨率决定了位图图像细节的精细程度。通常情况下，图像的分辨率越高，所包含的像素就越多，图像就越清晰，印刷的质量就会越好。例如，图 1.38 所示为分辨率是 300 像素/英寸的图像，图 1.39 所示为分辨率是 400 像素／英寸的图像，相同打印尺寸但不同分辨率的两个图像，我们可以看到，低分辨率的图像有些模糊，而高分辨率的图像就非常清晰。

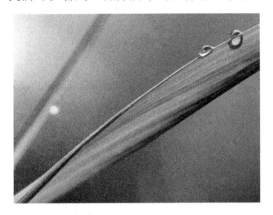 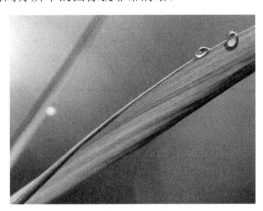

图 1.38　300 分辨率　　　　　　　　　图 1.39　400 分辨率

分辨率越高，图像的质量越好，但也会增加文件占用的存储空间，只有根据图像的用途设置合适的分辨率才能取得最佳的使用效果。如果图像用于屏幕显示或者网络，可以将分辨率设置为 72 像素/英寸(ppi)；这样可以减小文件的大小，提高传输和浏览速度；如果图像用于喷墨打印机打印，可以将分辨率设置为 100～150 像素/英寸(ppi)；如果图像用于印刷，则应设置为 300 像素/英寸(ppi)。

1.13　颜 色 模 式

颜色模式决定显示和打印电子图像的色彩模型(简单地说，色彩模型是用于表现颜色的一种数学算法)，即一幅电子图像用什么样的方式在计算机中显示或打印输出。

常见的颜色模式包括位图模式、灰度模式、双色调模式、HSB(表示色相、饱和度、亮度)模式、RGB(表示红、绿、蓝)模式、CMYK(表示青、洋红、黄、黑)模式、Lab 模式、索引色模式、多通道模式以及 8 位/16 位模式，每种模式的图像描述、重现色彩的原理及所能显示的颜色数量是不同的。Photoshop 的颜色模式基于色彩模型，而色彩模型对于印刷中使用的图像非常有用，可以从以下模式中选取：RGB(红色、绿色、蓝色)、CMYK(青色、洋红、黄色、黑色)、Lab(基于 CIE L*a*b)和灰度。

运行 Photoshop CC 软件，选择【图像】|【模式】命令，打开其子菜单，如图 1.40

所示。

图 1.40 【模式】子菜单

其中包含了各种颜色模式命令，如常见的灰度模式、RGB 模式、CMYK 模式及 Lab 模式等。Photoshop 也包含了用于特殊颜色输出的索引色模式和双色调模式。

1.13.1 RGB 模式

RGB 模式是色光的彩色模式，R 代表红色，G 代表绿色，B 代表蓝色。Photoshop 中对于彩色图像中的每个 RGB(红色、绿色、蓝色)分量，为每个像素指定一个 0(黑色)到 255(白色)之间的强度值。例如，亮红色可能 R 值为 246，G 值为 20，B 值为 50。

不同的图像中 RGB 的各个成分也不尽相同，可能有的图中 R(红色)成分多一些，有的 B(蓝色)成分多一些。在计算机中，RGB 的所谓多少就是指亮度，并使用整数来表示。通常情况下，RGB 各有 256 级亮度，用数字表示为 0~255。

提 示

虽然数字最高是255，但0也是数值之一，因此共有256级。当这3种颜色分量的值相等时，结果是中性灰色。

当所有分量的值均为 255 时，结果是纯白色，如图 1.41 所示。
当所有分量的值都为 0 时，结果是纯黑色，如图 1.42 所示。

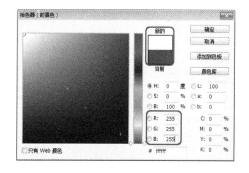

图 1.41 纯白色

图 1.42 纯黑色

RGB 图像使用 3 种颜色或 3 个通道在屏幕上重现颜色，如图 1.43 所示。

图 1.43 RGB 通道

这 3 个通道将每个像素转换为 24 位(8 位×3 通道)色信息。对于 24 位图像，可重现多达 1670 万种颜色；对于 48 位图像(每个通道 16 位)，可重现更多的颜色。新建的 Photoshop 图像的默认模式为 RGB，计算机显示器、电视机、投影仪等均使用 RGB 模式显示颜色，这意味着在使用非 RGB 颜色模式(如 CMYK)时，Photoshop 会将 CMYK 图像插值处理为 RGB，以便在屏幕上显示。

1.13.2 CMYK 模式

CMYK 是一种基于印刷油墨的颜色模式，具有青色、洋红、黄色和黑色 4 个颜色通道，每个通道的颜色也是 8 位，即 256 种亮度级别，4 个通道组合使得每个像素具有 32 位的颜色容量。由于目前的制造工艺还不能造出高纯度的油墨，CMYK 相加的结果实际上是一种暗红色，因此还需要加入一种专门的黑墨来中和。黑色通道产生的效果如图 1.44 所示。

图 1.44 CMYK 通道

CMYK 模式以打印纸上的油墨的光线吸收特性为基础，当白光照射到半透明油墨上时，色谱中的一部分被吸收，而另一部分被反射。理论上，青色(C)、洋红(M)和黄色(Y)混合将吸收所有的颜色并生成黑色。因此，CMYK 模式是一种减色模式，即为最亮(高光)颜色指定的印刷油墨颜色百分比较低，而为较暗(暗调)颜色指定的百分比较高。例如，亮红色可能包含 2%青色、93%洋红、90%黄色和 0%黑色。因为青色的互补色是红色(洋红和黄色混合即能产生红色)，减少青色的百分含量，其互补色红色的成分也就越多。因此，

CMYK 模式是靠减少一种通道颜色来加亮它的互补色的，这显然符合物理原理。

CMYK 通道的灰度图和 RGB 类似，RGB 灰度表示色光亮度，CMYK 灰度表示油墨浓度，但二者对灰度图中的明暗有着不同的定义。

RGB 通道灰度图较白表示亮度较高，较黑表示亮度较低，纯白表示亮度最高，纯黑表示亮度为零。RGB 模式下通道明暗的含义如图 1.45 所示。

CMYK 通道灰度图较白表示油墨含量较低，较黑表示油墨含量较高，纯白表示完全没有油墨，纯黑表示油墨浓度最高。CMYK 模式下通道明暗的含义如图 1.46 所示。

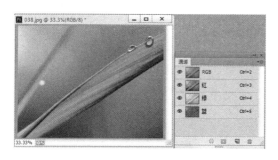 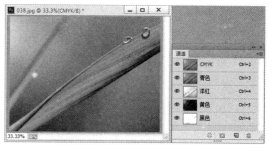

图 1.45　RGB 模式下通道明暗的含义　　　图 1.46　CMYK 模式下通道明暗的含义

在制作要用印刷色打印的图像时，应使用 CMYK 模式。将 RGB 图像转换为 CMYK 即产生分色，如果从 RGB 图像开始，则最好首先在 RGB 模式下编辑，然后在处理结束时转换为 CMYK。在 RGB 模式下，可以使用【校样设置】选择【视图】|【校样设置】命令模拟 CMYK 转换后的效果，而无须真的更改图像的数据，也可以使用 CMYK 模式直接处理从高端系统扫描或导入的 CMYK 图像。

1.13.3　灰度模式

所谓灰度图像，就是指纯白、纯黑以及两者中的一系列从黑到白的过渡色。大家平常所说的黑白照片、黑白电视实际上都应该称为灰度色才确切。灰度色中不包含任何色相，即不存在红色、黄色这样的颜色。灰度的通常表示方法是百分比，范围从 0% 到 100%。在 Photoshop 中只能输入整数，百分比越高颜色越偏黑，百分比越低颜色越偏白。灰度最高相当于最高的黑，就是纯黑，灰度为 100% 时如图 1.47 所示。

灰度最低相当于最低的黑，也就是没有黑色，那就是纯白，灰度为 0% 时如图 1.48 所示。

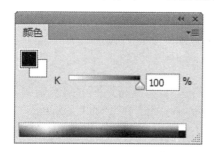 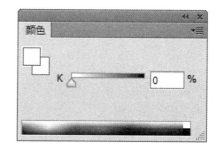

图 1.47　灰度为 100%　　　　　　图 1.48　灰度为 0%

当灰度图像是从彩色图像模式转换而来时，灰度图像反映的是原彩色图像的亮度关系，即每个像素的灰阶对应着原像素的亮度，如图 1.49 所示。

在灰度图像模式下，只有一个描述亮度信息的通道，如图 1.50 所示。

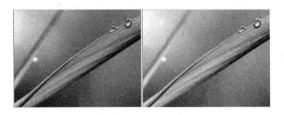

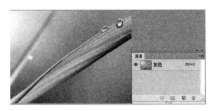

图 1.49　RGB 图像与灰色图像　　　　　　　　图 1.50　灰色通道

1.13.4　位图模式

在位图模式下，图像的颜色容量是 1 位，即每个像素的颜色只能在两种深度的颜色中选择，不是黑就是白，其相应的图像也就是由许多个小黑块和小白块组成。

运行 Photoshop CC 软件，选择【图像】|【模式】|【位图】命令，弹出【位图】对话框，如图 1.51 所示。从中可以设定转换过程中的减色处理方法。

图 1.51　【位图】对话框

提 示

只有在灰度模式下图像才能转换为位图模式，其他颜色模式的图像必须先转换为灰度图像，然后才能转换为位图模式。

- 【分辨率】设置区：用于在输出中设定转换后图像的分辨率。
- 【方法】设置区：在转换的过程中，可以使用 5 种减色处理方法。【50%阈值】会将灰度级别大于 50%的像素全部转换为黑色，将灰度级别小于 50%的像素转换为白色；【扩散仿色】会产生一种颗粒效果；【半调网屏】是商业中经常使用的一种输出模式；【自定义图案】可以根据定义的图案来减色，使得转换更为灵活、自由。

在位图图像模式下，图像只有一个图层和一个通道，滤镜全部被禁用。

1.13.5　双色调模式

双色调模式可以弥补灰度图像的不足，灰度图像虽然拥有 256 种灰度级别，但是在印刷输出时，印刷机的每滴油墨最多只能表现出 50 种左右的灰度，这意味着如果只用一种黑色油墨打印灰度图像，图像将非常粗糙。

如果混合另一种、两种或三种彩色油墨，因为每种油墨都能产生 50 种左右的灰度级别，所以理论上至少可以表现出 50×50 种灰度级别，这样打印出来的双色调、三色调或四色调图像就能表现得非常流畅了。这种靠几盒油墨混合打印的方法称为套印。

一般情况下，双色调套印应用较深的黑色油墨和较浅的灰色油墨进行印刷。黑色油墨用于表现阴影，灰色油墨用于表现中间色调和高光，但更多的情况是将一种黑色油墨与一种彩色油墨配合，用彩色油墨来表现高光区。利用这一技术能给灰度图像轻微上色。

由于双色调使用不同的彩色油墨重新生成不同的灰阶，因此在 Photoshop 中将双色调视为单通道、8 位的灰度图像。在双色调模式中，不能像在 RGB、CMYK 和 Lab 模式中那样直接访问单个的图像通道，而是通过【双色调选项】对话框中的曲线来控制通道。

运行 Photoshop CC 软件，选择【图像】|【模式】|【双色调】命令，弹出【双色调选项】对话框，如图 1.52 所示。

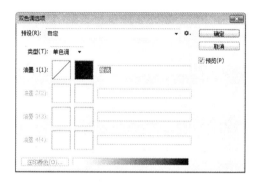

图 1.52 【双色调选项】对话框

- 【类型】下拉列表框：用于从单色调、双色调、三色调和四色调中选择一种套印类型。
- 【油墨】设置项：选择了套印类型后，即可在各色通道中用曲线工具调节套印效果。

1.13.6　索引颜色模式

索引颜色模式用最多 256 种颜色生成 8 位图像文件。当图像转换为索引颜色模式时，Photoshop 将构建一个 256 种颜色查找表，用以存放索引图像中的颜色。如果原图像中的某种颜色没有出现在该表中，程序将选取最接近的一种或使用仿色来模拟该颜色。

索引颜色模式的优点是它的文件可以做得非常小，同时保持视觉品质不单一，非常适于用来做多媒体动画和 Web 页面。在索引颜色模式下只能进行有限的编辑，若要进一步进行编辑，则应临时转换为 RGB 模式。索引色文件可以存储为 Photoshop、BMP、GIF、Photoshop EPS、大型文档格式(PSB)、PCX、Photoshop PDF、Photoshop Raw、Photoshop 2.0、PICT、PNG、Targa 或 TIFF 等格式。

运行 Photoshop CC 软件，选择【图像】|【模式】|【索引颜色】命令，即可弹出【索引颜色】对话框，如图 1.53 所示。

图 1.53　【索引颜色】对话框

- 【调板】下拉列表框：用于选择在转换为索引色时使用的调色板，例如需要制作 Web 网页，则可选择 Web 调色板。还可以设置强制选项，将某些颜色强制加入到颜色列表中，例如选择黑白，就可以将纯黑和纯白强制添加到颜色列表中。
- 【选项】设置区：在【杂边】下拉列表框中，可指定用于消除图像锯齿边缘的背景色。

在索引色模式下，图像只有一个图层和 1 个通道，滤镜全部被禁用。

1.13.7　Lab 模式

Lab 模式是在 1931 年国际照明委员会(CIE)制定的颜色度量国际标准模型的基础上建立的，1976 年，该模型经过重新修订后被命名为 CIE L*a*b。

Lab 模式与设备无关，无论使用何种设备(如显示器、打印机、计算机或扫描仪等)创建或输出图像，这种模式都能生成一致的颜色。

Lab 模式是 Photoshop 在不同颜色模式之间转换时使用的中间颜色模式。

Lab 模式将亮度通道从彩色通道中分离出来，成为一个独立的通道。将图像转换为 Lab 模式，然后去掉色彩通道中的 a、b 通道而保留亮度通道，就能获得 100%逼真的图像亮度信息，得到 100%准确的黑白效果。

1.14　图 像 格 式

要确定理想的图像格式，必须首先考虑图像的使用方式。例如，用于网页的图像一般使用 JPEG 和 GIF 格式，而用于印刷的图像一般要保存为 TIFF 格式。其次要考虑图像的类型，最好将具有大面积平淡颜色的图像存储为 GIF 或 PNG-8 图像，而将那些具有颜色渐变或其他连续色调的图像存储为 JPEG 或 PNG-24 文件。

下面就将对日常中所涉及的图像格式进行简单介绍。

1.14.1　PSD 格式

PSD 是 Photoshop 软件专用的文件格式，它是 Adobe 公司优化格式后的文件，能够保存图像数据的每一个细小部分，包括图层、蒙版、通道以及其他少数内容，但这些内容在转存成其他格式时将会丢失。另外，因为这种格式是 Photoshop 支持的自身格式文件，所以 Photoshop 能比其他格式更快地打开和存储这种格式的文件。

该格式唯一的缺点是：使用这种格式存储的图像文件特别大，尽管 Photoshop 在计算的过程中已经应用了压缩技术，但是因为这种格式不会造成任何的数据流失，所以在编辑的过程中最好还是选择这种格式存盘，直到最后编辑完成后再转换成其他占用磁盘空间较小、存储质量较好的文件格式。在存储成其他格式的文件时，有时会合并图像中的各图层以及附加的蒙版通道，这会给再次编辑带来不少麻烦，因此，最好在存储一个 PSD 的文件备份后再进行转换。

PSD 格式是 Photoshop 软件的专用格式，它支持所有的可用图像模式(位图、灰度、双色调、索引色、RGB、CMYK、Lab 和多通道等)、参考线、Alpha 通道、专色通道和图层(包括调整图层、文字图层和图层效果等)等格式，它可以保存图像的图层和通道等信息，但使用这种格式存储的文件较大。

1.14.2　TIFF 格式

TIFF 格式直译为标签图像文件格式，由 Aldus 为 Macintosh 机开发的文件格式。

TIFF 用于在应用程序之间和计算机平台之间交换文件，被称为标签图像格式，是 Macintosh 和 PC 上使用最广泛的文件格式。它采用无损压缩方式，与图像像素无关。TIFF 常被用于彩色图片色扫描，它以 RGB 的全彩色格式存储。

TIFF 格式支持带 Alpha 通道的 CMYK、RGB 和灰度文件，支持不带 Alpha 通道的 Lab、索引色和位图文件，也支持 LZW 压缩。

存储 Adobe Photoshop 图像为 TIFF 格式，可以选择存储文件为 IBM-PC 兼容计算机可读的格式或 Macintosh 可读的格式。要自动压缩文件，可单击【LZM 压缩】注记框。对 TIFF 文件进行压缩可减少文件大小，但会增加打开和存储文件的时间。

TIFF 是一种灵活的位图图像格式，实际上被所有的绘画、图像编辑和页面排版应用程序所支持，而且几乎所有的桌面扫描仪都可以生成 TIFF 图像。TIFF 格式支持 Alpha 通道的 CMYK、RGB 和灰度文件，支持不带 Alpha 通道的 Lab、索引色和位图文件。Photoshop 可以在 TIFF 文件中存储图层，但是如果在另一个应用程序中打开该文件，则只有拼合图像是可见的。Photoshop 也能够以 TIFF 格式存储注释、透明度和分辨率金字塔数据，TIFF 文件格式在实际工作中主要用于印刷。

1.14.3　JPEG 格式

JPEG 是 Macintosh 机上常用的存储类型。但是，无论你是从 Photoshop、Painter、FreeHand、Illustrator 等平面软件还是在 3ds 或 3ds Max 中都能够开启此类格式的文件。

JPEG 格式是所有压缩格式中最卓越的。在压缩前，可以从对话框中选择所需图像的最终质量，这样，就有效地控制 JPEG 在压缩时的损失数据量。并且可以在保持图像质量不变的前提下，产生惊人的压缩比率，在没有明显质量损失的情况下，它的体积能降到原 BMP 图片的 1/10。这样，你就不必再为图像文件的质量以及硬盘的大小而苦恼了。

另外，用 JPEG 格式，可以将当前所渲染的图像输入 Macintosh 机上做进一步处理，或将 Macintosh 制作的文件以 JPEG 格式再现于 PC 上。总之 JPEG 是一种极具价值的文件格式。

1.14.4 GIF 格式

GIF 是一种压缩的 8 位图像文件。正因为它是经过压缩的，而且又是 8 位的，所以这种格式的文件大多用在网络传输上，速度要比传输其他格式的图像文件快得多。

此格式的文件最大缺点是最多只能处理 256 种色彩。它绝不能用于存储真彩的图像文件。也正因为其体积小而曾经一度被应用在计算机教学、娱乐等软件中，也是人们较为喜爱的 8 位图像格式。

1.14.5 BMP 格式

BMP 全称为 Windows Bitmap。它是微软公司 Paint 的自身格式，可以被多种 Windows 和 OS/2 应用程序所支持。在 Photoshop 中，最多可以使用 16 兆的色彩渲染 BMP 图像。因此，BMP 格式的图像可以具有极其丰富的色彩。

1.14.6 EPS 格式

EPS(Encapsulated PostScript)格式是专门为存储矢量图形而设计的，用于 PostScript 输出设备上打印。

Adobe 公司的 Illustrator 是绘图领域中一个极为优秀的程序。它既可用来创建流动曲线，简单图形，也可以用来创建专业级的精美图像。它的作品一般存储为 EPS 格式。通常它也是 CorelDraw 等软件支持的一种格式。

1.14.7 PDF 格式

PDF 格式被用于 Adobe Acrobat 中，Adobe Acrobat 是 Adobe 公司用于 Windows、MacOS、UNIX 和 DOS 操作系统中的一种电子出版软件。使用在应用程序 CD-ROM 上的 Acorbat Reader 软件可以查看 PDF 文件。与 PostScript 页面一样，PDF 文件可以包含矢量图形和位图图形，还可以包含电子文档的查找和导航功能，如电子链接等。

PDF 格式支持 RGB、索引色、CMYK、灰度、位图和 Lab 等颜色模式，但不支持 Alpha 通道。PDF 格式支持 JPEG 和 ZIP 压缩，但位图模式文件除外。位图模式文件在存储为 PDF 格式时采用 CCITT Group4 压缩。在 Photoshop 中打开其他应用程序创建的 PDF 文件时，Photoshop 会对文件进行栅格化。

1.14.8 PCX 格式

PCX 格式普遍用于 IBM PC 兼容计算机上。大多数 PC 软件支持 PCX 格式版本 5，版本 3 文件采用标准 VGA 调色板，该版本不支持自定调色板。

PCX 格式可以支持 DOS 和 Windows 下绘图的图像格式。PCX 格式支持 RGB、索引色、灰度和位图颜色模式，不支持 Alpha 通道。PCX 支持 RLE 压缩方式，支持位深度为

1、4、8 或 24 的图像。

1.14.9 PNG 格式

现在有越来越多的程序设计人员建立以 PNG 格式替代 GIF 格式的倾向。像 GIF 一样，PNG 也使用无损压缩方式来减小文件的尺寸。越来越多的软件开始支持这一格式，有可能不久的将来它将会在整个 Web 上流行。

PNG 图像可以是灰阶的(位深可达 16bit)或彩色的(位深可达 48bit)，为缩小文件尺寸，它还可以是 8-bit 的索引色。PNG 使用的新的高速的交替显示方案，可以迅速地显示，只要下载 1/64 的图像信息就可以显示出低分辨率的预览图像。与 GIF 不同，PNG 格式不支持动画。

PNG 用于存储的 Alpha 通道定义文件中的透明区域，以确保将文件存储为 PNG 格式之前，删除那些除了想要的 Alpha 通道以外的所有 Alpha 通道。

1.15　思　考　题

1. 颜色模式分为哪几种？

2. 数字印刷的优点是什么？

3. 电子宣传册分为哪几类？分别具有什么特点？

第 2 章　Photoshop CC 快速入门

Photoshop 是 Adobe 公司推出的优秀的图像编辑软件，一直深受平面设计者的青睐。本章将主要介绍 Photoshop CC 的入门基础知识，包括 Photoshop CC 的安装、启动、退出等，并对其工作界面进行介绍。通过本章的学习，用户能够对 Photoshop CC 有一个初步的认识，为后面章节的学习奠定良好的基础。

2.1　Photoshop CC 的安装、启动与退出

在学习 Photoshop CC 前，首先要安装 Photoshop CC 软件。下面介绍在 Microsoft Windows 7 系统中安装、启动与退出 Photoshop CC 的方法。

2.1.1　运行环境需求

在 Microsoft Windows 系统中运行 Photoshop CC 的配置要求如下。
- Intel Pentium 4 或 Amd Athlon 64 处理器(2GHz 或更快)。
- Microsoft Windows 7 Service Pack1 或 Windows 8。
- 1GB 内存(建议使用 2GB)。
- 2.5GB 的可用硬盘空间(在安装过程中需要的其他可用空间)。
- 1024×768 像素分辨率的显示器(带有 16 位视频卡)。
- DVD-ROM 驱动器。

2.1.2　Photoshop CC 的安装

Photoshop CC 是专业的设计软件，其安装方法比较标准，具体安装步骤如下。

(1) 在相应的文件夹下选择下载后的安装文件，双击安装文件图标 ，即可初始化文件。

(2) 运行 Photoshop CC 安装程序 Setup.exe，出现如下所示的初始化对话框，单击【忽略】按钮，如图 2.1 所示。

图 2.1　初始化文件

(3) 初始化完成后，进入【欢迎】界面执行操作，单击【安装】按钮，如图 2.2 所示。

(4) 初始化完成后接着弹出许可协议界面，单击【接受】按钮，如图 2.3 所示。

图 2.2　【欢迎】界面

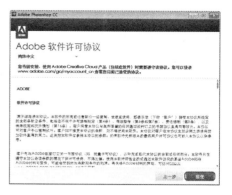

图 2.3　许可协议界面

(5) 执行操作后接着弹出【序列号】界面，在该界面中输入序列号，单击【下一步】按钮，如图 2.4 所示。

(6) 弹出【选项】界面，在该界面中指定安装的路径，根据自己的需要，选择合适的安装版本，并设置安装路径，单击【安装】按钮，如图 2.5 所示。

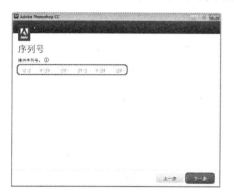

图 2.4　输入序列号

图 2.5　【选项】界面

(7) 在弹出的【安装】界面中将显示所安装的进度，如图 2.6 所示。

(8) 安装完成后，将会弹出【安装完成】界面，单击【关闭】按钮即可，如图 2.7 所示。

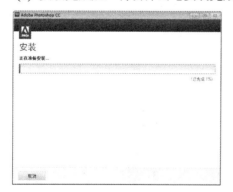

图 2.6　安装进度

图 2.7　安装完成

2.1.3　启动与退出 Photoshop CC

如果要启动 Photoshop CC，可单击【开始】|【所有程序】| Adobe Photoshop CC(64 bit)选项，如图 2.8 所示。除此之外，用户还可在桌面上双击该程序的图标或双击与 Photoshop CC 相关的文档。

如果要退出 Photoshop CC，可在程序窗口中单击【文件】按钮，在弹出的下拉菜单中选择【退出】选项，如图 2.9 所示。

图 2.8　选择 Photoshop CC(64 Bit)选项

图 2.9　选择【退出】选项

除以上方法外，执行下列操作之一也可以退出 Photoshop CC：

- 单击 Photoshop CC 程序窗口右上角的 █ × █ 按钮。
- 双击 Photoshop CC 程序窗口左上角的 Ps 图标。
- 按 Alt+F4 组合键。
- 按 Ctrl+Q 组合键。

2.2　Photoshop CC 的工作环境

软件安装完成后就可以正常使用了，下面介绍 Photoshop CC 工作区的工具、面板和其他元素，从而使读者对该软件的工作环境有一个初步认识。

2.2.1　Photoshop CC 的工作界面

Photoshop CC 的工作界面的设计非常系统化，便于操作和理解，同时也易于被人们所接受，主要由菜单栏、工具选项栏、工具箱、状态栏、面板和工作区等几个部分组成，如图 2.10 所示。

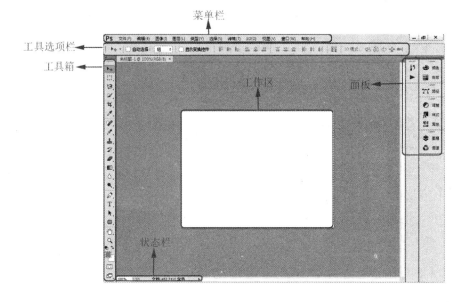

菜单栏

工具选项栏

工具箱

工作区

面板

状态栏

图 2.10　Photoshop CC 的工作界面

2.2.2　菜单栏

Photoshop CC 共有 11 个主菜单，如图 2.11 所示，每个菜单内都包含相同类型的命令。例如，【编辑】菜单中包含可以对当前图像进行编辑的选项，【视图】菜单中包含的是可以对当前视图所能进行的操作。

Ps 文件(F) 编辑(E) 图像(I) 图层(L) 类型(Y) 选择(S) 滤镜(T) 3D(D) 视图(V) 窗口(W) 帮助(H)

图 2.11　菜单栏

单击一个菜单的名称即可打开该菜单。在菜单中，不同功能的命令之间采用分隔线进行分隔，带有黑色三角标记的命令表示还包含子菜单，将光标移动到这样的命令上，即可显示子菜单，如图 2.12 所示。

图 2.12　带有黑色三角标记的命令

选择菜单中的一个命令便可以执行该命令，如果命令后面附有快捷键，则无须打开菜单，直接按快捷键即可执行该命令。例如，按 Ctrl+A 组合键可以在菜单栏中选择【选择】|【全部】命令，如图 2.13 所示。有些命令只提供了字母，要通过快捷方式执行这样的命令，可以按 Alt 键+主菜单的字母，打开主菜单，再按命令后面的字母，执行该命令。例如，按 Alt +I+R 组合键，可以在菜单栏中选择【图像】|【裁切】命令，如图 2.14 所示。

图 2.13　带快捷键的命令

图 2.14　带字母的命令

如果一个命令的名称后面带有"…"符号，表示执行该命令时将打开一个对话框，如图 2.15 所示。如果菜单中的命令显示为灰色，则表示该命令在当前状态下不能使用。例如，在没有创建选区的情况下，【选择】菜单中的多数命令都不能使用，如图 2.16 所示。

图 2.15　后面带有"…"的命令

图 2.16　呈灰色显示的命令

在图像上右击可以显示快捷菜单，如图 2.17 所示。快捷菜单会因所选工具的不同而显示不同的内容。例如，使用模糊工具时，显示的快捷菜单是画笔选项设置面板；而使用渐变工具时，显示的快捷菜单则是渐变编辑面板。在图层上右击也可以显示快捷菜单，如图 2.18 所示，通过快捷菜单可以快速执行相应的命令。

图 2.17　右击图像　　　　　　　　　　　　图 2.18　右击图层

2.2.3　工具箱

第一次启动应用程序时，工具箱将出现在屏幕的左侧，可通过拖动工具箱的标题栏来移动它。通过选择【窗口】|【工具】命令，用户也可以显示或隐藏工具箱。我们也可以按工具的快捷键来选择相应的工具。右下角带有三角形图标的工具表示这是一个工具组，在工具上右击即可显示隐藏的工具，如图 2.19 所示。

在默认情况下，工具箱中的工具为单排显示，单击工具箱顶部的双箭头 按钮，可以切换为双排，如图 2.20 所示。

单击工具箱中的一个工具即可选择该工具，将光标停留在一个工具上会显示该工具的名称和快捷键，如图 2.21 所示。

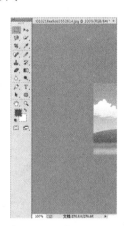

图 2.19　工具组　　　　　图 2.20　双排显示　　　　　图 2.21　显示工具的名称和快捷键

2.2.4　工具选项栏

大多数工具的选项都会在该工具的选项栏中显示，选中快速选择工具状态的选项栏如图 2.22 所示。

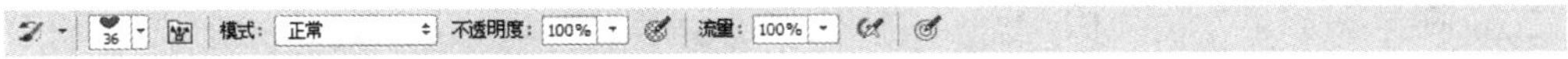

图 2.22　工具选项栏

选项栏与工具相关，并且会随所选工具的不同而变化。选项栏中的一些设置(例如绘画模式和不透明度)对于许多工具都是通用的，但是有些设置则专用于某个工具(例如用于铅笔工具的【自动抹掉】设置)。

2.2.5　面板

使用面板可以监视和修改图像。

在菜单栏中单击【窗口】按钮，在弹出的下拉菜单中可以选择所要显示或隐藏的面板，如图 2.23 所示。默认情况下，面板以组的方式堆叠在一起，拖动面板的顶端可以移动面板组，还可以单击面板右侧的各类面板标签打开相应的面板。

> **提 示**
>
> 如果要隐藏所有面板，可以按 Shift+Tab 组合键来实现。

选中面板中的标签，然后拖动到面板以外，就可以移去该面板。

2.2.6　图像窗口

通过图像窗口可以移动整个图像在工作区中的位置。图像窗口显示图像的名称、百分比率、色彩模式以及当前图层等信息，按住图像的标题向下拖动可将其单独显示，如图 2.24 所示。

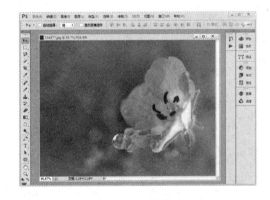

图 2.23　【窗口】下拉菜单　　　　　　　图 2.24　图像窗口

单击窗口右上角的 ▬ 图标可以最小化图像窗口，单击窗口右上角的 ❐ 图标可以最大化图像窗口，单击窗口右上角的 ✖ 图标则可关闭整个图像窗口。

2.2.7　状态栏

状态栏位于图像窗口的底部，它左侧的文本框中显示了窗口的视图比例，如图 2.25 所示。在文本框中输入百分比值，然后按 Enter 键，可以重新调整视图比例。

在状态栏上单击时，可以显示图像的宽度、高度、通道数目和颜色模式等信息，如图 2.26 所示。如果按住 Ctrl 键单击(按住鼠标左键不放)，可以显示图像的拼贴宽度等信息，如图 2.27 所示。

图 2.25　窗口的视图比例

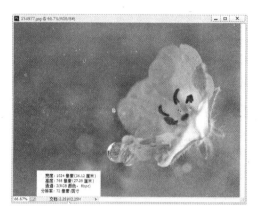

图 2.26　显示图片信息

单击状态栏中的 ▶ 按钮，然后选择【显示】选项，可以打开如图 2.28 所示的下拉菜单，在此菜单中可以选择状态栏中显示的内容。

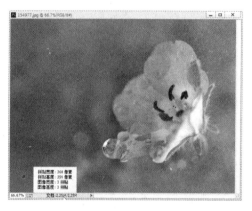

图 2.27　配合 Ctrl 键单击

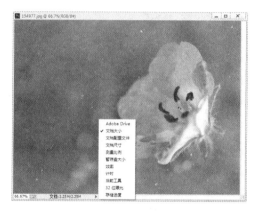

图 2.28　单击状态栏中的 ▶ 按钮

- 【文档大小】：选择该选项后，状态栏中会出现两组数字，"/"左边的数字代表了拼合图层并存储文件后文档的大小；"/"右边的数字代表了没有拼合图层和通道的状态下文档的近似大小。
- 【文档配置文件】：显示图像所使用的颜色配置文件的名称。
- 【文档尺寸】：显示图像的尺寸。
- 【测量比例】：显示文档的测量比例。
- 【暂存盘大小】：显示处理图像时的系统内存和 Photoshop 暂存盘的信息。选择该选项后，状态栏中会出现两组数字。"/"左边的数字代表了为正在处理的图像分配的内存量；"/"右边的数字代表了可用于处理图像的总内存量。如果左边的数字大于右边的数字，则 Photoshop 将启用暂存盘作为虚拟内存。
- 【效率】：显示执行操作实际花费时间的百分比。当效率为 100%时，表示当前处理的图像在内存中生成；如果效率低于 100%，则表示 Photoshop 正在使用暂存盘，图像的处理速度会因此而变慢。

- 【计时】：显示完成上一次操作所用的时间。
- 【当前工具】：显示当前正在使用的工具的名称。
- 【32 位曝光】：用于调整预览图像，以便在计算机显示器上查看 32 位通道高动态范围图像(HDR)的选项。只有文档窗口显示 HDR 图像时，该选项才可用。

2.2.8 工具预设

如果需要频繁地对某一个工具使用相同的设置，则可以将这组设置作为预设存储起来，以便在需要时可以随时访问该预设。

下面来学习创建工具预设。

(1) 在工具箱中选择【模糊工具】，在菜单栏中单击【窗口】按钮，在弹出的下拉菜单中选择【工具预设】选项，如图 2.29 所示。选取一个工具，然后在选项栏中设置所需的选项。

(2) 在【工具预设】面板中单击【创建新的工具预设】按钮 ，即可弹出【新建工具预设】对话框，如图 2.30 所示。

图 2.29   选择【工具预设】选项

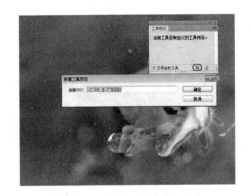

图 2.30   【新建工具预设】对话框

(3) 单击【确定】按钮，即可将其添加到【工具预设】面板中，如图 2.31 所示。

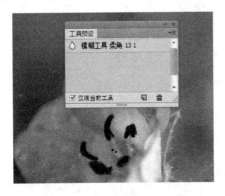

图 2.31   【工具预设】面板

2.2.9　优化 Photoshop CC 工作界面

Photoshop CC 提供有标准屏幕模式、带有菜单栏的全屏模式和全屏模式，可以通过工具箱上的 按钮或使用快捷键 F 来实现 3 种不同模式之间的切换。对初学者来说，建议使用标准屏幕模式。3 种模式的工作界面分别如图 2.32、图 2.33、图 2.34 所示。

图 2.32　标准屏幕模式

图 2.33　带有菜单栏的全屏模式

图 2.34　全屏模式

2.3　文件的基本操作

Photoshop CC 文件的基本操作包括新建、打开及保存文件等。下面分别介绍打开、新建、保存、关闭文件的相关操作。

2.3.1　打开文件

打开文件的方法有以下 4 种。

方法 1：

(1) 在菜单栏中选择【文件】|【打开】命令，打开【打开】对话框，如图 2.35 所示。一般情况下，【文件类型】默认为【所有格式】，也可以选择某种特定的文件格式，然后

在大量的文件中进行筛选。

(2) 单击【打开】对话框中的【查看视图】菜单图标 ，可以选择以平铺的形式来显示图像，如图 2.36 所示。

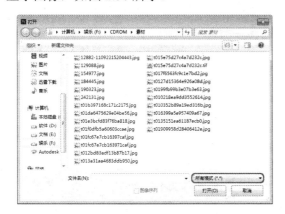

图 2.35　【打开】对话框　　　　　　　　　图 2.36　平铺图像

(3) 选中要打开的图片，然后单击【打开】按钮或者直接双击图像即可将其打开。在对话框的下部可以对要打开的图片进行预览。

> **提示**
>
> 按住 Ctrl 键单击需要打开的文件，可以打开多个不相邻的文件；按住 Shift 键单击需要打开的文件，可以打开多个相邻的文件。

方法 2：

在工作区域内双击，也可打开【打开】对话框。

方法 3：

使用 Ctrl+O 组合键，也可以打开【打开】对话框。

方法 4：

通过快捷方式打开文件，在没有运行 Photoshop 时，将一个图像文件拖曳至桌面上的 上，可以运行 Photoshop CC 软件并打开该文件。

2.3.2　新建文件

新建文件有两种方法，下面将分别进行介绍。

方法 1：

选择【文件】|【新建】命令，打开【新建】对话框，如图 2.37 所示。

(1) 设置文件的宽度、高度及分辨率的数值。

(2) 选择颜色模式和背景内容，之后对其进行确定。选择的背景内容不同所产生的文件背景就不同，如图 2.38～图 2.40 所示。

方法 2：

使用 Ctrl+N 组合键，即可弹出【新建】对话框。

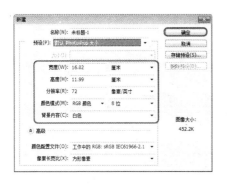

图 2.37 【新建】对话框

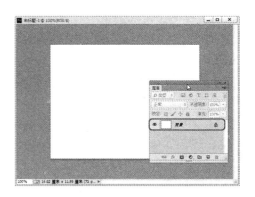

图 2.38 【白色】背景

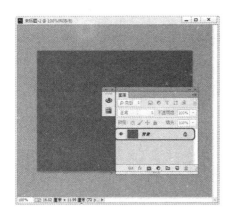

图 2.39 选择【背景色】背景

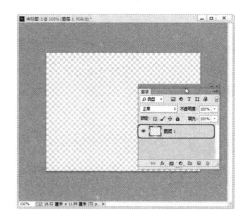

图 2.40 选择【透明】背景

2.3.3 保存文件

保存文件有 3 种方法，下面分别进行介绍。

方法 1：

选择【文件】|【存储】命令，即可打开【存储为】对话框，可以按照原有的格式存储正在处理的文件，也可以对其进行重新命名及更改原格式后进行存储。对于正在编辑的文件应该随时存储，以免出现意外而丢失。

方法 2：

选择【文件】|【存储为】命令，打开【存储为】对话框进行保存。对于新建的文件或已经存储过的文件，可以使用【存储为】命令将文件存储为某种特定的格式，这样原文件不会被覆盖。

方法 3：使用 Ctrl+S 组合键也可以打开【存储为】对话框。

> **提示**
>
> 如果打开原有文件进行修改，选择【文件】|【存储】命令或者使用 Ctrl+S 组合键后将会覆盖原文件，如果不想覆盖原文件，可以提前将其复制，或者使用【文件】|【存储为】命令。

2.4　使用选择工具

本节介绍工具箱中常用的选择工具的使用方法。Photoshop CC 中有很多创建选区的工具，其中包括：矩形选框工具、椭圆选框工具、单行选框工具、单列选框工具。如果需要创建不规则选区，使用得到的主要工具包括：套索工具、多边形套索工具、磁性套索工具和魔棒工具。

2.4.1　矩形选框工具

矩形主要用于选取矩形的图像，在 Photoshop CC 中是比较常用的工具，仅限于选取规则的矩形，不能选取其他形状。

1．矩形选框工具的基本操作

单击工具箱中的【矩形选框工具】，在属性栏中使用默认参数，从图像文件左上角到右下角拖动鼠标可创建矩形选区，如图 2.41 所示。

创建完成后，将鼠标移至选区中，当鼠标变为形状时，按住 Ctrl 键时单击鼠标并拖曳，可移动选区，如图 2.42 所示。

图 2.41　创建矩形选区　　　　　　　　图 2.42　按 Ctrl 键移动选区

将鼠标移至选区中，当鼠标变为形状时，按住鼠标并移动可以移动选区，如图 2.43 所示。

在按住 Ctrl+Alt 组合键的同时拖曳鼠标则可复制选区，如图 2.44 所示。

图 2.43　移动选区　　　　　　　　图 2.44　按 Ctrl+Alt 组合键复制选区

在创建选区的过程中，按住空格键可以拖动选区使其位置改变，释放空格键则可以继续创建选区。

通常情况下，按下鼠标的那一点为选区的左上角，释放鼠标的那一点为选区的右下角，按住 Alt 键后再拖动，按下鼠标的那一点为选区的中心点，释放鼠标的那一点为选区的右下角。

按住 Shift 键拖动鼠标可选择正方形(要先释放鼠标左键再释放 Shift 键)，按住 Shift+Alt 组合键拖动鼠标则以第一点为中心画出正方形。

2．矩形选框工具参数设置

在使用矩形选框工具时，可对选区的加减、羽化、样式和调整边缘进行设置，其工具选项栏如图 2.45 所示。

图 2.45　矩形选框工具选项栏

- 选区的加减
  - 【新选区】：创建新选区(快捷键为 M)，如图 2.46 所示。

图 2.46　创建新选区

  - 【添加到选区】：在现有选区中添加选区(在已有选区的基础上按住 Shift 键)，如图 2.47 所示。

图 2.47　添加选区

◆ 【从选区减去】![icon]：在现有的选区中减去选区(在已有选区的基础上按住 Alt 键)，如图 2.48 所示。

图 2.48　减去选区

◆ 【与选区交叉】![icon]：选择与原选区交叉的区域(在已有选区的基础上按住 Shift+Alt 组合键)，如图 2.49 所示。

图 2.49　交叉选区

● 【羽化】参数设置

羽化参数为 0 的效果如图 2.50 所示；羽化参数为 20 的效果如图 2.51 所示。

图 2.50　羽化参数为 0 的效果

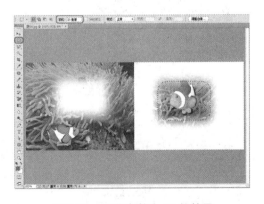

图 2.51　羽化参数为 20 的效果

● 【样式】参数设置

正常状态下可以随意框选矩形，如图 2.52 所示。

选择【固定比例】选项，可以设置高度与宽度的比例，即输入长宽比的值。在固定长宽比的状态下使用矩形工具如图 2.53 所示。

图 2.52　随意框选矩形　　　　　　图 2.53　选择【固定比例】样式

选择【固定大小】选项，可以指定高度和宽度值，即输入整数像素值，如图 2.54 所示。

创建 1 英寸选区所需的像素数取决于图像的分辨率。

● 【调整边缘】参数设置

建立好矩形选区后，单击【调整边缘】按钮，打开【调整边缘】对话框，如图 2.55 所示。可以对选框进行调整，可以调整【半径】、【对比度】、【平滑】、【羽化】和【收缩/扩展】参数。

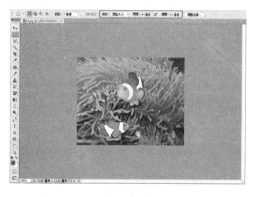
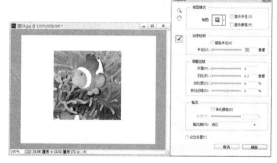

图 2.54　选择【固定大小】样式　　　　　图 2.55　【调整边缘】对话框

2.4.2　椭圆选框工具

椭圆选框工具用于选择圆形的图像，只能选取圆或者椭圆，如图 2.56 所示。

椭圆选框工具选项栏与矩形选框工具选项栏的参数设置基本一致，这里主要介绍它们之间的不同之处。其工具选项栏如图 2.57 所示。

图 2.56　椭圆选框工具

图 2.57　椭圆选框工具选项栏

图 2.58 所示为勾选【消除锯齿】复选框，使用椭圆选框工具进行选择，然后将选择的区域复制到新的文件中，并将其放大后显示的效果，可以看出边缘通过渐变柔化了。

图 2.59 所示为取消勾选【消除锯齿】复选框，使用椭圆选框工具进行选择，然后将选择的区域复制到新的文件中，并将其放大后显示的效果，可以看出边缘生硬。

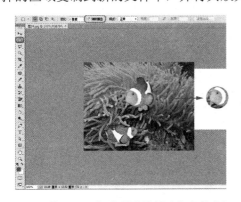 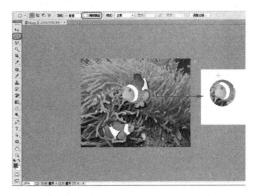

图 2.58　勾选【消除锯齿】复选框　　　　图 2.59　取消勾选【消除锯齿】复选框

提　示

在使用椭圆选框工具时，按住 Alt+Shift 组合键同时拖动鼠标，会以光标所在位置点为中心绘制圆形选区。

2.4.3　单行选框工具

【单行选框工具】 只能创建高度为 1 像素的行选区。下面通过实例来介绍如何创建行选区。

(1) 启动 Photoshop CC，打开随书附带光盘中的 CDROM \素材\ Cha02\单行选框工具.tif 文件，如图 2.60 所示。

(2) 选择工具箱中的【单行选框工具】 ，在属性栏中使用默认参数，然后在素材图像中单击即可创建水平选区，效果如图 2.61 所示。

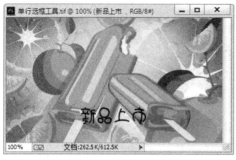

图 2.60　打开素材文件

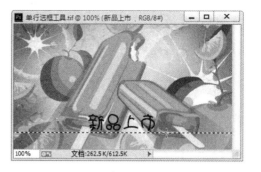

图 2.61　创建选区

（3）选择工具箱中的【矩形选框工具】，然后在工具属性栏中单击【从选区减去】按钮，在图像编辑窗口中单击鼠标左键绘制选区，将不需要的选区用矩形框选中，如图 2.62 所示。

（4）选择完成后释放鼠标，矩形框选中的选区即可被删除，如图 2.63 所示。

图 2.62　创建选区

图 2.63　删除选区

（5）设置完成后，单击工具箱中的【前景色】色块，在弹出的【拾色器(前景色)】对话框中，将 RGB 值设为 167、129、66，如图 2.64 所示。

（6）按 Alt+Delete 组合键，填充前景色，然后再按 Ctrl+D 组合键取消选区，最终效果如图 2.65 所示。

图 2.64　【拾色器(前景色)】对话框

图 2.65　填充颜色后的效果

2.4.4　单列选框工具

【单列选框工具】 和单行选框工具的用法一样，可以精确地绘制一行或者一列像素，填充选区后能够得到一条水平线或垂直线，其通常用来制作网格，在版式设计和网页设计中经常使用该工具绘制直线，如图 2.66 所示。

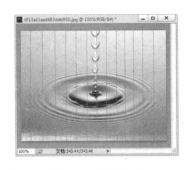

图 2.66　绘制直线

2.4.5　套索工具

使用套索工具可以方便、随意地手绘选择区域，因此，创建的选区具有很强的随意性。我们无法使用它来准确地选择对象，但它们可以用来处理蒙版，或者选择大面积区域内的漏选对象。

选择【套索工具】 后，单击并按住鼠标左键拖动即可绘制选区，最后将光标移至起点处释放鼠标即可封闭选区，如图 2.67、图 2.68 所示。

图 2.67　绘制选区

图 2.68　绘制选区后的效果

如果没有移动到起点处就释放鼠标，则 Photoshop 会在起点与终点处连接一条直线来封闭选区，如图 2.69、图 2.70 所示。

图 2.69　绘制选区

图 2.70　绘制选区后的效果

> 在使用套索工具创建选区时，按住 Alt 键然后释放鼠标左键，此时可切换为多边形套索工具，移动鼠标至其他区域单击可绘制直线，释放 Alt 键可恢复为套索工具。

2.4.6 多边形套索工具

【多边形套索工具】可以创建由直线连接的选区，它适合选择边缘为直线的对象。选择该工具后，在对象边缘的各个拐角处单击，Photoshop 会将单击点连接起来成为选区，如图 2.71 所示。图 2.72 标记了单击点的位置。如果按住 Shift 键，则能够锁定水平、垂直或以 45 度角为增量进行绘制。

图 2.71 使用多边形套索工具进行选择

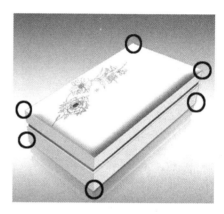

图 2.72 单击点的位置

如果在操作时绘制的直线不够准确，如图 2.73 所示，可以按 Delete 键将最近绘制的直线段删除，如图 2.74 所示。连续按 Delete 键可依次向前删除，如图 2.75 所示。如果要删除所有直线段，可以按住 Delete 键不放或者按 Esc 键。如果要封闭选区，可将光标移至起点处单击，也可以在任意位置双击，Photoshop 会在双击点与起点之间用直线连接来封闭选区。

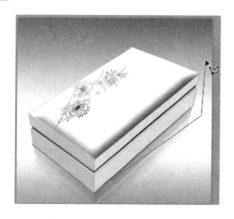

图 2.73 绘制的不准确直线

图 2.74 按 Delete 键删除

图 2.75　按两次 Delete 键

2.4.7　磁性套索工具

磁性套索工具可以智能地自动选取，特别适用于快速选择与背景对比强烈而且边缘复杂的对象。

1．磁性套索工具的基本操作

选择【磁性套索工具】，在图像上单击以确定第一个紧固点。如果想取消使用磁性套索工具，可按 Esc 键返回。将鼠标指针沿着要选择的图像的边缘慢慢移动，紧固点会自动吸附到色彩差异的边缘，如图 2.76 所示。

图 2.76　使用磁性套索工具进行选择

需要选择的图像如果与边缘的其他色彩接近，自动吸附会出现偏差，这时可单击鼠标以手动添加一个紧固点。如果要抹除刚绘制的线段和紧固点，则可按 Delete 键，连续按 Delete 键可以倒序依次删除紧固点。

2．磁性套索工具基本参数设置

【磁性套索工具】的前几个参数与矩形选框工具的参数基本相似，这里就不再介绍了。下面主要介绍磁性套索工具特有的参数设置，其工具选项栏如图 2.77 所示。

图 2.77　磁性套索工具选项栏

- 【宽度】：检测从指针开始指定距离以内的边缘。
- 若要更改套索光标以指定套索宽度，首先应选中套索工具，按 Caps Lock 键，套索光标即可更改为圆状，圆状大小可通过更改工具选项栏中【宽度】的参数来进行更改。
- 【对比度】：要指定使用套索工具时线条吸附图像边缘的灵敏度，可在【对比度】文本框中输入 1%～100%之间的值。较高的数值检测要选择的图像与其周围颜色对比鲜明的边缘。对比度为 100%时的效果如图 2.78 所示。较低的数值则检测要选择的图像与其周围颜色对比不鲜明的边缘。对比度为 1%时的效果如图 2.79 所示。

图 2.78　对比度为 100%时的效果

图 2.79　对比度为 1%时的效果

> **提 示**
>
> 在边缘精确定义的图像上，可以试用更大的宽度和更高的边对比度，然后大致地跟踪边缘，在边缘较柔和的图像上，可尝试使用较小的宽度和较低的边对比度，然后更精确地跟踪边缘。

- 【频率】：若要指定套索工具以什么频率设置紧固点，可在【频率】文本框中输入 0~100 之间的数值。使用较高的数值可以使选择的区域更细腻，但编辑起来会很费时。【频率】参数为 10 的效果如图 2.80 所示；【频率】参数为 80 的效果如图 2.81 所示。

图 2.80　【频率】参数为 10 的效果

图 2.81　【频率】参数为 80 的效果

● 使用绘图板压力以更改钢笔宽度 ：如果使用的是钢笔绘图板，可以单击该选项，则会增大钢笔压力而使边缘宽度减小。

2.4.8　魔棒工具

【魔棒工具】 能够基于图像的颜色和色调来建立选区，它的使用方法非常简单，只需在图像上单击即可，适合选择图像中较大的单色区域或相近颜色。下面介绍该工具的使用方法。

(1) 启动 Photoshop CC，打开随书附带光盘中的 CDROM\素材\Cha02\魔棒工具.jpg 文件，如图 2.82 所示。

(2) 在工具栏中选择魔棒工具，然后在素材图片中单击，图片就会显示所选的区域了，如图 2.83 所示，单击的位置不同，所选的区域就不同。

图 2.82　打开的图片　　　　　　　　图 2.83　所选的区域

> 使用魔棒时，按住 Shift 键的同时单击鼠标可以添加选区；按住 Alt 键的同时单击鼠标可以从当前选区中减去选区；按住 Shift+Alt 组合键的同时单击鼠标可以得到与当前选区相交的选区。

2.4.9　快速选择工具

【快速选择工具】 是一种非常直观、灵活和快捷的选择工具，适合选择图像中较大的单色区域。快速选择工具的基本操作如下。

选择【快速选择工具】 ，设置合适的画笔大小，在图像中单击想要选取的颜色，如图 2.84 所示。

即可选取相近颜色的区域，如果需要继续加选，单击【添加到选区】按钮 后继续单击或者双击进行选取即可，如图 2.85 所示。

图 2.84　使用快速选择工具进行选择

图 2.85　继续加选

提 示

　　使用快速选择工具时，除了拖动鼠标来选取图像外，还可以单击鼠标选取图像。如果有漏选的地方，可以在按住 Shift 键的同时将其选取添加到选区中，如果有多选的地方可以在按住 Alt 键的同时单击选区，将其从选区中减去。

2.5　上 机 练 习

2.5.1　为图形更换颜色

　　本例将通过使用魔棒工具创建选区，然后使用吸管工具在图像中吸取颜色，并为选区填充该颜色，完成后的效果如图 2.86 所示。

　　(1) 运行 Photoshop CC 软件，打开随书附带光盘中的 CDROM\素材\Cha02\244953.jpg 文件，如图 2.87 所示。

图 2.86　制作完成后的效果

图 2.87　打开的素材文件

　　(2) 在工具箱中选择【魔棒工具】，在场景中单击创建选区，效果如图 2.88 所示。

　　(3) 再在工具箱中选择【吸管工具】，在图像上单击吸取颜色，此时前景色会变成该颜色，效果如图 2.89 所示。

　　(4) 按 Alt+Delete 组合键为选区填充前景色，按 Ctrl+D 组合键取消选区选择，效果如图 2.90 所示。

图 2.88　创建选区效果

图 2.89　吸取颜色效果

(5) 按 Ctrl+Shift+S 组合键打开【另存为】对话框，在该对话框中选择存储路径，然后为其命名，并将【保存类型】定义为 PSD，设置完成后单击【保存】按钮，如图 2.91 所示。

图 2.90　为选区填充颜色

图 2.91　存储效果文件

2.5.2　设计个人主页

本例通过选取与合成图像来制作个人主页。要学会观察对象及利用什么工具来进行选取。

(1) 在菜单栏中选择【文件】|【新建】命令，弹出【新建】对话框，设置新建文件尺寸及分辨率和颜色模式选项，将高度/宽度设置为 1024 像素，分辨率设置为 96 像素，如图 2.92 所示。

(2) 单击【确定】按钮，新建一个图像文件，然后将前景色设置为灰色(R：188、G：188、B：178)，背景色设置为褐色(R：106、G：70、B：70)。

(3) 在工具箱中选择【渐变工具】 ，然后在工具属性栏中单击选项按钮栏后的 ，在弹出的【渐变颜色】选项板中选择第一个【前景色到背景色渐变】颜色块。

(4) 使用渐变工具将鼠标移动到画面中心位置向右下方拖动鼠标，状态及填充渐变色后的画面效果如图 2.93 所示。

(5) 在工具箱中选择矩形选框工具，然后绘制出如图 2.94 所示的矩形选区。

图 2.92 【新建】对话框

图 2.93 填充渐变色后的画面效果

(6) 打开【图层】|【新建】|【图层】命令，弹出如图 2.95 所示的【新建图层】对话框，单击【确定】按钮，即可新建一个图层，并命名为"图层 1"。

图 2.94 绘制的矩形选区

图 2.95 【新建图层】对话框

(7) 将前景色 R、G、B 分别设置为 238、200、162，然后将其填充到选区中，执行【选择】|【取消选择】命令后的效果如图 2.96 所示。

(8) 同理，在新建图层 2 中利用【矩形选框工具】绘制出如图 2.97 所示的矩形图形，填充色为浅灰色(R：240、G：219、B：198)。

图 2.96 填充并去除选区后的效果

图 2.97 绘制的矩形图形

(9) 选取【椭圆选框工具】，在矩形的左下方位置绘制出如图 2.98 所示的椭圆形，然后按 Delete 键，将选区内的图像删除，效果如图 2.99 所示。再按 Ctrl+D 组合键取消选区。

(10) 执行【文件】|【打开】命令，打开随书附带光盘中的 CDROM\素材\Chao02\婚纱01.jpg 素材文件。

图 2.98　绘制的椭圆形选区

图 2.99　删除选区内图像后的效果

(11) 使用选择工具，将打开的婚纱照片移动复制到新建的文件中，然后执行【编辑】|【自由变换】命令，在图片的周围将显示如图 2.100 所示的变换框。

(12) 按住 shift 键的同时向左上方拖动变换框右下角的控制点，将图片等比例缩小，状态如图 2.101 所示。

图 2.100　显示的自由变换选框

图 2.101　缩小图片时的状态

(13) 单击选项栏中的 ✔ 按钮，确定图片的缩小调整。

(14) 利用矩形选框工具，根据图片的大小绘制出如图 2.102 所示的矩形选区，然后按住 Ctrl+Alt 组合键的同时单击【图层】面板形成图层 3 缩略图，生成的选区形态如图 2.103 所示。

图 2.102　绘制的矩形选区

图 2.103　生成的选区形态

(15) 为选区填充白色，按住 Ctrl+D 组合键去除选区后的效果如图 2.104 所示。

(16) 执行【编辑】|【自由变换】命令，将鼠标光标放置到变形框各角点的外侧，当鼠

标光标显示为旋转符号时拖动鼠标，可旋转图片的角度，用此方法将图片调整至如图 2.105 所示的位置及形态。

图 2.104　填充白色

图 2.105　图片调整后的效果

(17) 单击选项栏中的 ✔ 按钮，确认图片的调整，然后执行【图层】|【图层样式】|【投影】命令，在对话框中设置选项参数，如图 2.106 所示。

(18) 单击【确定】按钮，图片添加投影后的效果如图 2.107 所示。

图 2.106　设置图层样式参数

图 2.107　添加投影后的效果

(19) 依次打开素材图片"婚纱 02.jpg"、"婚纱 03.jpg"和"婚纱 04.jpg"文件，然后用相同的方法，制作出如图 2.108 所示的图片效果。

(20) 打开素材图片"小熊 02.jpg"，然后选择【磁性套索工具】 ，并将光标移动到如图 2.109 所示的位置单击，确定绘制选区的起点。

(21) 沿着要选取小熊图像的边缘拖动鼠标，此时会根据图像的边缘自动生成一条吸附线形，同时带有紧固点，如图 2.110 所示。

(22) 依次沿小熊图像的边缘拖动鼠标，至起点位置时单击鼠标，即可闭合线形，生成如图 2.111 所示的选区。

(23) 利用【移动工具】 将选取的小熊图片移动复制到新建的文件中，然后利用【自由变换】命令将其调整至如图 2.112 所示的大小及位置。

图 2.108　制作的图片效果

图 2.109　确定起点

图 2.110　绘制选区

图 2.111　生成的选区

(24) 打开素材图片"彩虹.jpg"，然后利用【矩形选框工具】💠将彩虹选取，如图 2.113 所示。

图 2.112　小熊图片调整后的大小及位置

图 2.113　选取彩虹

(25) 利用【魔棒工具】将图中白色部分选取，然后执行选择中的反向选择，将彩虹选取调整至如图 2.114 所示的位置及形态。

(26) 按 Enter 键确认图片的调整，然后依次执行【图层】|【排列】|【后移一层】命令，将"彩虹.jpg"图片调整至"婚纱.jpg"图片的下方，如图 2.115 所示。

图 2.114　彩虹图片调整后的位置及形态

图 2.115　调整堆叠顺序后的效果

(27) 将"气球.jpg"素材文件设置为工作状态，并利用 ▶️工具将其移动复制到新建的文件中，如图 2.116 所示。

(28) 再次使用【魔棒工具】 ，将工具选项栏中的【容差】设置为 1，然后单击图中的白色区域，再执行选择栏中的反向选择，利用【自由变换】命令将气球图片调整至合适的大小后放置到如图 2.117 所示的位置。

图 2.116　选取的气球　　　　图 2.117　气球图片调整后的大小及位置

(29) 灵活运用【矩形选框工具】 和【椭圆选框工具】 ，在新建的图层中绘制褐色(R：106、G：70、B：70)的椭圆和矩形，然后利用文字工具依次输入如图 2.118 所示的文字。

(30) 利用【椭圆选框工具】 绘制两个椭圆形选区，新建图层然后执行【编辑】|【描边】命令，在弹出的对话框中设置选项，其中颜色为褐色(R：106、G：70、B:70)。

(31) 单击【确定】按钮，为选区描绘边缘，去除选区后，利用文字工具输入如图 2.119 所示的文字完成个人设计。

图 2.118　绘制的图形及输入的文字　　　图 2.119　描边后的效果及输入的文字

(32) 按 Ctrl+S 组合键在弹出的【存储为】对话框中将此文件命名为"个人主页.psd"保存。

2.6　思　考　题

1. 在 Photoshop 中打开文件的方法有几种？打开文件的快捷键是什么？
2. 新建文档的方法有几种？快捷键是什么？
3. 创建选区的方法有哪几种？

第 3 章　图像的创作与修饰

Photoshop 在图像创作和修饰方面有着非常强大的功能，利用修复与修饰工具可以将有缺陷的图像进行修复。本章将通过基础知识与案例的结合，向读者介绍如何使用 Photoshop 中的工具对图像进行创作、修饰和修复。

3.1　在 Photoshop CC 中绘图

绘图是 Photoshop 软件的基本功能，掌握好画笔的使用方法可以为其他工具的使用打下基础，也可以通过该工具绘制出美丽的图画来。

3.1.1　使用画笔工具

画笔工具是直接使用鼠标或电子笔进行绘画的工具，绘画的原理和现实中的画笔相似。通过设定前景色和背景色可以设定画笔的颜色。

1. 画笔工具选项栏

在工具箱中选择【画笔工具】 ，其工具选项栏如图 3.1 所示，在该工具选项栏中单击画笔后面的下三角按钮，会弹出如图 3.2 所示的【画笔预设】选取器。在【主直径】文本框中输入 1~2500 像素的数值或者直接通过拖动滑块更改，也可以通过快捷键更改画笔的大小：按[键可缩小，按]键可放大。

图 3.1　画笔工具选项栏

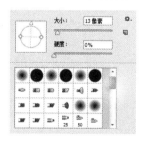

图 3.2　【画笔预设】选取器

可以在【画笔预设】选取器中的【硬度】文本框中输入 0%~100%之间的数值，或者直接拖动滑块更改画笔硬度。

画笔硬度为 0%时的效果如图 3.3 所示。

画笔硬度为 100%时的效果如图 3.4 所示。

图 3.3　画笔硬度为 0%时的效果　　　　图 3.4　画笔硬度为 100%时的效果

在【画笔预设】选取器中，可以选择不同的笔尖样式，如图 3.5 所示。

● 【设定画笔的混合模式】：在画笔工具选项栏中，通过【模式】选项可以选择绘画时的混合模式，在工具选项栏中的【模式】下拉列表中选择即可，如图 3.6 所示。

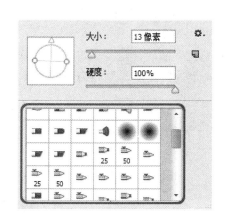

图 3.5　选择笔尖样式　　　　　　图 3.6　【模式】下拉列表

● 【设定画笔的不透明度】：在【不透明度】参数框中，可以输入 1%~100%之间的数值来设定画笔的不透明度，不透明度为 20%和 100%时的对比效果如图 3.7 所示。

● 【设定画笔的流量】：流量控制画笔在画面中涂抹颜色的速度。在【流量】参数框中，可以输入 1%~100%之间的数值来设定绘画时的流量。流量为 100%和 20%时的对比效果如图 3.8 所示。

● 【启用喷枪模式】：喷枪模式是用来制作喷枪效果的。在画笔工具选项栏中，图标为 反白色时为启动该功能，灰色则是取消该功能。

提　示

在使用画笔的过程中，按住 Shift 键可以绘制水平、垂直或者以 45 度为增量角的直线。如果在确定起点后，按住 Shift 键单击画布中的任意一点，则两点之间以直线相连接。

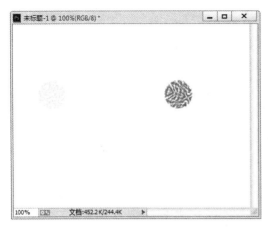

图 3.7　设置不透明度对比效果　　　　　　图 3.8　设置流量对比效果

2．【画笔】面板的使用

选择【窗口】|【画笔】命令，打开如图 3.9 所示的【画笔】面板。也可以按快捷键 F5
或者在画笔工具的选项栏中单击【切换画笔面板】按钮![icon]打开该面板。

- 【画笔预设】：可以选择预设的画笔及更改画笔的直径。
- 【画笔笔尖形状】：不仅可以选择画笔的样式、直径硬度，还可以设置画笔在 x、
  y 轴上的翻转，画笔的角度、圆度以及画笔的间距等。间距为 100%时的效果如
  图 3.10 所示。

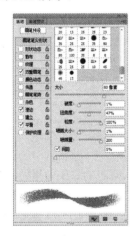

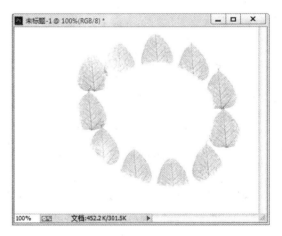

图 3.9　【画笔】面板　　　　　　　　图 3.10　调整间距描边路径效果

- 【形状动态】：勾选该复选框后的面板如图 3.11 所示，其中的【大小抖动】、
  【角度抖动】和【圆度抖动】等设置的不同效果也会发生变化。如图 3.12 所示为
  【大小抖动】为 100%、【最小直径】为 20%时的效果。
- 【散布】：勾选该复选框后，可以控制画笔在路径两侧的分布情况。【散布】值
  为 0%、【数量】值为 1 时的效果和【散布】值为 200%、【数量】值为 2 时的效
  果对比如图 3.13 所示。

图 3.11　勾选【形状动态】复选框

图 3.12　设置参数

- 【颜色动态】：勾选该复选框后，可以控制画笔颜色的【色相抖动】、【亮度抖动】和【饱和度抖动】等的变化。各项参数都为 100%时的效果和各项参数都为 0%时的效果对比如图 3.14 所示。

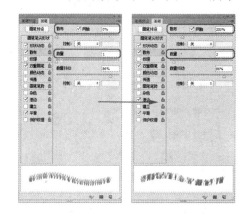

图 3.13　勾选【散布】复选框并设置参数图

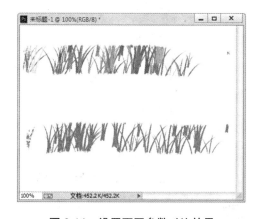

图 3.14　设置不同参数对比效果

- 【传递】：勾选该复选框后的面板如图 3.15 所示，它控制【不透明度抖动】和【流量抖动】动态上的变化。
- 通过【画笔】面板还可以为画笔设置【纹理】、【双重画笔】和【杂色】等效果。
- 【自定义画笔】：如果调整各项参数后仍不能满足需要，那么就可以自定义画笔。

(1) 打开随书附带光盘中的 CDROM\素材\Cha03\190323.jpg 文件。用选取工具选择所需的部分，如图 3.16 所示。

(2) 选择菜单栏中【编辑】|【定义画笔预设】命令，如图 3.17 所示。

(3) 在弹出的【画笔名称】对话框中为画笔命名，然后在预设的画笔中选择刚才定义的画笔即可，如图 3.18 所示。

图 3.15　勾选【传递】复选框

图 3.16　打开素材图片

图 3.17　选择【定义画笔预设】命令

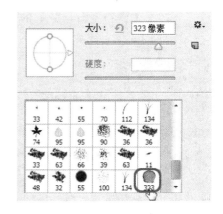

图 3.18　自定义画笔成功

提示

如果不用选区定义的话，则把整个画布定义为画笔。

3. 铅笔工具

其原理和现实中的铅笔相似，画出的曲线是硬的、有棱角的，工作方式与画笔相同。铅笔工具的选项栏包括【画笔】、【模式】、【不透明度】及【自动抹除】等选项。【画笔】、【模式】、【不透明度】的含义和画笔相同，这里不再赘述。

【自动抹除】：这是铅笔工具的特殊功能，当其被选中后，如果在前景色上开始拖移，该区域则抹成背景色；如果从不包含前景色的区域开始拖移，则用前景色绘制该区域。

3.1.2　使用历史记录画笔

历史记录画笔工具可以将图像恢复到编辑过程中的某一状态，或者将部分图像恢复为原样，该工具需要配合【历史记录】调板一同使用。接下来让我们通过实例来学习一下它的使用方法。

(1) 打开随书附带光盘中的 CDROM\素材\Cha03\历史记录画笔.jpg 文件，在工具箱中单击【污点修复画笔工具】按钮 ，在素材图形中对小女孩进行涂抹，如图 3.19 所示。

(2) 释放鼠标后，即可对素材图形进行修复，修复后的效果如 3.20 所示。

图 3.19　对小女孩进行涂抹

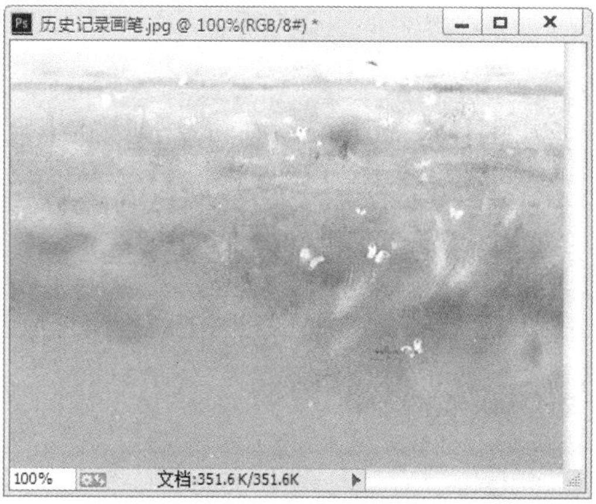

图 3.20　修复后的效果

(3) 在工具箱中单击【历史记录画笔工具】按钮 ，在工具选项栏中的【大小】文本框中输入 30，在【硬度】文本框中输入 50，按 Enter 键确认，如图 3.21 所示。

(4) 设置完成后，在修复的位置处进行涂抹，即可恢复素材图形原样，如图 3.22 所示。

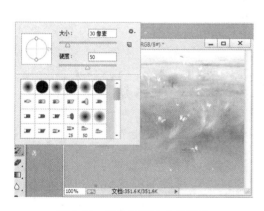

图 3.21　设置画笔大小及硬度

图 3.22　恢复图形原样

3.2　使用形状工具

使用形状工具可以方便地绘制出许多特定的形状，还可以通过形状的运算及自定义形状让形状更加丰富。形状工具是创意的基础和源泉，绘制形状的工具有矩形工具、圆角矩形工具、椭圆工具、多边形工具、直线工具及自定形状工具，如图 3.23 所示。

3.2.1　绘制规则形状

在选择基本形状的绘制工具时，有 3 种模式可供选择，分别是形状图层、路径和像素，如图 3.24 所示。

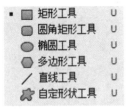

图 3.23　形状工具面板　　　　　　　图 3.24　绘制工具的模式

形状图层是一种特殊的图层，它与分辨率无关，创建时会自动地生成新的图层，效果如图 3.25 所示。

图 3.25　形状图层效果

形状图层模式的工具选项栏如图 3.26 所示。

图 3.26　形状图层模式的工具选项栏

- 【颜色】设置项：单击选项中的色块，可以弹出【拾色器】对话框，从中可以实现颜色的调整。也可以通过【前景色填充】命令(或按 Alt+Delete 组合键)直接使其更改颜色。
- 【样式】设置项：通过此选项可以对形状图层添加样式。也可以通过【样式】面板直接为其添加图层样式。
- 形状图层的形状可以通过修改路径的工具修改，例如钢笔工具等。选择【图层】|【栅格化】|【填充内容】命令，可以将形状图层转换为一般图层。一旦将形状图层栅格化，将无法再使其转换为形状图层，它也不再具有形状图层的特性。
- 【填充像素】模式就好比是一次性完成【建立选区】和【用前景色填充】这两个命令。

卜面以形状图层模式为例介绍形状图形的绘制方法。

1．绘制矩形

使用【矩形工具】 可以很方便地绘制出矩形或正方形。

选择【矩形工具】 ，然后在画布上单击并拖动光标，即可绘制出所需要的矩形，若在拖动时按住 Shift 键，则可绘制出正方形。

单击【自定形状工具】 ，在工作操作区 按钮下拉菜单中，如图 3.27 所示。其中包括【不受约束】、【定义的比例】、【定义的大小】、【固定大小】和【从中心】。

- 【不受约束】：矩形的形状完全由光标的拖动来决定。
- 【定义的比例】：基于创建自定形状时所使用的比例对自定形状进行渲染。
- 【定义的大小】：基于创建自定形状时的大小对自定形状进行渲染。
- 【固定大小】：根据您在【宽度】和【高度】文本框中输入的值，将矩形、圆角矩形、椭圆或自定形状渲染为固定形状。
- 【从中心】：从中心开始渲染矩形、圆角矩形、椭圆或自定形状。

使用【圆角矩形工具】 可以绘制具有平滑边缘的矩形，其使用方法与矩形工具相同，只需用光标在画布上拖动即可，如图 3.28 所示。

图 3.27　下拉列表效果

图 3.28　绘制圆角矩形

圆角矩形工具的选项栏大体上与矩形工具的选项栏相同，只是多了【半径】参数框一项，它用于控制圆角矩形的平滑程度，输入的数值越大越平滑。输入 0 时为矩形，有一定数值时则为圆角矩形。

2．绘制椭圆

使用【椭圆工具】 可以绘制椭圆，按住 Shift 键可以绘制正圆。椭圆工具选项栏的用法和前面介绍的选项栏基本相同，这里不再赘述。

3．绘制多边形

使用【多边形工具】 可以绘制出所需的正多边形。绘制时，光标的起点为多边形的中心，而终点则为多边形的一个顶点。

多边形工具的选项栏如图 3.29 所示。

图 3.29　多边形工具选项栏

- 【边】参数框：用于输入所需绘制的多边形的边数。绘制的五边形如图 3.30 所示。
- 【多边形选项】中包括【半径】、【平滑拐角】、【星形】、【缩进边依据】和

【平滑缩进】等选项，如图 3.31 所示。

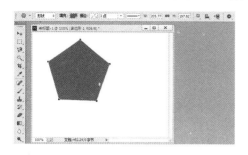

图 3.30　绘制的五边形效果　　　　　　　图 3.31　多边形选项

- 【半径】参数框：用于输入多边形的半径长度，单位为像素。
- 【平滑拐角】复选框：勾选此复选框，可使多边形具有平滑的顶角。多边形的边数越多越接近圆形，平滑拐角的效果如图 3.32 所示。

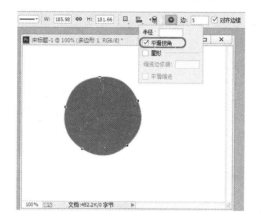

图 3.32　勾选【平滑拐角】复选框效果

- 【星形】复选框：勾选此复选框，可使多边形的边向中心缩进呈星状。
- 【缩进边依据】设置框：用于设定边缩进的程度。50%缩进和 90%缩进的效果对比如图 3.33 所示。
- 【平滑缩进】复选框：只有勾选【星形】复选框时此复选框才可选。勾选【平滑缩进】复选框，可使多边形的边平滑地向中心缩进。平滑缩进效果如图 3.34 所示。

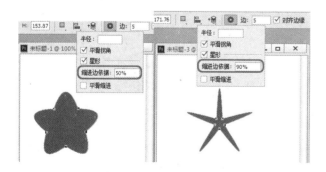

图 3.33　设置不同【缩进边依据】参数效果对比　　图 3.34　勾选【平滑缩进】复选框效果

4．绘制直线

使用【直线工具】可以绘制直线或带箭头的线段。

使用方法是：光标拖动的起始点为线段的起点，拖动的终点为线段的终点。按住 Shift 键可以将直线的方向控制在 0°、45°或 90°方向。

【直线工具】的选项栏如图 3.35 所示，其中【粗细】参数框用于设定直线的宽度。

图 3.35　直线工具选项栏

单击选项栏中的黑色下三角按钮，可弹出如图 3.36 所示的【箭头】设置区，包括【起点】、【终点】、【宽度】、【长度】和【凹度】等选项。

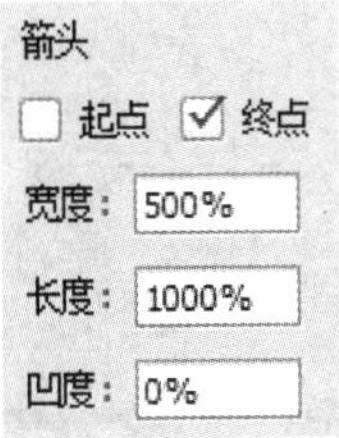

- 【起点】和【终点】复选框：二者可选择一个，也可以都选，用以决定箭头在线段的哪一方，勾选【起点】复选框的效果如图 3.37 所示。
- 【宽度】参数框：用于设置箭头宽度和线段宽度的比值，可输入 10%～1000%之间的数值。
- 【长度】参数框：用于设置箭头长度和线段宽度的比值，可输入 10%～5000%之间的数值。
- 【凹度】参数框：用于设置箭头中央凹陷的程度，可输入-50%～50%之间的数值。输入-20%时的效果和输入 30%时的效果对比如图 3.38 所示。

图 3.36　【箭头】设置区

图 3.37　勾选【起点】复选框绘制箭头

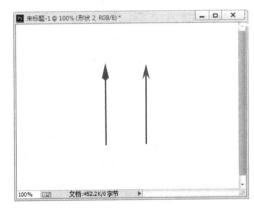

图 3.38　设置不同【凹度】参数的箭头效果

3.2.2　绘制不规则形状

使用【自定形状工具】可以绘制出一些不规则的图形或是自定义的图形。

自定形状工具选项栏如图 3.39 所示。

图 3.39　自定形状工具选项栏

【形状】设置项：用于选择所需绘制的形状。单击【形状】右侧的下三角按钮，会出现如图 3.40 所示的形状下拉列表，这里存储着可供选择的形状。

单击面板右上侧的 ✿. 按钮，可以弹出一个如图 3.41 所示的下拉列表，在该下拉列表中可以载入预置形状。

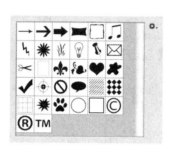

图 3.40   形状下拉列表

图 3.41   载入形状

选择【载入形状】命令，可以载入文件，其文件类型为*.CSH。

3.2.3   自定义形状

不仅可以使用预置的形状，还可以自己绘制形状而定义为自定义形状，以便于以后使用。首先绘制出自己喜欢的图形，如图 3.42 所示。

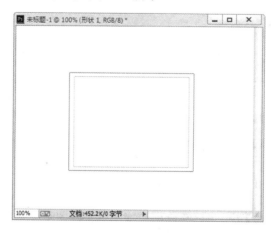

图 3.42   绘制形状效果

然后选择【编辑】|【定义自定形状】命令，打开如图 3.43 所示的【形状名称】对话框。

选择自定形状工具，然后在列表中找到自定义的形状即可，如图 3.44 所示。

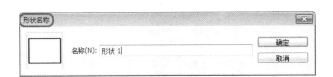

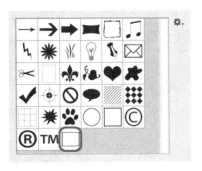

图 3.43　【形状名称】对话框　　　　　图 3.44　选择定义的形状效果

3.3　图像修复工具

图像修复工具主要是用于对图片中不协调的部分进行修复。下面就来学习一下图像修复工具。

3.3.1　污点修复画笔工具

污点修复画笔工具可以快速移去照片中的污点和其他不理想的部分。污点修复画笔的工作方式与修复画笔类似：它使用图像或图案中的样本像素进行绘画，污点修复画笔不要求用户指定样本点，它将自动从所修饰区域的周围取样。下面来介绍该工具的具体使用方法。

(1) 打开随书附带光盘中的 CDROM\素材\Cha03\225805.jpg 素材图形，如图 3.45 所示。

(2) 在工具箱中单击【污点修复画笔工具】按钮，在工作区中对想要移去的部分进行涂抹，如图 3.46 所示。

图 3.45　打开的素材图片　　　　　　图 3.46　涂抹要移去的部分

(3) 在释放鼠标后，系统会自动进行修复，修复后的效果如图 3.47 所示。

图 3.47　修复后的效果

3.3.2　修复画笔工具

修复画笔工具可用于校正瑕疵，使它们消失在周围的图像环境中。与仿制图章工具一样，使用修复画笔工具可以利用图像或图案中的样本像素来绘画，但是修复画笔工具可将样本像素的纹理、光照、透明度和阴影等与源像素进行匹配，从而使修复后的像素不留痕迹地融入图像的其余部分。

通过下面的实例来学习一下该工具的具体使用方法。

(1) 打开随书附带光盘中的 CDROM\素材\Cha03\242292.jpg 素材图形，如图 3.48 所示。

图 3.48　打开的素材图形

(2) 在工具箱中的【污点修复画笔工具】按钮 上右击，在弹出的列表中选择【修复画笔工具】 ，如图 3.49 所示。

(3) 在工作区中按住 Alt 键进行取样，连续单击鼠标对文字部分进行修复，修复后的效果如图 3.50 所示。

图 3.49　选择修复画笔工具　　　　　　　图 3.50　修复后的效果

3.3.3　修补工具

修补工具可以说是对修复画笔工具的一个补充。修复画笔工具使用画笔来进行图像的修复，而修补工具则是通过选区来进行图像修复的。像修复画笔工具一样，修补工具会将样本像素的纹理、光照和阴影等与源像素进行匹配，还可以使用修补工具来仿制图像的隔离区域。

下来通过实际的操作步骤来熟悉一下该工具的使用方法。

(1) 打开随书附带光盘中的 CDROM\素材\Cha03\修补工具.jpg 素材图片，如图 3.51 所示。

(2) 在工具箱中的【污点修复画笔工具】按钮 上右击，在弹出的列表中选择【修补工具】 ，在素材图片中对月亮进行选取，然后向右移动选区，在合适的位置上释放鼠标，按 Ctrl+D 组合键取消选区即可，如图 3.52 所示。

图 3.51　打开的素材图片　　　　　　　　图 3.52　修补后的效果

提 示

利用修补工具修复图像时，创建的选区与方法和工具无关，只要有选区即可。无论是用仿制图章工具、修复画笔工具还是修补工具修复图像的边缘时，都应该结合选区完成。

3.3.4 红眼工具

红眼工具可移去用闪光灯拍摄的人物照片中的红眼，也可以移去用闪光灯拍摄的动物照片中的白色或绿色反光。红眼是由于相机闪光灯在主体视网膜上反光引起的。在光线暗淡的房间里照相时，由于主体的虹膜张开得很宽，因此将会更加频繁地看到红眼。为了避免红眼，应使用相机的红眼消除功能，或者最好使用可安装在相机上远离相机镜头位置的独立闪光装置。下面来学习一下该工具的使用方法。

(1) 打开随书附带光盘中的 CDROM\素材\Cha03\消除红眼.jpg 素材图片，如图 3.53 所示。

(2) 在工具箱中的【污点修复画笔工具】按钮 上右击，在弹出的列表中选择【红眼工具】 ，在素材图形中小狗的眼睛上单击，系统将自动修复素材图形中小狗的红眼，效果如图 3.54 所示。

图 3.53　打开的素材图片　　　　　　图 3.54　完成后的效果

3.4　橡皮擦工具

在绘制图像时，有多余的像素可以通过擦除工具将其擦除，也可以使用这些工具做一些图像的选择和拼合操作。

3.4.1 橡皮擦工具

橡皮擦工具会更改图像中的像素，如果直接在背景上使用，就相当于使用画笔用背景色在背景上作画。

如果在普通图层上使用，则会将像素抹成透明效果，还可以使用橡皮擦使受影响的区域返回【历史记录】面板中选中的状态。

> **提示**
>
> 【抹到历史记录】这一选项只有在选择【画笔】和【铅笔】模式时才能使用。

选择橡皮擦工具，打开其选项栏，如图 3.55 所示。

图 3.55　橡皮擦工具选项栏

- 【画笔】设置项：对橡皮擦的笔尖形状和大小的设置与对画笔的设置相同，这里不再赘述。
- 【模式】下拉列表：有【画笔】、【铅笔】和【块】3 种模式。选中【块】模式时的选项栏如图 3.56 所示，此时不能设置橡皮擦的大小、不透明度和流量等参数。

图 3.56　选择【块】模式后的选项栏

勾选【抹到历史记录】复选框时，橡皮擦工具的使用方法和历史记录画笔的使用方法类似，这里不再赘述。

3.4.2　背景色橡皮擦工具

背景色橡皮擦工具是一种可以擦除指定颜色的擦除器，这个指定颜色叫作标本色，表示背景色。使用背景色橡皮擦工具可以进行选择性的擦除。

背景色橡皮擦工具只擦除了黑色区域，其擦除功能非常灵活，在一些情况下可以达到事半功倍的效果。

背景色橡皮擦工具的选项栏如图 3.57 所示，其中包括：【画笔】设置项、【限制】下拉列表、【容差】设置框、【保护前景色】复选框以及取样设置等。

图 3.57　背景色橡皮擦工具选项栏

- 【画笔】设置项：用于选择形状。
- 【取样】设置：用于选择选取标本色的方式，有以下 3 种方式。
  - ◆ 【连续】：单击此按钮，擦除时会自动选择所擦除的颜色为标本色，此按钮用于抹去不同颜色的相邻范围。在擦除一种颜色时，背景色橡皮擦工具不能超过这种颜色与其他颜色的边界而完全进入另一种颜色，因为这时已不再满足相邻范围这个条件。当背景色橡皮擦工具完全进入另一种颜色时，标本色即随之变为当前颜色，也就是说，现在所在颜色的相邻范围为可擦除的范围。
  - ◆ 【一次】：单击此按钮，擦除时首先在要擦除的颜色上单击以选定标本色，这时标本色已固定，然后就可以在图像上擦除与标本色相同的颜色范围了。每次单击选定标本色只能做一次连续的擦除，如果想继续擦除，则必须重新单击选定标本色。
  - ◆ 【背景色板】：单击此按钮，也就是在擦除之前选定好背景色(即选定好标本色)，然后就可以擦除与背景色相同的色彩范围了。
- 【限制】下拉列表：用于选择背景色橡皮擦工具的擦除界限，包括以下 3 个选项。

◆ 【不连续】：在选定的色彩范围内，可以多次重复擦除。

◆ 【连续】：在选定的色彩范围内，只可以进行一次擦除，也就是说，必须在选定的标本色内连续擦除。

◆ 【查找边界】：在擦除时，保持边界的锐度。

● 【容差】设置框：可以输入数值或者拖动滑块来调节容差。数值越低，擦除的范围越接近标本色。大的容差会把其他颜色擦成半透明的效果。

● 【保护前景色】复选框：用于保护前景色，使之不会被擦除。

在 Photoshop 中是不支持背景层有透明部分的，而背景色橡皮擦工具则可直接在背景层上擦除，擦除后 Photoshop 会自动地把背景层转换为一般层。

3.4.3 魔术橡皮擦工具

魔术橡皮擦工具相当于魔棒工具加删除命令。选择魔术橡皮擦工具，然后在图像上想擦除的颜色范围内单击，它就会自动地擦除掉与此颜色相近的区域。单击前的情况和单击后的情况对比如图 3.58 所示。

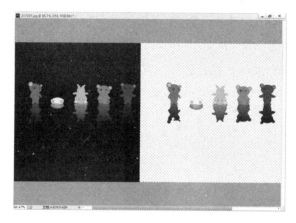

图 3.58 使用魔术橡皮擦工具前后对比效果

魔术橡皮擦工具的选项栏与魔棒工具的选项栏相似，如图 3.59 所示，其中包括【容差】文本框、【消除锯齿】复选框、【连续】复选框、【对所有图层取样】复选框和【不透明度】参数框等。

图 3.59 魔术橡皮擦工具选项栏

● 【容差】文本框：数值越小，选取的颜色范围越接近；数值越大，选取的颜色范围越大。在文本框中可输入 0~255 之间的数值。

● 【消除锯齿】复选框：其功能已在前面介绍过，这里不再赘述。

● 【连续】复选框：勾选该复选框，只擦除与单击点像素邻近的像素；取消勾选该复选框，则可擦除图像中的所有相似像素。

● 【对所有图层取样】复选框：勾选该复选框，可从所有可见图层中取样来擦除色样。

● 【不透明度】参数框：用来设置擦除效果的不透明度。

3.5　上 机 练 习

3.5.1　去除照片的多余人物

下面以去除照片中的多余人物为例，来详细讲解利用修复工具进行工作的方法。去除照片的多余人物前后效果对比如图 3.60 和图 3.61 所示。

图 3.60　去除多余人物前

图 3.61　去除多余人物后

(1) 打开随书附带光盘中的 CDROM\素材\Chao03\01.jpg 素材图片。

(2) 执行【图层】|【复制图层】命令，在弹出的对话框中单击【确定】按钮，将背景图层复制成【背景副本】图层。

(3) 选择【修补工具】 <img>，在画面中绘制修复范围，将多余人物的腿部选取，如图 3.62 所示。

(4) 将鼠标移动到选区内，并向背景中有人物的位置移动，将地面图像复制到选区内遮盖人物，状态如图 3.63 所示。

图 3.62　选取多余人物的腿部

图 3.63　拖动鼠标时的状态

(5) 释放鼠标，按住 Ctrl+D 组合键去除选区，修复后的图像效果如图 3.64 所示。同理，依次创建新的修复范围进行修复，效果如图 3.65 所示。

(6) 选取【修复画笔工具】 <img>，按住 Alt 键的同时在如图 3.66 所示的位置依次拖动鼠标使去除的人物的区域与整个图片更好地融合，最终效果如图 3.67 所示。

(7) 至此，照片中的多余人物就去除了，然后按住 Ctrl+S 组合键保存文件为"去除多余人物.psd"。

图 3.64　修复后的效果

图 3.65　修复后的效果

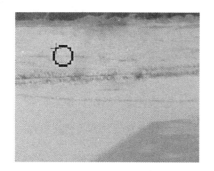

图 3.66　设置取样点

图 3.67　最终效果

3.5.2　制作水晶按钮

制作水晶按钮的方法比较简单，大多是通过渐变体现基本质感，用加深和减淡工具来增强按钮的立体感，再通过投影和反光将按钮与周围的环境协调起来。

(1) 新建一个长宽各 7 厘米，分辨率 150 像素的文件，将背景色填充为 RGB 值为166、173、167 的颜色。

(2) 新建一个图层，选择【椭圆选框工具】 ○ ，按住 Shift 键创建一个圆形，如图 3.68所示。选择【渐变工具】 ■ ，设置渐变颜色如图 3.69 所示，在选区内填充渐变效果如图 3.70 所示。

图 3.68　创建圆形选区

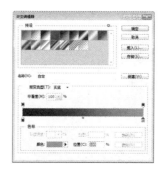

图 3.69　设置渐变颜色

图 3.70　填充渐变颜色

(3) 选择【加深工具】 ⊙ ，在工具栏中选择一个柔角画笔，在圆形的边缘涂抹，将颜色加深，如图 3.71 所示。将不透明度调整为 7%，如图 3.72 所示。

图 3.71　加深渐变颜色

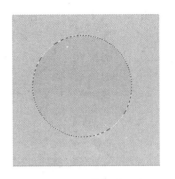

图 3.72　调整不透明度

（4）新建一个图层，选择【渐变工具】 ，设置渐变颜色如图 3.73 所示，在选区内填充渐变颜色如图 3.74 所示。

图 3.73　设置渐变颜色

图 3.74　填充渐变颜色

（5）选择【椭圆选框工具】 ，在工具选项栏中按下【与选区交叉】 ，在当前选区的下面创建一个圆形，在拖动鼠标的过程中按下 Shift 键将选区锁定为圆形，同时可以按住空格键移动选区，以便将两个选区中心对齐，释放鼠标后，得到的选区为两个选区交叉的结果，如图 3.75 所示。按 Shift+Ctrl+I 组合键反选，然后按 Delete 键删除选区内的图像，如图 3.76 所示。

图 3.75　选区交叉

图 3.76　删除选区内的图像

（6）按 Shift+Ctrl+I 组合键重新反选。选择【橡皮擦工具】 ，在工具栏中选择一个柔角画笔，将工具的不透明度设置为 25%，在选区的顶部拖动鼠标进行擦除，如图 3.77 所示。用【加深工具】 在按钮的中间区域涂抹，进行加深处理，如图 3.78 所示。将前景色设置为绿色，选择【画笔工具】 ，将工具的不透明度设置为 15%，用一个柔角画笔在按钮的底部涂抹出反光，如图 3.79 所示。

图 3.77　拖动鼠标擦除顶部

图 3.78　加深中间部分

(7) 按 Ctrl+D 组合键取消选区，新建一个图层，用【椭圆选框工具】 创建一个圆形选区。选择【渐变工具】 ，设置从白色到不透明度渐变，在选区内填充渐变，如图 3.80 所示。按 Ctrl+D 组合键取消选择。

图 3.79　涂抹底部

图 3.80　选区内填充渐变

(8) 在【图层 1】下面创建一个图层，如图 3.81 所示。用柔角画笔涂抹黑色制作投影。在当前图层上面创建一个图层，在该图层上涂抹绿色，使按钮呈现为绿色，如图 3.82 所示。

(9) 在图层面板最顶部创建一个新图层，选择【自定义工具】 ，在工具选项栏中选择【像素】，然后在形状下拉菜单中选择【主页】图形，将颜色设置为白色，绘制该图形，然后将其不透明度调整为 30%，如图 3.83 所示。

图 3.81　新建图层

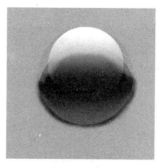

图 3.82　涂抹绿色

图 3.83　最终效果

3.6　思　考　题

1. 在【历史记录】调板中是否可以删除其中记录的某一项操作？
2. 使用形状工具绘制的图形是位图还是矢量图？矢量图有什么优点？
3. 图像修复工具都包含哪些？

第4章　图层的创建与编辑

在 Photoshop 中，图层承载了几乎所有的图像效果。它的引入改变了图像处理的工作方式。而【图层】面板则为图层提供了每一个图层的信息，结合【图层】面板可以灵活运用图层处理各种特殊效果，本章将对图层的功能与操作方法进行更为详细的讲解。

4.1　认　识　图　层

图层就像是含有文字或图像等元素的胶片，一张张按顺序叠放在一起，组合起来形成页面的最终效果。通过简单地调整各个图层之间的关系，能够实现更加丰富和复杂的视觉效果。

4.1.1　图层概述

在 Photoshop 中图层是最重要的功能之一，承载着图像和各种蒙版，控制着对象的不透明度和混合模式。另外，通过图层还可以管理复杂的对象，提高工作效率。

图层就好像是一张张堆叠在一起的透明醋酸纸(一种用于描摹图像的半透明纸张，我们可以将它想象成透明的)，用户要做的就是在几张透明纸上分别作画，再将这些纸按一定次序叠放在一起，使它们共同组成一幅完整的图像，如图4.1所示。

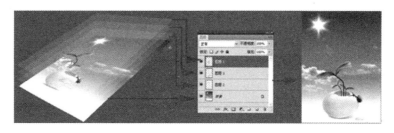

图4.1　图层原理

图层的出现使平面设计进入了另一个世界，那些复杂的图像一下子变得简单清晰起来。通常认为Photoshop中的图层有3种特性：透明性、独立性和叠加性。

4.1.2　【图层】面板

【图层】面板用来创建、编辑和管理图层，以及为图层添加样式、设置图层的不透明度和混合模式。

在菜单栏中选择【窗口】|【图层】命令，可以打开【图层】面板，面板中显示了图层的堆叠顺序、图层的名称和图层内容的缩览图，如图4.2所示。

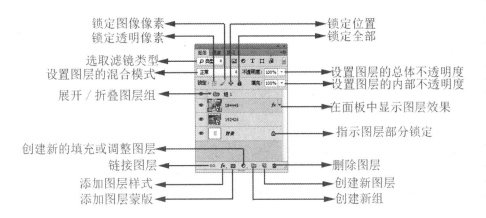

锁定图像像素　　　　　　　　　　　　锁定位置
锁定透明像素　　　　　　　　　　　　锁定全部

选取滤镜类型
设置图层的混合模式　　　　　　　　　设置图层的总体不透明度
展开 / 折叠图层组　　　　　　　　　　设置图层的内部不透明度

　　　　　　　　　　　　　　　　　　在面板中显示图层效果

　　　　　　　　　　　　　　　　　　指示图层部分锁定

创建新的填充或调整图层
链接图层　　　　　　　　　　　　　　删除图层
添加图层样式　　　　　　　　　　　　创建新图层
添加图层蒙版　　　　　　　　　　　　创建新组

图 4.2　【图层】面板

- 【设置图层的混合模式】 正常 ：用来设置当前图层中的图像与下面图层混合时使用的混合模式。
- 【设置图层的总体不透明度】 不透明度：100% ：用来设置当前图层的不透明度。
- 【设置图层的内部不透明度】 填充：100% ：用来设置当前图层的填充百分比。
- 【锁定全部】按钮：锁定按钮用于锁定图层的透明区域、图像像素和位置，以免其被编辑。处于锁定状态的图层会显示图层锁定标志。
- 【指示图层可见性】标志：当图层前显示该标志时，表示该图层为可见图层。单击它可以取消显示，从而隐藏图层。
- 【链接图层】按钮：链接图层按钮用于链接当前选择的多个网层，被链接的图层会显示出图层链接标志，它们可以一同移动或进行变换。
- 【展开/折叠图层组】标志：单击该标志可以展开图层组，显示出图层组中包含的图层。再次单击可以折叠图层组。
- 【添加图层样式】按钮：单击该按钮，在打开的下拉列表中可以为当前图层添加图层样式。
- 【添加图层蒙版】按钮：单击该按钮，可以为当前图层添加图层蒙版。
- 【创建新的填充或调整图层】按钮：单击该按钮，在打开的下拉列表中可以选择创建新的填充图层或调整图层。
- 【创建新组】按钮：单击该按钮可以创建一个新的图层组。
- 【创建新图层】按钮：单击该按钮可以新建一个图层。
- 【删除图层】按钮：单击该按钮可以删除当前选择的图层或图层组。

4.1.3 【图层】菜单

下面来介绍一下【图层】菜单。

单击【图层】面板右侧的按钮可以弹出命令菜单，如图 4.3 所示。从中可以完成如下命令：新建图层、复制图层、删除图层、删除隐藏图层等。

在菜单栏中选择【图层】面板菜单中的【面板选项】命令，打开【图层面板选项】对话框，如图 4.4 所示，可以设置图层缩览图的大小，如图 4.5 所示。

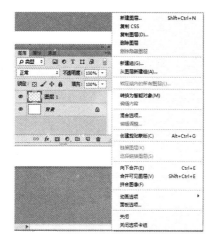

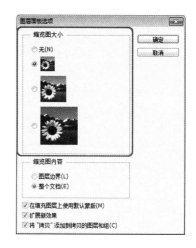

图 4.3　【图层】菜单　　　　　　　　图 4.4　【图层面板选项】对话框

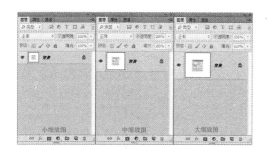

图 4.5　缩览图效果

图 4.6　缩览图快捷菜单

4.1.4　当前图层的确定

　　在 Photoshop 中，深颜色显示的图层为当前图层，大多数操作都是针对当前图层进行的，因此当前图层十分重要。确定当前图层的方法有以下两种。

- 当前图层的确定，可以直接单击【图层】面板中的缩览图进行选择，如图 4.7 所示。
- 当图层之间存在着上下叠加关系时，可以在图像工作区的叠加区域右击，然后再在弹出的快捷菜单中选择需要的图层，如图 4.8 所示。

图 4.7 选择图层　　　　　　　　　　图 4.8 右击选择图层

4.1.5 图层上下位置关系的确定

改变图层的排列顺序就是改变图层像素之间的叠加次序，这可以通过直接拖动图层的方位来实现，如图 4.9 所示。

也可以通过选择【图层】|【排列】命令来完成图层的重新排列。Photoshop 提供了 5 种排列方式，如图 4.10 所示。

图 4.9 拖动图层　　　　　　　　　　图 4.10 选择排列顺序

- 【置为顶层】：将当前图层移动到最上层。快捷键为 Shift+Ctrl+]。
- 【前移一层】：将当前图层向上移一层。快捷键为 Ctrl+]。
- 【后移一层】：将当前图层向下移一层。快捷键为 Ctrl+[。
- 【置为底层】：将当前图层移动到最底层。快捷键为 Shift+Ctrl+[。
- 【反向】：将选中的图层顺序反转。

4.2 创 建 图 层

在 Photoshop 中可以创建多种类型的图层，每种类型的图层都有不同的功能和用途，它们在【图层】面板中的显示状态也各不相同。下面就来介绍一下图层的创建。

4.2.1　新建图层

新建图层的方法有很多，可以通过【图层】面板创建，也可以通过各种命令进行创建。

1.　通过按钮创建图层

单击【图层】面板中的【创建新图层】按钮 ⬛，即可创建一个新的图层，如图 4.11 所示。

> **提示**
>
> 如果需要在某一个图层下方创建新图层（背景层除外），则按住 Alt 键的同时单击【创建新图层】按钮 ⬛ 即可。

2.　通过【新建】命令创建图层

在菜单栏中选择【图层】|【新建】|【图层】命令，即可弹出【新建图层】对话框，如图 4.12 所示。在对话框中可以对图层的名称、颜色和混合模式等各项属性进行设置。

图 4.11　新建图层　　　　　　　　图 4.12　【新建图层】对话框

3.　使用【通过拷贝的图层】命令创建图层

在菜单栏中选择【图层】|【新建】|【通过拷贝的图层】命令，或者使用 Ctrl+J 组合键，可以快速复制当前图层，如果在当前图层中创建了选区，在菜单栏中选择该操作后会将选区中的内容复制到新建图层中，并且原图像不会受到破坏，如图 4.13、图 4.14 所示。

图 4.13　创建选区　　　　　　　　图 4.14　复制的图层

4. 使用【通过剪切的图层】命令创建图层

在菜单栏中选择【图层】|【新建】|【通过剪切的图层】命令，或者使用 Shift+Ctrl+J 组合键，可以快速将当前图层中选区内的图像通过剪切后复制到新图层中，此时原图像被破坏，如图 4.15、图 4.16 所示。

图 4.15　创建选择区域

图 4.16　通过剪切的图层

4.2.2　将背景图层转换为普通图层

将【背景】图层转换为普通图层，对【背景】图层进行双击，弹出【新建图层】对话框，可以对它进行命名，然后单击【确定】按钮，如图 4.17、图 4.18 所示。

图 4.17　【新建图层】对话框

图 4.18　转换背景图层

4.2.3　命名图层

在图层数量较多的文档中，为一些图层设置容易识别的名称或者可以区别于其他图层的颜色，将便于我们在操作时查找图层。如果要快速修改一个图层的名称，可以双击该图层的名称，然后在显示的文本框中输入新名称，如图 4.19 所示。

如果要为图层或者图层组设置颜色，可以选择该图层或者图层组，然后在菜单栏中选择【图层】面板菜单中的【图层属性】或【组属性】命令，也可以按住 Alt 键在图层名称的右侧双击(注意：不是图层的名称或缩览图)，此时会打开【新建图层】对话框，此对话框中也包含了图层名称和颜色的设置选项，如图 4.20 所示。

图 4.19　重命名图层

图 4.20　设置图层属性

4.3　编　辑　图　层

学习过图层的创建，下面就来介绍对图层的编辑。

4.3.1　隐藏与显示图层

下面介绍图层的隐藏与显示。

在【图层】面板中，每一个图层的左侧都有一个【指示图层可见性】图标 ，它用来控制图层的可视性，显示该图标的图层为可见的图层，如图 4.21 所示，无该图标的图层为隐藏的图层，如图 4.22 所示。被隐藏的图层不能进行编辑和处理，也不能被打印出来。

图 4.21　显示图层

图 4.22　隐藏图层

4.3.2　调节图层透明度

通过实例来观察如何调整图层透明度。

打开随书附带光盘中的 CDROM\素材\Cha04\234502.jpg 素材文件，如图 4.23 所示，单击【图层】面板中上的不透明度右侧的 按钮，会弹出数值滑块栏，拖动滑块就可以调整图层的透明度，如图 4.24 所示。

图 4.23　打开素材

图 4.24　调整透明度

4.3.3　调整图层顺序

在【图层】面板中，将一个图层的名称拖曳至另外一个图层的上面(或下面)，当突出显示的线条出现在要放置图层的位置时，释放鼠标即可调整图层的堆叠顺序，如图 4.25、图 4.26 所示。

图 4.25　拖动需要调整的图层

图 4.26　调整图层顺序

4.3.4　链接图层

在编辑图像时，如果要经常同时移动或者变换几个图层，则可以将它们链接。链接图层的优点在于，只需选择其中的一个图层移动或变换，其他所有与之链接的图层都会发生相同的变换。

如果要链接多个图层，可以将它们选择，然后单击【图层】面板中的【链接图层】按钮 ⚭，被链接的图层右侧会出现一个 ⚭ 符号，如图 4.27 所示。如果要临时禁用链接，可以按住 Shift 键单击链接图标，图标上会出现一个红色的“×”，按住 Shift 键再次单击【链接图层】按钮 ⚭，可以重新启用链接功能，如图 4.28 所示。如果要取消链接，则可以选择一个链接的图层，然后单击面板中【链接图层】按钮 ⚭。

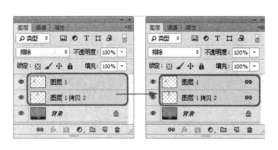

图 4.27　链接图层

图 4.28　禁用链接

提　示

链接的图层可以同时应用变换或创建为剪贴蒙版，但却不能同时应用滤镜，调整混合模式，进行填充或绘画，这些操作只能作用于当前选择的一个图层。

4.3.5　锁定图层

在【图层】面板中，Photoshop 提供了用于保护图层透明区域、图像像素和位置的锁定功能，可以根据需要锁定图层的属性，以免编辑图像时对图层内容造成修改。当一个图层被锁定后，该图层名称的右侧会出现一个锁状图标，如果图层被部分锁定，该图标是空心的 🔓；如果图层被完全锁定，则该图标是实心的 🔒。若要取消锁定，可以重新单击相应的锁定按钮，锁状图标就会消失。

【图层】面板中有 4 项锁定功能，分别是锁定透明像素、锁定图像像素、锁定位置、锁定全部，下面分别进行介绍。

- 【锁定透明像素】按钮🔲：按下该按钮后，编辑范围将被限定在图层的不透明区域，图层的透明区域会受到保护。例如，使用画笔工具涂抹图像时，透明区域不会受到任何影响，如图 4.29 所示。如果在菜单栏中选择模糊类的滤镜时，想要保持图像边界的清晰，就可以启用该功能。
- 【锁定图像像素】按钮🖌：按下该按钮后，只能对图层进行移动和变换操作，不能使用绘画工具修改图层中的像素，例如，不能在图层上进行绘画、擦除或应用滤镜。如图 4.30 所示为锁定图像像素后，使用画笔工具涂抹时弹出的警告。

图 4.29　锁定透明像素

图 4.30　锁定图像像素

- 【锁定位置】按钮⊞：按下该按钮后，图层将不能被移动。
- 【锁定全部】按钮🔒：按下该按钮后，可以锁定以上的全部选项。

4.3.6　删除图层

下面介绍如何对图层进行删除。

在【图层】面板中，将一个图层拖曳至【删除图层】按钮🗑上，如图 4.31 所示，即可删除该图层，如图 4.32 所示。如果按住 Alt 键单击【删除图层】按钮🗑，则可以将当时选择的图层删除。同样也可以在菜单栏中选择【图层】|【删除】|【图层】命令，将选择的图层删除。在图层数量较多的情况下，如果要删除所有隐藏的图层，可以在菜单栏中选择【图层】|【删除】|【隐藏图层】命令；如果要删除所有链接的图层，可以在菜单栏中选择【图层】|【选择链接图层】命令，选择链接的图层，然后再将它们删除。

图 4.31　拖曳至【删除图层】按钮

图 4.32　图层删除

4.4　图层的混合模式

图层的混合模式决定当前图层的像素如何与图像中的下层像素进行混合。使用混合模式可以创建各种特殊的效果，如图 4.33 所示。

4.4.1　一般模式

- 【正常】模式：系统默认的模式。当【不透明度】为 100%时，这种模式只是让图层将背景图层覆盖而已。所以使用这种模式时，一般应选择【不透明度】为一个小于 100%的值，以实现简单的图层混合，如图 4.34 所示。
- 【溶解】模式：当【不透明度】为 100%时它不起作用；当【不透明度】小于 100%时图层逐渐溶解，使其部分像素随机消失，并在溶解的部分显示背景从而形成了两个图层交融的效果，如图 4.35 所示。

图 4.33　混合模式效果

图 4.34　【正常】模式调整不透明度

4.4.2　变暗模式

- 【变暗】模式：在这种模式下，两个图层中颜色较深的像素会覆盖颜色较浅的像素，如图 4.36 所示。

图 4.35　【溶解】模式调整不透明度

图 4.36　【变暗】模式

- 【正片叠底】模式：在这种模式下，可以产生比当前图层和背景图层的颜色都暗的颜色，据此可以制作出一些阴影效果，如图 4.37 所示。在这个模式中，黑色和任何颜色混合之后还是黑色，而任何颜色和白色叠加，得到的还是该颜色。
- 【颜色加深】模式：应用这个模式将会获得与颜色减淡相反的效果，即图层的亮度减低、色彩加深，如图 4.38 所示。

图 4.37　【正片叠底】模式

图 4.38　【颜色加深】模式

- 【线性加深】模式：它的作用是使两个混合图层之间的线性变化加深。也就是说本来图层之间混合时其变化是柔和的，即逐渐地从上面的图层变化到下面的图层。而应用这个模式的目的就是加大线性变化，使得变化更加明显，如图 4.39 所示。
- 【深色】模式：应用这个模式将会获得图像深色相混合的效果，如图 4.40 所示。

　　　图 4.39　【线性加深】模式　　　　　　　　图 4.40　【深色】模式

4.4.3　变亮模式

- 【变亮】模式：这种模式仅当图层的颜色比背景层的颜色浅时才有用，此时图层的浅色部分将覆盖背景层上的深色部分，如图 4.41 所示。
- 【滤色】模式：有人说它是【正片叠底】模式的逆运算，因为它使得两个图层的颜色叠加更浅。如果选择的是一个浅颜色的图层，那么这个图层就相当于对背景图层进行漂白的"漂白剂"。也就是说，如果选择的图层是白色的话，那么在这种模式下，背景的颜色将变得非常模糊，如图 4.42 所示。

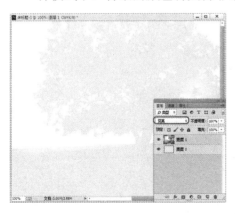　　

　　　　图 4.41　【变亮】模式　　　　　　　　　图 4.42　【滤色】模式

- 【颜色减淡】模式：可使图层的亮度增加，效果比【滤色】模式更加明显，效果如图 4.43 所示。
- 【线性减淡】模式：进行和【线性加深】模式相反的操作，如图 4.44 所示。

图 4.43 　【颜色减淡】模式

图 4.44 　【线性减淡】模式

- 【浅色】模式：与【深色】模式相反的操作，如图 4.45 所示。

图 4.45 　【浅色】模式

4.4.4　叠加模式

- 【叠加】模式：其效果相当于图层同时使用【正片叠底】模式和【滤色】模式两种操作，在这种模式下，背景图层颜色的深度将被加深，并且覆盖掉背景图层上浅颜色的部分，如图 4.46 所示。

图 4.46 　【叠加】模式

- 【柔光】模式：类似于将点光源发出的漫射光照到图像上。使用这种模式会在背景上形成一层淡淡的阴影，阴影的深浅与两个图层混合前颜色的深浅有关，如图 4.47 所示。

- 【强光】模式：强光模式下的颜色和在柔光模式下相比，或者更为浓重，或者更为浅淡。这取决于图层上颜色的亮度，如图 4.48 所示。

图 4.47　【柔光】模式　　　　　图 4.48　【强光】模式

- 【亮光】模式：通过增加或减小下面图层的对比度来加深或减淡图像的颜色，具体取决于混合色。如果混合色(光源)比 50%灰色亮，则通过减小对比度使图像变亮；如果混合色比 50%灰色暗，则通过增加对比度使图像变暗，如图 4.49 所示。

- 【线性光】模式：通过减小或增加亮度来加深或减淡图像的颜色，具体取决于混合色。如果混合色(光源)比 50%灰色亮，则通过增加亮度使图像变亮；如果混合色比 50%灰色暗，则通过减小亮度使图像变暗，如图 4.50 所示。

图 4.49　【亮光】模式　　　　　图 4.50　【线性光】模式

- 【点光】模式：根据混合色的亮度来替换颜色。如果混合色(光源)比 50%灰色亮，则替换比混合色暗的像素，而不改变比混合色亮的像素；如果混合色比 50%灰色暗，则替换比混合色亮的像素，而不改变比混合色暗的像素。这对于向图像中添加特殊效果非常有用，如图 4.51 所示。

- 【实色混合】模式：可增加颜色的饱和度，使图像产生色调分离的效果，如图 4.52

所示。

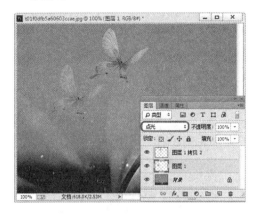

图 4.51 【点光】模式

图 4.52 【实色混合】模式

4.4.5 差值与排除模式

- 【差值】模式：将图层和背景层的颜色相互抵消，以产生一种新的颜色效果，如图 4.53 所示。
- 【排除】模式：使用这种模式会产生一种图像反相的效果，如图 4.54 所示。

图 4.53 【差值】模式

图 4.54 【排除】模式

4.4.6 颜色模式

- 【色相】模式：该模式似乎只对灰阶的图层有效，对彩色图层无效。
- 【饱和度】模式：当图层为浅色时，会得到该模式的最大效果。
- 【颜色】模式：用基色的亮度以及混合色的色相和饱和度创建结果色，这样可以保留图像中的灰阶，并且对于给单色图像上色和给彩色图像着色都非常有用。
- 【亮度】模式：用基色的色相和饱和度以及混合色的亮度创建结果色。此模式创建与【颜色】模式相反的效果。

4.5　上机练习

下面介绍制作几个实例来巩固本章所学习的知识。

4.5.1　制作纹理文字

下面制作纹理文字，完成后的效果如图 4.55 所示，其具体操作步骤如下。

图 4.55　纹理文字效果

（1）按 Ctrl+N 组合键，弹出【新建】对话框，将【宽度】、【高度】分别设置为 1024 像素、768 像素，将【分辨率】设置为 300 像素/英寸，单击【确定】按钮，如图 4.56 所示。

（2）在工具箱中选择【渐变工具】，在工具选项栏中单击【径向渐变】按钮，将渐变类型设置为【前景色到背景色渐变】，如图 4.57 所示。

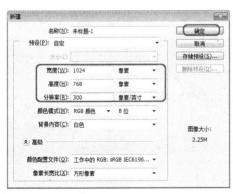

图 4.56　【新建】对话框　　　　　　　　图 4.57　设置渐变

（3）将前景色设置为白色，将背景色的 RGB 值均设置为 161，设置完成后在空白的文档中拖动鼠标设置渐变，完成后的效果如图 4.58 所示。

（4）按 Ctrl+O 组合键，在弹出的对话框中选择随书附带光盘中的 CDROM\素材\Cha04\L1.jpg 素材文件，单击【打开】按钮，使用【选择工具】将其拖曳至渐变文档中，按 Ctrl+T 组合键调整图片的大小，将页面覆盖，按 Enter 键提交变换，打开【图层】面板，将【混合模式】设置为【正片叠底】，将【不透明度】设置为 40%，如图 4.59 所示。

图 4.58　设置渐变后的效果

图 4.59　【图层】面板

(5) 在工具箱中选择【横排文字工具】，将前景色的 RGB 值设置为 244、237、210，在文档中输入文本，将字体系列设置为 Tondu，将字体大小设置 95 点，输入完成后的效果如图 4.60 所示。

(6) 复制文字图层，单击复制的图层的【指示图层的可见性】按钮 👁，取消显示。选择原文字图层，双击该图层，弹出【图层样式】对话框，在左侧的列表框中选择【投影】样式，单击【混合模式】右侧的颜色色块，在弹出的对话框中将 RGB 的值均设置为 161，如图 4.61 所示。

图 4.60　设置完成后的效果

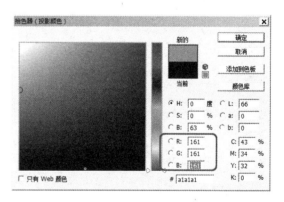

图 4.61　设置 RGB

(7) 将【距离】设置为 35，选择【斜面和浮雕】样式，在【结构】选项组中将【样式】设置为【描边浮雕】，将【深度】设置为 766，将【大小】设置为 4，在【阴影】选项组中将【光泽等高线】设置为【锥形-反转】，勾选【消除锯齿】复选框，如图 4.62 所示。

(8) 选择【描边】样式，在【结构】选项组中将【大小】设置为 5，单击【颜色】右侧的色块，在弹出的对话框中将 RGB 的值均设置为 235，如图 4.63 所示。

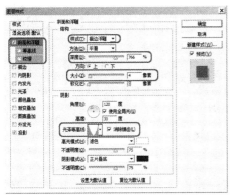
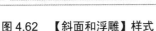

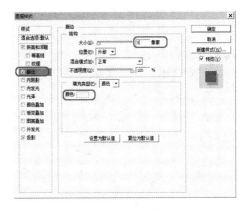

图 4.62　【斜面和浮雕】样式　　　　　　　　图 4.63　设置参数

(9) 设置完成后单击【确定】按钮，设置完成后的效果如图 4.64 所示。

(10) 按 Ctrl+N 组合键，在弹出的对话框中将【宽度】、【高度】均设置为 25 像素，将【背景内容】设置为白色，单击【确定】按钮，使用【矩形选框工具】绘制矩形，将背景色设置为黑色，按 Ctrl+Delete 组合键即可为选区填充黑色，效果如图 4.65 所示。

图 4.64　设置完成后的效果　　　　　　　　　图 4.65　填充黑色后的效果

(11) 使用同样的方法绘制其他矩形并为其填充黑色，完成后的效果如图 4.66 所示。

(12) 在菜单栏中选择【编辑】|【定义图案】命令，将其名称命名为 LPL，如图 4.67 所示。

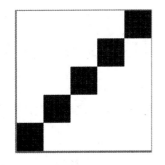

图 4.66　绘制完成后的效果　　　　　　　　图 4.67　【图案名称】对话框

(13) 将复制的文字图层显示并双击该图层，弹出【图层样式】对话框，选择【斜面和浮雕】样式，将【结构】选项组中的【大小】设置为 21，在【阴影】选项组中单击【阴影模式】右侧的色块，在弹出的对话框中将 RGB 值设置为 246、240、150，单击【确定】按钮，返回到【图层样式】对话框中，如图 4.68 所示。

(14) 选择【纹理】样式，单击【图案】右侧的下三角按钮，在弹出的下拉列表中选择 LPL，将【缩放】设置为 25，将【深度】设置为+5，如图 4.69 所示。

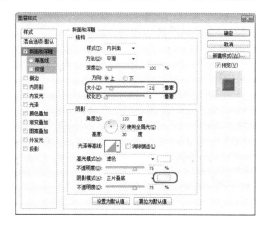 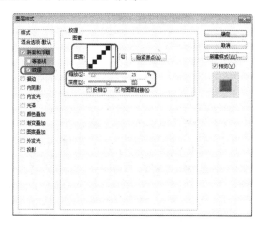

图 4.68 设置【斜面和浮雕】样式　　　　　图 4.69 设置【纹理】样式

(15) 选择【内阴影】样式，单击【混合模式】右侧的色块，在弹出的对话框中将 RGB 值设置为 161、161、161，将【距离】设置为 0，将【大小】设置为 16，如图 4.70 所示。

(16) 选择【外发光】样式，单击【杂色】下方的色块，在弹出的对话框中将 RGB 值均设置为 161，单击【确定】按钮，返回到【图层样式】对话框中，选择【投影】样式，单击【混合模式】右侧的色块，在弹出的对话框中将 RGB 值均设置为 161，单击【确定】按钮，返回到【图层样式】对话框中，将【不透明度】设置为 100，将【距离】、【大小】分别设置为 4、8，如图 4.71 所示。

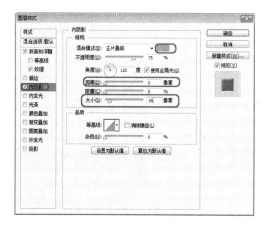 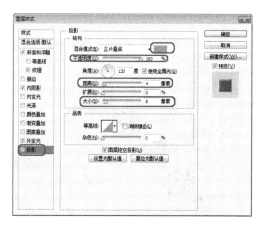

图 4.70 设置【内阴影】样式　　　　　图 4.71 设置【投影】样式

(17) 单击【确定】按钮，设置完成后的效果如图 4.72 所示。

(18) 在【图层】面板中新建图层，按住 Ctrl 键单击拷贝的文字图层的缩略图，将文字载入选区，在工具箱中选择【矩形选框工具】，在工具选项栏中单击【从选区减去】按钮 ，用【矩形选框工具】将选区减去，得到 C 字母选区，完成后的效果如图 4.73 所示。

图 4.72　设置完成后的效果　　　　　　　　　　图 4.73　设置选区

(19) 在工具箱中将前景色的 RGB 值设置为 229、192、19，按 Alt+Delete 组合键填充前景色，按 Ctrl+D 组合键取消选区，在【图层】面板中将【混合模式】设置为【正片叠底】，完成后的效果如图 4.74 所示。

(20) 在【图层】面板中双击该图层，弹出【图层样式】对话框，在左侧的列表框中选择【内阴影】样式，单击【混合模式】右侧的色块，在弹出的对话框中将 RGB 值设置为 229、192、19，将【不透明度】设置为 100，将【距离】、【阻塞】、【大小】分别设置为 0、8、11，如图 4.75 所示。

 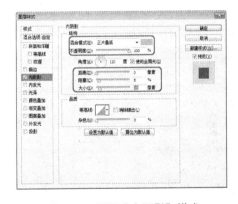

图 4.74　设置完成后的效果　　　　　　　　　　图 4.75　设置【内阴影】样式

(21) 选择【渐变叠加】样式，将【混合模式】设置为【柔光】，单击【渐变】色条，在弹出的对话框中，双击左侧的色标，再在弹出的对话框中将 RGB 值设置为 229、192、19，单击【确定】按钮，双击右侧的色标，在弹出的对话框中将 RGB 值均设置为 0，单击【确定】按钮，返回到【渐变编辑器】对话框中单击【确定】按钮，返回到【图层样式】对话框中，将【样式】设置为【径向】，如图 4.76 所示。

(22) 单击【确定】按钮，设置完成后的效果如图 4.77 所示。

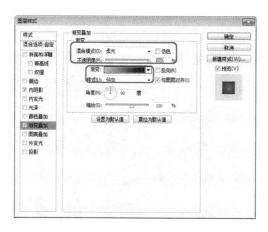

图 4.76 设置【渐变叠加】样式

图 4.77 设置完成后的效果

(23) 在【图层】面板中新建【图层 2】，将字幕 O 载入选区，将前景色的 RGB 值设置为 141、233、207，按 Alt+Delete 组合键为其填充颜色，按 Ctrl+D 组合键取消选区，在【图层】面板中将【混合模式】设置为【正片叠底】，双击该图层弹出【图层样式】对话框，在左侧的列表框中选择【内阴影】样式，单击【混合模式】右侧的色块，在弹出的对话框中将 RGB 值设置为 141、233、207，将【不透明度】设置为 100，将【距离】、【阻塞】、【大小】设置为 0、8、11，如图 4.78 所示。

(24) 选择【渐变叠加】样式，将【混合模式】设置为【柔光】，单击【渐变】色条，在弹出的对话框中，双击左侧的色标，再在弹出的对话框中将 RGB 值设置为 141、233、207，单击【确定】按钮，双击右侧的色标，在弹出的对话框中将 RGB 值均设置为 0，单击【确定】按钮，返回到【渐变编辑器】对话框中单击【确定】按钮，返回到【图层样式】对话框中，将【样式】设置为【径向】，如图 4.79 所示。

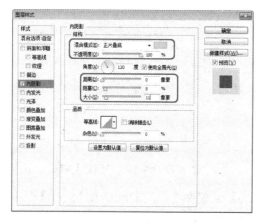

图 4.78 设置【内阴影】样式

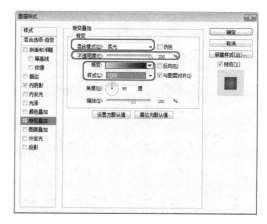

图 4.79 设置【渐变叠加】样式

(25) 单击【确定】按钮，设置完成后的效果如图 4.80 所示。

(26) 使用同样的方法设置其他字母的样式，设置完成后的效果如图 4.81 所示。

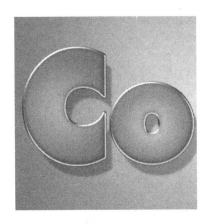

图 4.80　设置完成后的效果

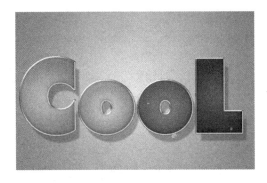

图 4.81　设置完其他字母后的效果

(27) 在【图层】面板中选择 L1 图层，单击【新建图层】按钮 ，新建【图层 5】，在工具箱中选择【矩形选框工具】，将前景色的 RGB 值设置为 215、208、192，使用【矩形选框工具】绘制矩形，按 Alt+Delete 组合键为其填充前景色，效果如图 4.82 所示。

(28) 按 Ctrl+D 组合键取消选区，在【图层】面板中双击【图层 5】弹出【图层样式】对话框，在左侧的列表框中选择【斜面和浮雕】样式，单击【阴影模式】右侧的色块，在弹出的对话框中将 RGB 值均设置为 161，选择【纹理】样式，将【缩放】设置为 25，将【深度】设置为+55，单击【图案】右侧的下三角按钮 ，在弹出的下拉列表中选择如图 4.83 的图案。

图 4.82　绘制矩形并填充

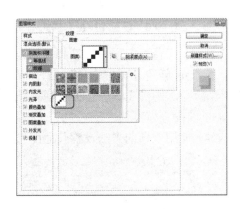

图 4.83　选择图案

(29) 选择【内阴影】样式，单击【混合模式】右侧的色块，在弹出的对话框中将 RGB 值均设置为 161，将【距离】设置为 0，如图 4.84 所示。

(30) 选择【颜色叠加】样式，单击【混合模式】右侧的色块，在弹出的对话框中将 RGB 值设置为 229、192、19，如图 4.85 所示。

(31) 选择【投影】样式，单击【混合模式】右侧的色块，在弹出的对话框中将 RGB 值均设置为 161，将【距离】设置为 38，如图 4.86 所示。

(32) 单击【确定】按钮，设置完成后的效果如图 4.87 所示。

图 4.84　设置【内阴影】样式

图 4.85　设置【颜色叠加】样式

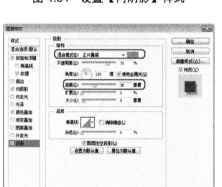

图 4.86　设置【投影】样式

图 4.87　设置完成后的效果

(33) 在【图层】面板中选择【图层 5】，将其拖动至【图层】面板中的【新建图层】按钮 上，新建【图层 5 拷贝】，将其命名为"图层 6"，双击该图层，弹出【图层样式】对话框，选择【颜色叠加】样式，单击【混合模式】右侧的色块，在弹出的对话框中将 RGB 值设置为 141、233、207，如图 4.88 所示。

(34) 使用同样的方法设置其他图形，设置完成后的效果如图 4.89 所示。

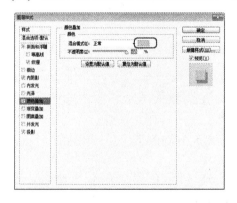

图 4.88　设置【颜色叠加】样式

图 4.89　设置完其他图形后的效果

(35) 至此纹理文字就制作完成了，在菜单栏中选择【文件】|【存储】命令，弹出【另

存为】对话框，设置存储路径，将【文件名】设置为"纹理文字"，将【保存类型】设置为 TIFF，单击【保存】按钮，如图 4.90 所示。

图 4.90　【另存为】对话框

4.5.2　制作有机玻璃

通过简单地调整各个图层之间的关系，能够实现更加丰富和复杂的视觉效果，下面来制作有机玻璃。

(1) 新建一个长、宽分别为 1024、768 英寸，分辨率为 72 像素的文件。在背景上填充渐变，如图 4.91 所示。

(2) 新建一个图层。选择【矩形选框工具】，按住 Shift 键创建一个正方形选区，在选区内填充黑色，然后按 Ctrl+T 组合键显示定界框，将矩形旋转 45 度，如图 4.92 所示。

图 4.91　填充渐变

图 4.92　填充颜色并旋转

(3) 选择【自定义工具】，在【图层】面板中单击【形状图层滤镜】按钮，在工具选项栏中将【工具模式】定义为【形状】，单击【形状】右侧的按钮，在打开的下拉菜单中单击按钮，再在弹出的下拉列表中选择【全部】命令，载入 Photoshop 提供的全部形状，然后选择如图 4.93 所示的形状。单击【样式】选项右侧的按钮，在弹出的下拉列表中单击，再在弹出的下拉菜单中选择 Web 命令，在弹出的对话框中单击载入该样式库，然后选择【红色凝胶】样式。

(4) 在图像窗口中按住 Shift 键(锁定图形的比例)拖动鼠标创建该图形，然后将它旋转

45 度，如图 4.94 所示，按住 Ctrl 键单击【图层 1】的缩览图，载入该图层中的选区。在【图层】对话框中选择【创建新的填充或调整图层】中的【曲线】命令，创建一个【曲线】调整图层，上扬曲线，将选区内的图形调亮。

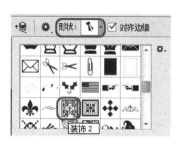

图 4.93　形状

图 4.94　旋转图形

(5) 按住 Ctrl+D 组合键取消选区。在形状下拉调板中选择另外一个图形，在样式下拉调板中选择【带投影的黄色凝胶】样式。按住 Shift 键在前一个图形中的中央绘制该图形，在【图层】调板中将新创建的形状图层的填充【不透明度】设置为 40%，如图 4.95 所示。

(6) 新建一个图层，在该图层填充杂色渐变，如图 4.96 所示。

图 4.95　调整不透明度

图 4.96　填充杂色渐变

(7) 执行【滤镜】|【液化】命令，打开【液化】对话框，选择【向前变形工具】，在窗口中拖动鼠标对渐变图形进行处理。

(8) 复制【图层 3】得到【图层 3 拷贝】，设置它的混合模式为【叠加】，然后将它拖动到【形状 1】图层上面，如图 4.97、图 4.98 所示。

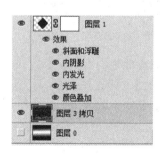

图 4.97　调整图层

图 4.98　最终效果

4.6　思　考　题

1. Photoshop 中的图层有哪些类型？
2. 新建一个图层有哪些方法？
3. 有哪些快捷键可以改变图层排列顺序？

第 5 章 通道的运用

本章主要介绍通道的类型与应用。通道就是选区，Photoshop 中包含 3 种类型的通道，即颜色通道、Alpha 通道、专色通道。通道主要用来保存图像的颜色信息及选区等。

5.1 通道的原理与工作方法

通道是 Photoshop 中最重要也是最为核心的功能之一，它用来保存选区和图像的颜色信息。当我们打开一个图像时，【通道】面板中会自动创建该图像的颜色信息通道，如图 5.1 所示。

我们在图像窗口中看到的彩色图像是复合通道的图像，它是由所有颜色通道组合而成的，观察如图 5.2 所示的【通道】面板可以看到，此时所有颜色通道都处于激活状态。

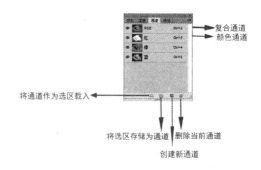

图 5.1 打开的图像

图 5.2 【通道】面板

单击一个颜色通道即可选择该通道，图像窗口中会显示所选通道的灰度图像，如图 5.3 所示。

按住 Shift 键单击其他通道，可以选择多个通道，此时窗口中将显示所选颜色通道的复合信息，如图 5.4 所示。

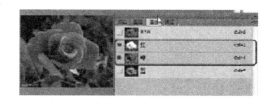

图 5.3 选择【红】通道

图 5.4 选择【红】、【蓝】通道

通道是灰度图像，我们可以像处理图像那样使用绘画工具和滤镜对它们进行编辑。编辑复合通道时将影响所有颜色通道；编辑一个颜色通道时，会影响该通道及复合通道，但不会影响其他颜色通道。

5.2　通道面板的使用

打开一个 RGB 模式的图像，选择【窗口】|【通道】命令打开【通道】面板。

> **提　示**
>
> 由于复合通道（即 RGB 通道）是由各原色通道组成的，因此在选中隐藏面板中的某个原色通道时，复合通道将会自动隐藏。如果选择显示复合通道的话，那么组成它的原色通道将自动显示。

- 【查看与隐藏通道】：单击 👁 图标可以使通道在显示和隐藏之间切换，用于查看某一颜色在图像中的分布情况。例如在 RGB 模式下的图像，如果选择显示 RGB 通道，则 R 通道、G 通道和 B 通道都自动显示，如图 5.5 所示。但选择其中任意一个原色通道，其他通道则会自动隐藏，如图 5.6 所示。

图 5.5　选择 RGB 通道

图 5.6　选择【绿色】通道

- 【通道缩略图调整】：单击【通道】面板右上角的黑下三角按钮，从弹出的菜单中选择【面板选项】命令，如图 5.7 所示。打开【通道面板选项】对话框，从中可以设定通道缩略图的大小，以便对缩览图进行观察，如图 5.8 所示。

图 5.7　选择【面板选项】命令

图 5.8　【通道面板选项】对话框

> **提　示**
>
> 若选择某一通道的快捷键(R 通道：Ctrl+3；G 通道：Ctrl+4；B 通道：Ctrl+5；复合通道：Ctrl+2)，此时打开的通道将成为当前通道。在面板中按住 Shift 键并且单击某个通道，可以选择或者取消多个通道。

- 【通道的名称】：它能帮助用户很快识别各种通道的颜色信息。各原色通道和复合通道的名称是不能改变的，Alpha 通道的名称可以通过双击通道名称任意修改。
- 【新建通道】：单击 图标可以创建新的 Alpha 通道，按住 Alt 键并单击图标可以设置新建 Alpha 通道的参数，如图 5.9 所示。如果按住 Ctrl 键并单击该图标，则可以创建新的专色通道，如图 5.10 所示。

图 5.9 【新建通道】对话框

图 5.10 【新建专色通道】对话框

- 通过【新建图标】 所创建的通道均为 Alpha 通道，颜色通道无法用颜色图标创建。
- 【将通道作为选区载入】：选择某一通道，在面板中单击 图标，则可将通道中的颜色比较淡的部分当作选区加载到图像中，如图 5.11 所示。

提 示

这个功能也可以通过按住 Ctrl 键并在面板中单击该通道来实现。

- 【将选区存储为通道】：如果当前图像中存在选区，那么可以通过单击 图标把当前的选区存储为新的通道，以便修改和以后使用。在按住 Alt 键的同时单击该图标，可以新建一个通道并且为该通道设置参数，如图 5.12 所示。

图 5.11 将通道作为选区载入

图 5.12 按 Alt 键单击此图标打开【新建通道】对话框

- 【删除通道】：单击 图标可以将当前的编辑通道删除。

5.3 通道的类型及应用

Photoshop 中包含 3 种类型的通道，即颜色通道、Alpha 通道和专色通道。颜色通道保存了图像的颜色信息；Alpha 通道用来保存选区；专色通道用来存储专色。下面就来详细分析各种通道的作用。

5.3.1　颜色通道的作用

颜色通道是在打开新图像时自动创建的通道。图像的颜色模式不同，颜色通道的数量也不相同。例如，RGB 图像包含红、绿、蓝和一个用于编辑图像的复合通道；CMYK 图像包含青色、洋红、黄色、黑色和一个复合通道；Lab 图像包含明度、a、b 和一个复合通道；位图、灰度、双色调和索引颜色的图像都只有一个通道。如图 5.13 所示为不同颜色模式的图像所包含的通道。

每一个颜色通道都是一个 256 级色阶的灰度图像。灰度图像记录了图像的颜色信息，而灰色的深浅则代表了一种颜色的明暗变化。例如，如图 5.14 所示为原图像．当对绿色通道应用【龟裂缝】滤镜时，会改变图像的外观，如图 5.15 所示；当调整该通道的色调(例如将它调亮)时，可改变图像的颜色，但不会影响图像的外观。

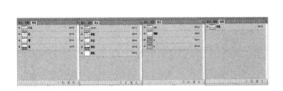

图 5.13　不同颜色模式的通道

图 5.14　打开的原图像

在【通道】面板中看到的颜色通道都是灰色的，因此，很难将它们与图像的颜色联系起来，其实颜色通道也能够以彩色的方式显示，在菜单栏中选择【编辑】|【首选项】|【界面】命令，在打开的对话框中勾选【用彩色显示通道】复选框，如图 5.16 所示。所有的颜色通道都会以彩色显示。并且，此时单击一个颜色通道，窗口中的图像也会显示为该通道的颜色，而不再是灰色。

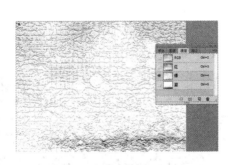

图 5.15　改变图像的外观

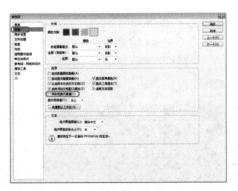

图 5.16　【首选项】对话框

5.3.2　Alpha 通道的作用

Alpha 通道用来保存选区，它可以将选区存储为灰度图像。在 Alpha 通道中，白色代表了被选择的区域，黑色代表了未被选择的区域，灰色则代表了被部分选择的区域，即羽化的区域。

除了可以保存选区外，也可以在 Alpha 通道中编辑选区。用白色涂抹通道可以扩大选区的范围；用黑色涂抹可以收缩选区的范围；用灰色涂抹则可以增加羽化的范围。如图 5.17 所示为修改后的 Alpha 通道。

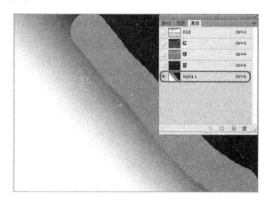

图 5.17　修改后的 Alpha 通道

5.3.3　专色通道的作用

专色通道是用来存储专色的通道。专色是特殊的预混油墨，例如金属质感的油墨、荧光油墨等。它们用于替代或补充印刷色(CMYK)油墨，因为印刷色油墨打印不出金属和荧光等炫目的颜色。专色通道通常使用油墨的名称来命名，如图 5.18 所示的背景的填充颜色便是一种专色，从专色通道的名称可以看到，这种专色是 PANTONE 1375C。

图 5.18　专色通道

专色通道的创建方法比较特别，下面我们就通过实际操作来了解如何创建专色通道。

(1) 按 Ctrl+O 组合键，在弹出的【打开】对话框中打开随书附带光盘中的 CDROM\素材\Chao05\天空.jpg 文件，如图 5.19 所示。

(2) 在工具箱中选择【魔棒工具】，选择图像，如图 5.20 所示。

图 5.19　打开的文件

图 5.20　创建选区

(3) 按住 Ctrl 键的同时，单击【创建新通道】按钮，在弹出的【新建专色通道】对话框，单击【颜色】选项右侧的颜色块，如图 5.21 所示。

(4) 在弹出的【选择专色】对话框，在单击【颜色库】按钮，打开【颜色库】对话框，选择一种专色，如图 5.22 所示。

图 5.21　【新建专色通道】对话框

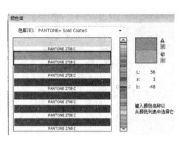

图 5.22　选择颜色

(5) 单击【确定】按钮，返回到【新建专色通道】对话框，将【密度】设置为 100%，如图 5.23 所示。输入该值后，可以在屏幕上模拟印刷时专色的密度。

(6) 单击【确定】按钮，创建一个专色通道，如图 5.24 所示。

图 5.23　设置【密度】参数

图 5.24　创建的专色通道

(7) 原选区将由指定的专色填充，如图 5.25 所示为创建专色通道后的效果。

图 5.25　创建后的效果

5.4　合并专色通道

合并专色通道指的是将专色通道中的颜色信息混合到其他各个原色通道中。它会对图像在整体上施加一种颜色，使得图像带上该颜色的色调。

打开一张未添加专色通道的图像，如图 5.26 所示。

合并专色通道前后的对比效果如图 5.27 所示。

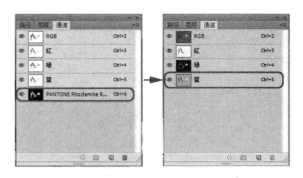

图 5.26　未添加专色通道的图像　　　　图 5.27　合并专色通道前后的对比

合并专色通道的具体操作方法如下。

(1) 按 Ctrl+O 组合键，在弹出的【打开】对话框中打开随书附带光盘中的 CDROM\素材\Chao05\梅花.jpg 文件，如图 5.28 所示。

(2) 在工具箱中选择【魔棒工具】 ，将图片中的背景选中，如图 5.29 所示。

图 5.28　打开的文件　　　　　　　　图 5.29　创建选区

(3) 在【通道】面板中，按住 Ctrl 键的同时单击【新建专色通道】按钮，创建一个专色通道，在弹出的对话框中单击【油墨特性】选项组中【颜色】后面的色块，如图 5.30 所示，在弹出的【颜色库】对话框中选择一种专色。

(4) 单击【确定】按钮，再次返回【新建专色通道】对话框，将【密度】设置为 100%，单击【确定】按钮，如图 5.31 所示。

图 5.30　选择专色　　　　　　　　　图 5.31　设置【密度】参数

(5) 在【通道】面板中选择所有通道，在【通道】面板中单击右上角的下三角按钮，在弹出的下拉菜单中选择【合并专色通道】命令，如图 5.32 所示。

(6) 合并专色通道后的效果如图 5.33 所示。

图 5.32　选择【合并专色通道】命令

图 5.33　合并专色通道后的效果

5.5　分　离　通　道

分离通道后会得到 3 个通道，它们都是灰色的。其标题栏中的文件名为原文件名加上该通道名称的缩写，而原文件则被关闭。当需要在不能保留通道的文件格式中保留单个通道信息时，分离通道就非常有用。如图 5.34 所示为原图像及其通道，如图 5.35 所示为执行【分离通道】命令后得到的图像。

图 5.34　原图像及其通道

图 5.35　分离通道后的图像

分离通道的具体操作方法如下。

(1) 按 Ctrl+O 组合键，在弹出的【打开】对话框中打开随书附带光盘中的 CDROM\素材\Chao05\05.jpg 文件，如图 5.36 所示。

(2) 在【通道】面板中单击右上角的下三角按钮，在弹出的下拉菜单中选择【分离通道】命令，如图 5.37 所示。

图 5.36　打开的文件

图 5.37　选择【分离通道】命令

(3) 分离通道后的效果如图 5.38 所示。

图 5.38　分离通道后的效果

5.6　合　并　通　道

在 Photoshop 中，我们可以将多个灰度图像合并为一个图像的通道，进而创建彩色的图像。用来合并的图像必须是灰度模式、具有相同的像素尺寸，而且还要处于打开的状态。

(1) 按 Ctrl+O 组合键，在弹出的【打开】对话框中打开 3 个灰度模式的文件，如图 5.39 所示。

图 5.39　打开的 3 个灰度模式文件

(2) 在【通道】面板中单击右上角的下三角按钮，在弹出的下拉菜单中选择【合并通道】命令，如图 5.40 所示。

(3) 打开【合并通道】对话框，在【模式】下拉列表中选择【RGB 颜色】。

(4) 单击【确定】按钮，弹出【合并 RGB 通道】对话框，指定红、绿和蓝色通道使用的图像文件。

(5) 单击【确定】按钮，选择【合并 RGB 通道】命令后的效果如图 5.41 所示。

图 5.40　选择【合并通道】命令

图 5.41　合并通道后的效果

如果打开了 4 个灰度图像，则可以在【模式】下拉列表中选择【CMYK 颜色】选项，将它们合并为一个 CMYK 图像，如图 5.42 所示。

图 5.42　合并通道后的效果

5.7　重命名与删除通道

如果要重命名 Alpha 通道或专色通道，可以双击该通道的名称，在显示的文本框中输入新名称，如图 5.43 所示。复合通道和颜色通道不能重命名。

如果要删除通道，可将其拖动到删除当前通道按钮 🗑 上，如图 5.44 所示。如果删除的是一个颜色通道，则 Photoshop 会将图像转换为多通道模式，如图 5.45 所示。

图 5.43　重命名通道　　　图 5.44　删除通道　　　图 5.45　删除颜色通道后的效果

多通道模式不支持图层，因此，图像中所有的可见图层都会拼合为一个图层。删除 Alpha 通道、专色通道或快速蒙版时，不会拼合图像。

5.8　载入通道中的选区

Alpha 通道、颜色通道和专色通道都包含选区，在【通道】面板中选择要载入选区的通道，然后单击将通道作为选区载入按钮 ⬚ ，即可载入通道中的选区，如图 5.46 所示。按住 Ctrl 键单击通道的缩览图可以直接载入通道中的选区，这种方法的好处在于不必选择通道就可以载入选区，因此，也就不必为了载入选区而在通道间切换，如图 5.47 所示。

图 5.46　使用 ⬚ 按钮载入通道选区

图 5.47　配合 Ctrl 键载入通道选区

5.9　上　机　练　习

下面通过介绍两个例子来巩固本章所学习的基础知识，同时也会对通道有进一步的了解。

5.9.1　替换背景

(1) 打开随书附带光盘中的 CDROM\素材\Cha05\05.jpg 文件，如图 5.48 所示。

(2) 打开【通道】面板，分别选择【红、绿、蓝】3 个通道，发现蓝色通道中的树枝和背面的背景对比最明显，复制蓝色通道为【蓝拷贝】通道，如图 5.49 所示。

图 5.48　打开的素材图片

图 5.49　复制通道

(3) 按住 Ctrl+L 组合键，弹出【色阶】对话框，调整【输入色阶】参数，如图 5.50 所示，增强大树和背景的对比。

(4) 单击【确定】按钮，即可将图像调整出如图 5.51 所示的效果。

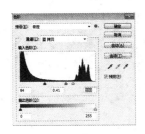

图 5.50　【色阶】对话框

图 5.51　调整后的效果

(5) 选取【画笔工具】 ，在选项栏中设置选项和参数，如图 5.52 所示。

图 5.52　【画笔工具】的设置

(6) 将前景色设置为黑色，在画面中将树干部位绘制成黑色。

(7) 继续在树干及树枝上绘制黑色，绘制完成的效果如图 5.53 所示。

(8) 将前景色设置为白色，然后在画面的顶部的灰色部分绘制上白色。

(9) 按住 Ctrl+I 组合键将通道中的黑白反转，效果如图 5.54 所示。

图 5.53　绘制黑色

图 5.54　反转黑白后的效果

(10) 按住 Ctrl 键的同时单击【通道】面板中的【蓝拷贝】通道的缩略图，给大树载入选区，然后单击 RGB 复合通道，选取的大树如图 5.55 所示。

(11) 执行【图层】|【新建】|【通过拷贝的图层】命令，把选取的大树通过拷贝生成为【图层 1】，把【背景】图层关闭，可以看到去除背景后的大树效果，如图 5.56 所示。

图 5.55　载入的选区

图 5.56　去除背景后的大树

(12) 打开随书附带光盘中的 CDROM\素材\Cha05\雪景.jpg 文件，如图 5.57 所示。

(13) 将打开的雪景移动复制到去掉背景的大树文件中，调整大小后放置在【图层 1】的下面，效果如图 5.58 所示。

图 5.57 打开的图片　　　　　　　　　图 5.58 添加的新背景

(14) 执行【图层】|【修边】|【移去黑色杂边】命令，将没有修饰干净的树枝黑色杂边去除可以使效果更加理想。

(15) 按 Shift+Ctrl+S 组合键，将文件另存为"替换背景大树"。

5.9.2 利用通道修复与色彩调校调整照片亮度

(1) 打开随书附带光盘中的 CDROM\素材\Cha05\05.jpg 文件。

(2) 打开【通道】面板，查看各个通道之间的颜色灰度对比，分析一下问题出现在哪里，可以看出每个通道很灰暗，对比很弱，层次感不强，如图 5.59 所示。

图 5.59 查看通道颜色灰度对比

(3) 单击 RGB 通道，执行【图像】|【应用图像】命令，在弹出的【应用图像】对话框中设置各选项，如图 5.60 所示。单击【确定】按钮，以此来增强画面的光亮，如图 5.61 所示。

图 5.60 【应用图像】对话框　　　　　图 5.61 增强画面的光亮

(4) 执行【图像】|【应用图像】命令，在弹出的【应用图像】对话框中设置各个选项，如图 5.62 所示。单击【确定】按钮，画面效果如图 5.63 所示。

图 5.62　设置图像参数

图 5.63　再次增强画面的光亮

(5) 单击图层面板下方的【创建新的填充或调整图层】按钮　，在弹出的下拉菜单中选择【曲线】命令，参数设置如图 5.64 所示。调整后的图像效果如图 5.65 所示。

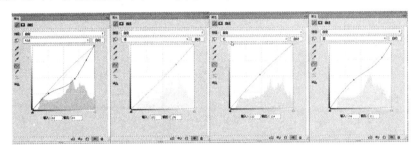

图 5.64　调整曲线的参数

图 5.65　调整后的效果

(6) 单击图层面板下方的【创建新的填充或调整图层】按钮　，在弹出的下拉菜单中选择【色相】|【饱和度】命令，将【色相】设置为 6，【饱和度】设置为-24，【明度】设置为 0，如图 5.66 所示。调整后的效果如图 5.67 所示。

图 5.66　调整【色相/饱和度】参数

图 5.67　调整后的图像效果

(7) 按 Shift+Ctrl+S 组合键，将此文件另存为"调整照片亮度.psd"。

5.10 思 考 题

1. 通道的类型有哪几种？并对其进行相应的介绍？
2. 合并专色通道指的是什么？

第 6 章 InDesign CC 快速入门

通过本章可以了解 InDesign CC 版面设置的基本知识，熟悉 InDesign CC 的工作环境、安装，学习如何新建 InDesign CC 文档和模板，打开以及保存等基本操作方法。

6.1 InDesign CC 的安装、启动与退出

在学习 InDesign CC 前，首先要安装 InDesign CC 软件。下面介绍在 Microsoft Windows 7 系统中安装、启动与退出 InDesign CC 的方法。

6.1.1 运行环境需求

在 Microsoft Windows 系统中运行 InDesign CC 的配置要求如下。
- Intel Pentium 4 或 Amd Athlon 64 处理器(2GHz 或更快)。
- Microsoft Windows 7 Service Pack1 或 Windows 8。
- 1GB 内存(建议使用 2GB)。
- 6.5GB 的可用硬盘空间(在安装过程中需要的其他可用空间)。
- 1024 像素×768 像素分辨率的显示器(带有 16 位视频卡)。
- DVD-ROM 驱动器。

6.1.2 InDesign CC 的安装

InDesign CC 是专业的设计软件，其安装方法比较标准，具体安装步骤如下。
(1) 在相应的文件夹下选择下载后的安装文件，双击安装文件图标，即可初始化文件。
(2) 运行 InDesign CC 安装程序 Setup.exe，出现初始化对话框，如图 6.1 所示。
(3) 初始化完成后，进入到欢迎界面执行操作，单击【安装】图标，如图 6.2 所示。

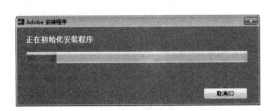

图 6.1 初始化对话框

图 6.2 【欢迎】界面

(4) 初始化完成后接着弹出许可协议界面，单击【接受】按钮，如图 6.3 所示。

(5) 然后弹出【序列号】界面，在该界面中输入序列号，单击【下一步】按钮，如图 6.4 所示。

图 6.3 许可协议界面　　　　　　　　　　图 6.4 【序列号】界面

(6) 弹出【选项】界面，根据自己的需要，选择合适的安装版本，并设置安装路径，单击【安装】按钮，如图 6.5 所示。

(7) 在弹出的【安装】界面中将显示所安装的进度，如图 6.6 所示。

 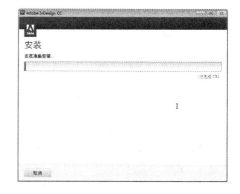

图 6.5 【选项】界面　　　　　　　　　　图 6.6 安装进度

(8) 安装完成后，将会弹出【安装完成】界面，单击【关闭】按钮即可，如图 6.7 所示。

图 6.7 【安装完成】界面

6.1.3　启动与退出 InDesign CC

如果要启动 InDesign CC，可单击【开始】|【所有程序】| Adobe InDesign CC 选项(64 Bit)，如图 6.8 所示。除此之外，用户还可在桌面上双击该程序的图标，或双击与 InDesign CC 相关的文档。

如果要退出 InDesign CC，可在程序窗口中选择【文件】|【退出】菜单命令，如图 6.9 所示。

图 6.8　选择 InDesign CC(64 Bit)选项

图 6.9　选择【退出】命令

除以上方法外，执行下列操作也可以退出 InDesign CC。

- 单击 InDesign CC 程序窗口右上角的 × 按钮。
- 双击 InDesign CC 程序窗口左上角的 Ps 图标。
- 按 Alt+F4 组合键。
- 按 Ctrl+Q 组合键。

6.2　工作区域的介绍

InDesign CC 的工作区域是由工具箱、各种面板、菜单栏、控制面板和状态栏等组成的，如图 6.10 所示。

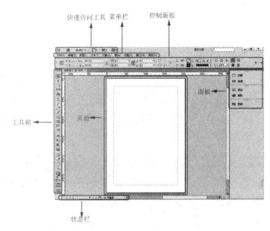

图 6.10　工作界面

6.2.1 工具箱

InDesign CC 工具箱中包含大量用于创建、选择和处理对象的工具。最初启动 InDesign CC 时，工具箱会以 1 列的形式出现在 InDesign CC 的工作界面左侧，单击工具箱上的双箭头按钮 ，可以将工具箱转换为 2 列，在菜单栏中选择【窗口】|【工具】命令，如图 6.11 所示，可以打开或者隐藏工具箱。

> **提示**
>
> 按 Tab 键，也可以隐藏或显示工具箱，但是会将所有面板一起隐藏。

单击工具箱中的某种工具或者按快捷键，便可以选中该工具。当光标移动到工具上时，会显示出该工具的名称和相应的快捷键。

在工具箱中有些工具是隐藏的，用鼠标左键按住按钮不放或右击，可以显示隐藏的工具按钮，如图 6.12 所示。显示出隐藏的工具后，将鼠标移动到要选择的工具上方，释放鼠标左键即可选中该工具。

图 6.11 选择【工具】命令

图 6.12 显示隐藏的工具按钮

6.2.2 菜单栏

InDesign CC 共由 9 个命令菜单组成，分别为【文件】、【编辑】、【版面】、【文字】、【对象】、【表】、【视图】、【窗口】和【帮助】，每个菜单中都包含不同的命令。

单击一个菜单名称或按 Alt 键+菜单名称后面的字母，即可打开相应的菜单，例如如果要选择【版面】菜单，可以按 Alt 键，再按 L 键，即可打开【版面】菜单，如图 6.13 所示。

打开某些菜单后，可以发现有些命令后有三角形标记，将光标放置在该类命令上，会显示该命令的子命令，如图 6.14 所示。选择子菜单中的一个命令即可执行该命令，有些命令后面附有快捷键，按该快捷键可快速执行此命令。

图 6.13　【版面】菜单　　　　　　　　　　图 6.14　弹出的子菜单

　　有些命令后面只有字母，没有快捷键。要通过快捷方式执行这些命令，可以按 Alt 键+主菜单的字母，打开主菜单，再按一下某一命令后面相应的字母，即可执行该命令。例如，按 Alt+E+L 组合键，即可在菜单栏中选择【编辑】|【清除】命令，如图 6.15 所示。

　　某些命令后带有"…"符号，如图 6.16 所示。表示执行该命令后会弹出相应的对话框，如图 6.17 所示。

图 6.15　只有字母的菜单命令　　图 6.16　带有"…"符号的命令　　图 6.17　执行相应命令的对话框

6.2.3　【控制】面板

　　使用【控制】面板可以快速访问选择对象的相关选项。默认情况下，【控制】面板在工作区域的顶部。

- 所选择的对象不同，【控制】面板中显示的选项也随之不同。例如，单击工具箱中的【文字工具】，【控制】面板中就会显示与文本有关的选项，如图 6.18 所示。
- 单击【控制】面板右侧的向下小箭头按钮，可以弹出【控制】面板菜单，如图 6.19 所示。用户可以根据需要在该菜单中选择相应的命令来控制该面板所在的位置。

图 6-18　文本【控制】面板　　　　　　图 6-19　【控制】面板菜单

6.2.4　面板

在 InDesign CC 中，有很多快捷的设置方法，使用面板就是其中的一种。面板可以快速地设置如页面属性、控制连接与调整描边相关属性等工作。

InDesign CC 提供了多种面板，在【窗口】菜单中可以看到这些面板的名称，如图 6.20 所示。如果要使用一个面板则单击这个面板即可打开面板，对其进行操作，例如选择【窗口】|【页面】命令后，即可打开相应的面板，如图 6.21 所示，如果想要隐藏相应的面板，在【窗口】菜单中将需要隐藏的面板前方的勾选取消，或是直接单击面板右上角的【关闭】按钮 ，即可将面板隐藏。

图 6.20　【窗口】菜单

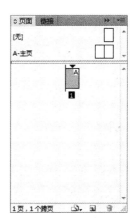

图 6.21　【页面】面板

提　示

按 Shift+Tab 组合键可以隐藏除工具箱与【控制】面板外的所有面板。

面板总是位于最前方，可以随时访问。面板的位置可以通过拖动标题栏的方式移动，也可以通过拖动面板的任一角调整其大小。如果单击面板的标题栏，可以将面板折叠成图标，再次单击标题栏即可展开面板。如果双击面板选项卡，可以在折叠、部分显示、全部显示 3 种视图之间切换，也可以拖动面板选项卡，将其拖放到其他组中。

6.3　辅 助 工 具

在排版过程中，首先要进行页面设置。页面设置包括纸张大小、页边距、页眉、页脚等，还可以设置分栏和栏间距。配合页面辅助工具可以准确放置这些元素，例如标尺、参考线、网格等。

6.3.1　参考线

标尺参考线与网格的区别在于标尺参考线可以在页面或粘贴板上自由定位。参考线是跟标尺关系密切的辅助工具，是版面设计中用于参照的线条。参考线分为 3 种类型，即标尺参考线、分栏参考线和出血参考线。在创建参考线之前，必须确保标尺和参考线都可见并选择正确的跨页或页面作为目标，然后在【正常】视图模式中查看文档。

1. 创建标尺参考线

要创建页参考线，可以将指针定位到水平或垂直标尺内侧，然后拖动到跨页上的目标位置即可，如图 6.22 所示。

除此之外，用户还可以创建等间距的页面参考线。首先选择目标图层，然后在菜单栏中选择【版面】|【创建参考线】命令，弹出【创建参考线】对话框，如图 6.23 所示。用户可以在该对话框中进行相应的设置，然后单击【确定】按钮即可创建等间距的页面参考线，例如将【行数】和【栏数】分别设置为 5、4，然后单击【确定】按钮进行创建，完成后的效果如图 6.24 所示。

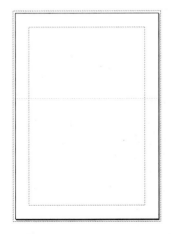

图 6.22　创建的参考线

图 6.23　【创建参考线】对话框

对【创建参考线】对话框中的各选项进行如下介绍。

- 【行数】：用于指定创建参考线的行数。
- 【行间距】：用于指定参考线与参考线之间的距离。
- 【栏数】：用于指定创建参考线的栏数。
- 【栏间距】：用于指定栏与栏之间的距离。
- 【参考线适合】：选中【边距】单选按钮，可以在页边距内的版心区域创建参考线；选中【页面】单选按钮，将在页面边缘内创建参考线。
- 【移去现有标尺参考线】：勾选该复选框，可以将版面中现有的任何参考线删除，包括锁定或隐藏图层上的参考线。
- 【预览】：勾选该复选框，可以预览页面上设置参数的效果。

使用【创建参考线】命令创建的栏与使用【版面】|【边距和分栏】命令创建的栏不同。例如，使用【创建参考线】命令创建的栏在置入文本时不能控制文本排列，而使用【边距和分栏】命令可以创建适合用于自动排文的主栏分割线，如图 6.25 所示。创建主栏分割线后可以再使用【创建参考线】命令创建栏、网格和其他版面辅助元素。

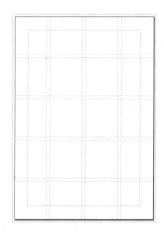

图 6.24　创建等间距的参考线

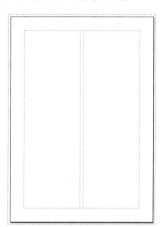

图 6.25　使用【边距和分栏】命令的效果

2. 创建跨页参考线

要创建跨页参考线，可以从水平或垂直标尺拖动，将指针保留在粘贴板中，使参考线定位到跨页中的目标位置。

> **提示**
>
> 要在粘贴板不可见时创建跨页参考线，例如在放大的情况下，可以按住 Ctrl 键的同时从水平或垂直拖动目标跨页。要在不进行拖动的情况下创建跨页参考线，可以双击水平或垂直标尺上的目标位置。如果要将参考线与最近的刻度线对齐，可以在双击标尺时按住 Shift 键。

要同时创建水平或垂直的参考线，在按住 Ctrl 键的同时将目标跨页的标尺交叉点拖动到目标位置即可。如图 6.26 所示为添加参考线后的效果。

要以数字方式调整标志参考线的位置，可以在选择参考线后在【控制】面板中输入 X 和 Y 值，除此之外，用户还可以在选择参考线后按光标键调整参考线的位置。

3．选择与移动参考线

要选择参考线，可以使用【选择工具】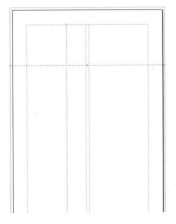和【直接选择工具】。选择要选取的参考线，按住 Shift 键可以选择多条参考线。

要移动跨页参考线，可以按住 Ctrl 键的同时在页面内拖动参考线。

提 示

如果要删除参考线，可在选择该参考线后按 Delete 键。要删除目标跨页上的所有标尺参考线，可以右击鼠标，在弹出的快捷菜单中选择【删除跨页上的所有参考线】命令，如图 6.27 所示。

图 6.26　创建跨页参考线

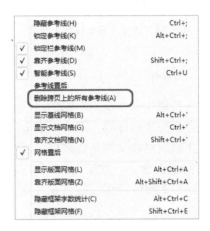

图 6.27　选择【删除跨页上的所有参考线】命令

4．使用参考线创建不等宽的栏

要创建间距不等的栏，需要先创建等间距的标尺参考线，将参考线拖动到目标位置，然后转到需要再改的主页或跨页中，使用【选择工具】拖动分栏参考线到目标位置即可。不能将其拖动到超过相邻栏参考线的位置，也不能将其拖动到页面之外。

6.3.2　标尺

在制作标志、包装设计等出版物时，可以利用标尺和零点，精确定位图形和文本所在的位置。

标尺是带有精确刻度的量度工具，它的刻度尺大小随单位的改变而改变。在 InDesign CC 中，标尺由水平和垂直标尺两部分组成。默认情况下，标尺以毫米为单位，还可以根据需要将标尺的单位设置为英寸、厘米、毫米或者像素。如果标尺没有打开，在菜单栏中选择【视图】|【显示标尺】命令，如图 6.28 所示，即可打开标尺。在标尺上单击鼠标右键，在弹出的快捷菜单中可以设置【标尺】的单位，如图 6.29 所示。

图 6.28 选择【显示标尺】命令

图 6.29 设置标尺单位的快捷菜单

6.3.3 网格

网格是用来精确定位对象的，它由很多个方块组成。可以将方块分成多个小方块或用大方块定位整体的排版，用小方格来精确布局版面中的元素。网格分为 3 种类型，即版面网格、文档网格和文档基线网格。要设置网格参数，可以在菜单栏中选择【编辑】|【首选项】|【网格】命令，如图 6.30 所示，弹出【首选项】对话框，用户可以在该对话框中对网格进行相关属性设置，如图 6.31 所示。

图 6.30 选择【网格】命令

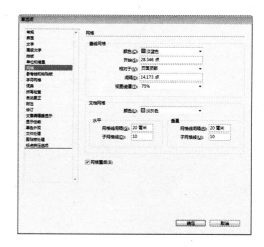

图 6.31 【首选项】对话框

1. 【基线网格】选项组

在该选项组中可以指定基线网格的颜色，从哪里开始、每条网格线相距多少，以及何时出现等。要显示文档的基线网格，在菜单栏中选择【视图】|【网格和参考线】|【显示基线网格】命令。在该选项组中有如下选项。

- 【颜色】：基线网格的默认颜色是【淡蓝色】。可以从【颜色】下拉列表中选择一种不同的颜色，如果选择【自定义】选项，则会弹出【颜色】对话框，用户可以自己定义一种颜色。

- 【开始】：在该文本框中可以指定网格开始处与页面顶部之间的距离。
- 【相对于】：在该选项的下拉列表中可以选择网格开始位置，包含两个选项，分别是【页面顶部】和【上边距】。
- 【间隔】：在该文本框中可以指定网格线之间的距离，默认值为 5 毫米，这个值通常被修改为匹配主体文本的行距，这样文本就与网格排列在一起。
- 【视图阈值】：在减小视图比例时可以避免显示基线网格。如果使用默认设置，视图比例在 75％以下时不会出现基线网格，可以输入 5％～4000％之间的值。

2．【文档网格】选项组

文档网格由交叉的水平和垂直网格线组成，形成了一个可用于对象放置和绘制对象的小正方形样式。可以自定义网格线的颜色和间距。要显示文档网格，在菜单栏中选择【视图】|【网格和参考线】|【显示文档网格】命令。【文档网格】选项组中的各选项介绍如下。

- 【颜色】：文档网格的默认颜色为【淡灰色】。可以从【颜色】下拉列表中选择一种不同的颜色，如果选择【自定义】选项，则会弹出【颜色】对话框，用户可以自定义一种颜色。
- 【网格线间隔】：颜色稍微有点深的主网格线按照此值来定位。默认值为 20 毫米，通常需要指定一个正在使用的度量单位的值。例如，如果正在使用英寸为单位，就可以在【网格线间隔】文本框中输入 1 英寸。这样，网格线就会与标尺上的主刻度符号相匹配了。
- 【子网格线】：该选项主要用于指定网格线间的间距数。建立在【网格线间隔】文本框中的主网格线根据在该文本框中输入的值来划分。例如，如果在【网格线间隔】文本框中输入 1 英寸，并在【子网格线】文本框中输入 4，就可以每隔 1/4 英寸获得一条网格线。默认的子网格线数量为 10。

6.4　版　面　设　置

在 InDesign CC 中创建文件时，不仅可以创建多页文档，还可以将多页文档分割为单独编号的章节。下面将针对 InDesign CC 版面的设置进行详细的讲解。

6.4.1　页面和跨页

在菜单栏中选择【文件】|【新建】|【文档】命令，弹出【新建文档】对话框，使用其默认的参数设置，如图 6.32 所示。单击【边距和分栏】按钮，再在弹出的对话框中进行设置，如图 6.33 所示，设置完成后单击【确定】按钮即可创建一个文档。

在菜单栏中选择【窗口】|【页面】命令，打开【页面】面板，在该面板中可以看到该文档的全部页面，还可以在该面板中设置页面的相关属性。

当创建的文档超出 2 页以上时，在【页面】面板中可以看到左右对称显示的一组页面，该页面称为跨页，就如翻开图书时看到的一对页面。

图 6.32 【新建文档】对话框

图 6.33 【新建边距和分栏】对话框

提 示

如果需要创建多页文档时，可以在【新建文档】对话框中的【页数】文本框中直接输入页数的数值，如果勾选【对页】复选框，InDesign 会自动将页面排列成跨页形式。

6.4.2　主页

InDesign CC 中的主页可以作为文档中的背景页面，在印刷时主页本身是不会被打印的，使用主页的任何页面都会印刷出源自主页的内容，在主页中主要可以设置页码、页眉、页脚和标题等。在主页中还可以包含空的文本框架和图形框架，作为文档页面上的占位符。

在【状态】栏中的【页面字段】下拉列表中选择【A-主页】选项，如图 6.34 所示，即可进入主页编辑状态，在该状态下对主页进行编辑后，文档中的页面便会进行调整。

6.4.3　页码和章节

用户可以在主页或页面中添加自动更新的页码，在主页中添加的页码可以作为整个文档的页面使用，而在页面中添加自动更新的页码可以作为章节编号使用。

1．添加自动更新的页面

在主页中添加的页码标志符可以自动更新，这样可以确保多页出版物中的每一页上都显示正确的页码。

如果需要添加自动更新的页码，首先需要在【页码】面板中选中目标主页，然后使用【文字工具】，在要添加页面的位置拖动出矩形文本框架，输入需要与页面一起显示的文本，如"page"、"第 页"等，如图 6.35 所示。在菜单栏中选择【文字】|【插入特殊字符】|【标志符】|【当前页码】命令，如图 6.36 所示，即可插入自动更新的页码，在主页中显示如图 6.37 所示。

2．添加自动更新的章节编码

章节编号与页码相同也是可以自动更新的，并像文本一样可以设置其格式和样式。

章节编号变量常用于书籍的各个文档中。在 InDesign CC 中，在一个文档中无论插入多少章节编号都是相同的，因为一个文档只能拥有一个章节编号，如果需要将单个文档划分为多个章，可以使用创建章节的方式来实现。

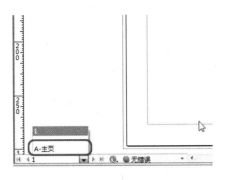

图 6.34　选择【A-主页】选项

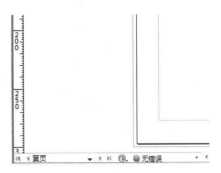

图 6.35　输入文本

图 6.36　选择【当前页码】命令

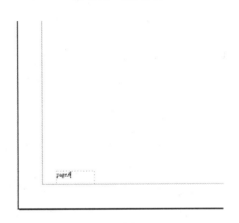

图 6.37　插入页码

如果需要在显示章节编号的位置创建文本框架，使某一章节编号在若干页面中显示，可以在主页上创建文本框架，并将此主页应用于文档页面中。

在章节编号文本框架中，可以添加位于章节编号之前或之后的任何文本或变量。方法是：将插入点定位在显示章节编号的位置，然后在菜单栏中选择【文字】|【文本变量】|【插入文本变量】|【章节编号】命令即可。

3．添加自动更新的章节标志符

如果需要添加自动更新的章节标志符，需要先在文档中定义章节，然后在章节中使用页面或主页。方法是：使用【文字工具】创建一个文本框架，然后在菜单栏中选择【文字】|【插入特殊字符】|【标志符】|【章节标志符】命令即可。

> **提示**
>
> 在【页面】面板中，可以显示绝对页码或章节页码，更改页码显示方式将影响 InDesign 文档中显示指示页面的方式，但不会改变页码在页面上的外观。

6.5　新 建 文 档

在 InDesign CC 中进行排版，首先需要新建页面并且对页面进行相应的设置。本节主要向大家介绍 InDesign CC 中的新建文档操作。

6.5.1 工作前准备

启动 InDesign CC 软件以后，新建或打开一个文档，首先要做好以下准备。

- 确定作品是需要打印输出还是通过 Internet 或局域网进行发布，或是要作为印刷品和 PDF 出版。
- 设置文档的尺寸，每个页面有多少栏，页边框有多宽。
- 文档的页数是否是多页出版，有没有类似图书或目录那样的对页，或者是单面出版。
- 预览允许使用的颜色。
- 出版物要如何发布，需要用什么方式阅读。
- 如果要将文档发布至 Internet，是创建一个 HTML 文件(任何 Web 浏览器都可以查看)，还是 PDF 文件(需要查看者安装相应的软件或者浏览器插件)。

6.5.2 创建新文档

在菜单栏中选择【文件】|【新建】|【文档】命令，或是按 Ctrl+N 组合键，弹出【新建文档】对话框，如图 6.38 所示。

- 【用途】：用于设置所创建文档的用途，不同的用途其参数也大不相同。
- 【页数】：可以设置文档的页数。
- 【对页】：如果要创建有书脊的多页文档，例如图书、目录册或杂志等，可以勾选【对页】复选框；如果创建一个单页文档，例如名片、广告或海报等，就不需要勾选此复选框。
- 【主页文本框架】：勾选此复选框后，InDesign CC 会自动将一个文本框架添加到文档的主页，并根据此主页将其添加到所有文档页面中。
- 【页面大小】：设置文档尺寸的大小，可以从弹出的下拉菜单中选择预定义的尺寸。
- 【页面方向】：可以设置文档的版式，单击【纵向】按钮，可以将文档设置为【纵向】；单击【横向】按钮，可以将文档设置为【横向】。
- 【更多选项】按钮：单击该按钮，在【新建文档】对话框中会添加一个选项，即【出血】和【辅助信息区】选项，如图 6.39 所示。

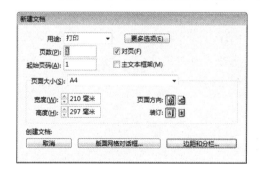

图 6.38　【新建文档】对话框　　　　图 6.39　【出血】和【辅助信息区】选项

【出血】区域可以打印排列在已定义页面大小边缘外部的对象。对于具有固定尺寸的页面，如果对象位于其边缘处，当打印稍有偏差时，打印区域边缘便可能会出现一些白边，因此，对于具有固定尺寸的页面，位于页面边缘处对象的位置应当稍微超过其边缘。出血区域在文档中由一条红线表示。可以在【打印】对话框中的【出血】中进行出血区域的设置。

将文档裁切为最终页面大小时，辅助信息区将被裁掉。辅助信息区域可以存放打印信息和自定颜色信息，还可以显示文档中其他说明和描述。

【版面网格对话框】按钮：当在【新建文档】对话框中单击【版面网格对话框】按钮时，即可弹出【新建版面网格】对话框，如图 6.40 所示。

- 【边框和分栏】按钮：单击该按钮可以弹出【新建边距和分栏】对话框，如图 6.41 所示。

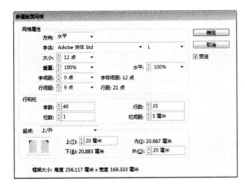

图 6.40　【新建版面网格】对话框

图 6.41　【新建边距和分栏】对话框

- 【边距】：在【上】、【下】、【内】和【外】文本框中输入数值，可以指定边距参考线到页面各个边缘之间的距离。
- 【栏数】：在文本框中输入数值，可以指定文档的栏数。
- 【栏间距】：设置栏数以后，在【栏间距】文本框中输入数值可以设置栏与栏之间的间距。
- 【排版方向】：选择【水平】或【垂直】来指定栏的方向，此选项还可以设置文档基线网格的排版方向。

提　示

如果要直接创建新的文档，可按 Ctrl+Alt+N 组合键，按该快捷键可以跳过【新建文档】对话框的设置。使用这种方法新建的文档，会将【新建文档】对话框中的最近设置应用于该文档。

6.6　文档的简单操作

本节将介绍如何对文档进行一些简单操作。

6.6.1　打开文档

打开文档的具体操作方法如下。

(1) 在菜单栏中选择【文件】|【打开】命令或按 Ctrl+O 组合键，弹出【打开文件】对话框，如图 6.42 所示。浏览需要打开的文件所在的文件夹，选中一个文件或者按住 Ctrl 键选中多个文件。在【文件类型】下拉列表中提供了 9 个 InDesign 打开文件的格式选项，如图 6.43 所示。

图 6.42　【打开文件】对话框

图 6.43　文件类型

提　示

InDesign CC 不但可以打开用 InDesign CC 创建的文件，还能够打开用 InDesign 以前版本创建的文件。【文件类型】下拉列表中的【InDesign CC 交换文档(INX)】是标准 InDesign CC 格式的变形，它可以使 InDesign CC 打开 InDesign CS4 文件，并去掉任何 CS4 指定的格式。

(2) 在【打开文件】对话框中的【打开方式】选项组中可以设置文件打开的形式，包括 3 个选项，分别为【正常】、【原稿】和【副本】。如果选择【正常】选项，则可以打开源文档；如果选择【原稿】选项，则可以打开源文档或模板；如果选择【副本】选项，则可以在不破坏源文档的基础上打开文档的一个副本。打开文档的副本时，InDesign CC 会自动为文档的副本分配一个默认名称，如未命名-1、未命名-2 等。

(3) 选中需要打开的文件后，单击【打开】按钮即可打开所选中的文件并关闭【打开文件】对话框。

提　示

还可以直接双击InDesign CC文件图标来打开该文档或模板。如果InDesign CC没有运行，双击一个文档或模板文件将会启动 InDesign CC 程序并打开该文档或模板。

6.6.2　转换用其他程序创建的文档

InDesign CC 的特点之一就是能打开其他程序创建的文档，并将其转换为 InDesign CC

文档。其他程序的文档包括 QuarkXPress Passport3.3-4.1、QuarkXPress 和 PageMaker6.0-7.0 文档。

由于其他程序的格式与 InDesign CC 有很大不同，并且其功能也不相同，因此在 InDesign CC 中打开 QuarkXPress 和 PageMaker 文件时，均会弹出【警告】对话框。

在 lnDesign CS4 中可以打开 QuarkXPress 文件以及 QuarkXPress Passport 3.3、4.0 至 4.1 版本的文件。由于在 QuarkXPress 和 InDesign CC 之间的区别比较大，因此在格式转换时会有很多不可预知的问题。将 QuarkXPress 文档转换为 InDesign CC 文档时需要注意以下问题。

(1) 如果 QuarkXPress 文档是通过 XTensions 来增加其功能的，这样的 QuarkXPress 文档就不能正确转换为 InDesign CC 格式的文档。

(2) 使用 InDesign CC 打开 QuarkXPress 文件时，InDesign CC 不会保留 QuarkXPress 原始文件中的字距表设置。

(3) QuarkXPress 的行距模型与 InDesign CC 的行距模型不同，因此转换格式后行距会显著变化。

- 将 QuarkXPress 文档转换为 InDesign CC 文档时，在 QuarkXPress 中自定义的破折号都将被转换为实线和虚线，条纹可以正确地转换。
- QuarkXPress 文档中特殊的渐变混合(如菱形模式)转换为 InDesign CC 文档后都被转换为线性混合或环形混合。
- 在 InDesign CC 中也支持路径上的文本，但是将 QuarkXPress 文档转换为 InDesign CC 文档时，曲线路径上的文本都会被转换为矩形框架中的规则文本。
- 库不会转换。
- 打印机样式不会转换。

> **提示**
>
> 在 InDesign CC 中可以打开 PageMaker 6.0、6.5 和 7.0 文件。因为 PageMaker 和 InDesign CC 具有很多相同的特性，在它们之间很少有转换的问题。将 PageMaker 文档转换为 InDesign CC 文档时需要注意以下问题：
> ① 在 InDesign CC 中不支持填充模式。
> ② 库不会转换。
> ③ 打印机样式不会转换。

在 InDesign CC 中不能打开 PDF 文件，但可以将 PDF 文件作为图形置入到 InDesign CC 文档中。在 InDesign CC 中还可以打开 Go Live 区段文件，这是一种用于基于 XML 的 Web 文档格式。

6.6.3　置入文本文件

InDesign CC 除了可以打开 InDesign CC、PageMaker 和 QuarkXPress 文件外，还可以处理使用字处理程序创建的文本文件。在 InDesign CC 文档中可以置入的文本文件包括 Rich Text Format(RTF)、Microsoft Word、Microsoft Excel 和纯文本文件。在 InDesign CC

中还支持两种专用的文本格式：标签文本，即一种使用 InDesign CC 格式信息编码文本文件的方法；InDesign CC 交换格式，即一种允许 InDesign CC 和 InDesign CS4 用户使用相同文件的格式。

但在 InDesign CC 中不能在菜单栏中选择【文件】|【打开】命令，直接打开字处理程序创建的文本文件，必须执行【文件】|【置入】命令，或者按 Ctrl+D 组合键，置入或导入文本文件。其具体操作步骤如下。

(1) 在菜单栏中选择【文件】|【打开】命令，在弹出的对话框中打开随书附带光盘中的 CDROM\素材\Cha06\001.indd 文件，如图 6.44 所示。

(2) 在菜单栏中选择【文件】|【置入】命令，在弹出的对话框中打开随书附带光盘中的 CDROM\素材\Cha06\002.indd 文件，如图 6.45 所示。

图 6.44　打开的素材文件

图 6.45　选择素材文件

(3) 选中该文件后，单击【打开】按钮，在文档窗口中按住 Shift 键指定文字的位置，并调整其文字的大小，调整后的效果如图 6.46 所示。

图 6.46　完成后的效果

提　示

在 InDesign 中可以导入自 Word 2003 和 Excel 2003 以后的所有版本。

6.6.4　恢复文档

InDesign CC 包含自动恢复功能，它能够在电源故障或系统崩溃的情况下保护文档。处理文档时，在对文档进行保存操作后所做的任何修改都会储存在一个单独的临时文件中。在通常情况下，每次执行【存储】操作时，临时文件中的信息都会被应用到文档中。

如果计算机遇到系统崩溃或电源故障，可以采用以下的操作步骤恢复文档。

(1) 重新启动计算机，并启动 InDesign CC 程序，将会弹出一个对话框进行提示，是否要恢复之前所没有保存的文件，如图 6.47 所示。

图 6.47　提示对话框

(2) 单击【是】按钮，即可恢复文档，然后对该文档进行保存即可。

> **提示**
>
> 虽然 InDesign 软件拥有自动恢复的功能，但是用户还是应该有边制作边保存的习惯，随时保存文档。有时 InDesign 不能自动为用户恢复文档，而是会在系统崩溃或电源故障后提示恢复所有打开文件的选择，是在以后恢复数据还是删除恢复数据。

6.7　保存文档和模板

无论是新文件的创建，还是打开以前的文件进行编辑或修改，在操作完成之后都需要将编辑好或修改后的文件进行保存。

6.7.1　保存文档与保存模板

【文件】下拉菜单中有 3 个命令，即【存储】、【存储为】和【存储副本】，如图 6.48 所示。执行 3 个命令中任意一个命令，均可保存标准的 InDesign CC 文档和模板。

1. 使用【存储】命令

【存储】命令对应的组合键为 Ctrl+S，执行该命令后，会弹出【储存为】对话框，如图 6.49 所示，单击【保存】按钮即可保存对当前活动文档所做的修改。如果当前活动的文档还没有存储，则会弹出【存储为】对话框，可以在【存储为】对话框中选择需要存储文件的文件夹并输入文档名称。

图 6.48 【文件】下拉菜单

图 6.49 【存储为】对话框

2．使用【存储为】命令

如果想要将已经保存的文档或模板保存到其他文件夹中或将其保存为其他名称时，可以在菜单栏中选择【文件】|【存储为】命令，在弹出的【存储为】对话框中选择文档或模板需要存储到的文件夹，并输入文档名称。

将文档存储为模板时，可以在【存储为】对话框中的【保存类型】下拉列表中选择【InDesign CC 模板】命令，如图 6.50 所示。再输入模板文件的名称，单击【保存】按钮，即可保存模板。

图 6.50 选择【InDesign 模板】命令

3．使用【存储副本】命令

【存储副本】命令对应的组合键为 Ctrl+Alt+S，该命令可以将当前活动文档使用不同(或相同)的文件名在不同(或相同)的文件夹中创建副本。

> **提示**
>
> 执行【存储副本】命令时，源文档保持打开并保留其初始名称。与【存储为】命令的区别在于它会使源文档保持打开状态。

6.7.2　以其他格式保存文件

如果需要将 InDesign CC 文档保存为其他格式文件，可以在菜单栏中选择【文件】|【导出】命令，如图 6.51 所示，弹出【导出】对话框，在【保存类型】下拉列表中可以选择一种文件的导出格式，如图 6.52 所示。单击【保存】按钮，即可将 InDesign CC 文档保存为其他格式文件。

如果在导出文档之前，使用【文字工具】或【直接选择工具】选择文本，在菜单栏中选择【文件】|【导出】命令，弹出【导出】对话框，在【保存类型】下拉列表中出现几项文字处理格式，如图 6.53 所示。

图 6.51　选择【导出】命令

图 6.52　保存类型

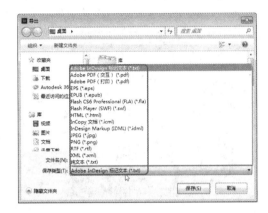

图 6.53　文字处理格式

6.8　视图与窗口的基本操作

【视图】菜单可以选择预定视图以显示页面或粘贴板。选择某个预定视图后，页面将保持此视图效果，直到再次改变视图为止。

6.8.1　视图的显示

1．显示整页

在菜单栏中选择【视图】|【使页面适合窗口】命令，可以使窗口显示一个页面，如图 6.54 所示。当在菜单栏中选择【视图】|【使跨页适合窗口】命令后，可以使窗口显示一个对开页，如图 6.55 所示。

2．显示实际大小

在菜单栏中选择【视图】|【实际尺寸】命令，可以在窗口中显示页面的实际大小，也就是使页面 100％的显示，如图 6.56 所示。

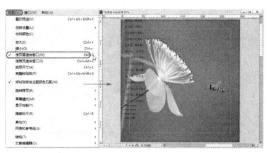

图 6.54 显示一个页面　　　　　　　　图 6.55 显示对开页面

3．显示完整粘贴板

在菜单栏中选择【视图】|【完整粘贴板】命令，可以查找或浏览全部粘贴板上的对象，此时屏幕上显示的是缩小的页面和整个粘贴板，如图 6.57 所示。

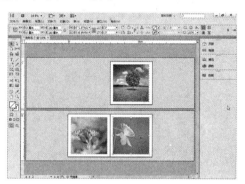

图 6.56 显示实际尺寸　　　　　　　　图 6.57 显示完整的剪贴板

4．放大或缩小页面视图

在菜单栏中选择【视图】|【放大/缩小】命令，可以将当前页面视图放大或缩小。也可以选择【缩放工具】，当页面中的【缩放工具】图标变为 ⊕ 图标时，单击可以放大页面视图；按住 Alt 键，页面中的【缩放工具】图标将显示为 ⊖，单击可以缩小页面视图。

选择【缩放工具】，按住鼠标左键沿着想放大的区域拖动出一个虚线框，如图 6.58 所示。虚线框内的图像将被放大，效果如图 6.59 所示。

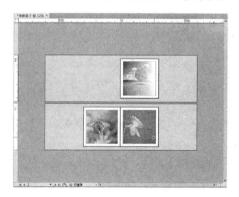

图 6.58 拖动出虚线框　　　　　　　　图 6.59 放大后的图像

除此之外，用户还可以按 Ctrl++组合键，可以对页面视图按比例进行放大；按 Ctrl+-组合键，可以对页面视图按比例进行缩小。

6.8.2　新建、平铺和层叠窗口

排版文件的窗口显示主要有层叠和平铺两种。

在菜单栏中选择【窗口】|【排列】|【层叠】命令，可以将打开的几个排版文件层叠放在一起，只显示位于窗口最上面的文件，如图 6.60 所示。如果想选择需要操作的文件，单击文件名即可。

在菜单栏中选择【窗口】|【排列】|【平铺】命令，可以将打开的几个排版文件分别水平平铺显示在窗口中，如图 6.61 所示。

图 6.60　层叠窗口

图 6.61　平铺窗口

在菜单栏中选择【窗口】|【排列】|【新建窗口】命令，可以将选中的窗口复制一份，如图 6.62 所示。

图 6.62　复制窗口

6.8.3 预览文档

通过工具箱中的【预览工具】可以预览文档，如图 6.63 所示。

- 【预览】：文档将以预览显示模式显示，此模式可以显示出文档的实际效果。
- 【出血】：文档将以出血显示模式显示，此模式可以显示出文档及其出血部分的效果。
- 【辅助信息区】：可以显示出文档制作出成品后的效果。
- 【演示文稿】：可以以演示文稿的方式进行浏览。

图 6.63　预览方式

6.9　上机练习——制作化妆品宣传页

下面介绍化妆品宣传页的制作，效果如图 6.64 所示。

(1) 启动软件后，在菜单栏中选择【文件】|【新建】|【文档】命令，弹出【新建文档】对话框，如图 6.65 所示。

(2) 在该对话框中将【页数】设置为 1，将【宽度】、【高度】分别设置为 245、362，设置完成后单击【边距和分栏】按钮，如图 6.66 所示。

(3) 弹出【新建边距和分栏】对话框，将【边距】选项组中的【上】、【下】、【内】、【外】均设置为 0，单击【确定】按钮，如图 6.67 所示。

(4) 在工具箱中选择【矩形工具】，在页面中绘制如图 6.68 所示的矩形。

图 6.64　化妆品宣传页

图 6.65　【新建文档】对话框

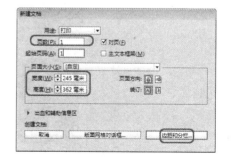

图 6.66　设置参数

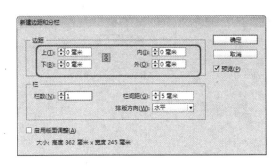

図 6.67　设置边距　　　　　　　　　　　图 6.68　绘制矩形

(5) 在菜单栏中选择【窗口】|【颜色】|【颜色】命令，打开【颜色】面板，单击【颜色】面板中的 按钮，在弹出的下拉菜单中选择 CMYK 选项，如图 6.69 所示。

(6) 选择该选项后，将 CMYK 设置为 93、72、6、0，如图 6.70 所示。

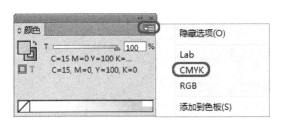

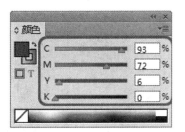

图 6.69　选择 CMYK 命令　　　　　　　　图 6.70　设置参数

(7) 在工具箱中选择【椭圆工具】，在页面中，按 Shift 键绘制如图 6.71 所示的圆。

(8) 确定绘制的圆处于选择状态，单击【颜色】面板中的 按钮，在弹出的下拉列表中选择 CMYK，将其值设置为 18、8、4、0，如图 6.72 所示。

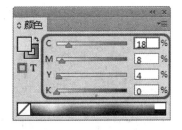

图 6.71　绘制圆形　　　　　　　　　　　图 6.72　设置 CMYK

(9) 在菜单栏中选择【窗口】|【效果】命令，弹出【效果】面板。在【效果】面板中单击【向选定的目标添加对象效果】按钮 fx.，在弹出的下拉列表中选择【基本羽化】命令，如图 6.73 所示。

(10) 选择该命令后弹出【效果】面板，在【选项】选项组中将【羽化宽度】设置为 65 毫米，如图 6.74 所示。

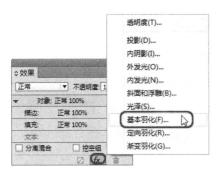

图 6.73　选择【基本羽化】命令　　　　　　图 6.74　设置【羽化宽度】

(11) 单击【确定】按钮，添加完【基本羽化】特效后的效果如图 6.75 所示。

(12) 按 Ctrl+D 组合键，弹出【置入】对话框，在该对话框中选择随书附带光盘中的 CDROM\素材\Cha06\图片 001.png 素材图片，单击【打开】按钮，如图 6.76 所示。

图 6.75　添加【基本羽化】后的效果　　　　图 6.76　【置入】对话框

(13) 在页面中拖动鼠标绘制矩形，然后使用【选择工具】调整图片的位置，效果如图 6.77 所示。

(14) 将鼠标放置到图片上，当鼠标变成🖐时单击鼠标左键选中图片，然后单击鼠标右键，在弹出的快捷菜单中选择【显示性能】|【高品质显示】命令，如图 6.78 所示。

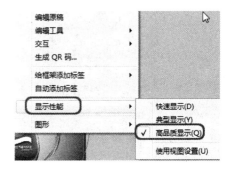

图 6.77　调整图片后的效果　　　　　　图 6.78　选择【高品质显示】命令

(15) 在工具箱中选择【矩形工具】，在【控制面板】中单击【填色】右侧的 ▸ 按钮，在弹出的快捷菜单中选择【无】，在页面中绘制矩形，在【控制】面板中，将 W、H 设置为 200、67，如图 6.79 所示。

(16) 选择绘制的矩形，将描边颜色设置为白色，打开【描边】面板，将【粗细】设置为 8 点，如图 6.80 所示。

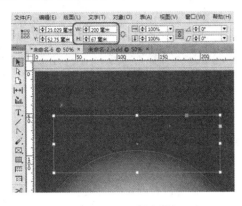

图 6.79　设置参数　　　　　　　　　　　　　图 6.80　设置【粗细】

(17) 在工具箱中选择【剪刀工具】，将鼠标移动至矩形边缘处，此时鼠标变成十字星状，单击鼠标，将矩形进行剪切，然后使用【选择工具】选择剪切后的矩形，按 Delete 键将其删除，效果如图 6.81 所示。

(18) 在工具箱中选择【文字工具】，在页面中拖动鼠标绘制矩形，然后输入文本"水润清爽系列"，选择输入的文本，将字体设置为【华文新魏】，将字体大小设置为 30 点，然后在【控制】面板中单击【段】字，然后再单击【居中对齐】按钮 ▤，完成后的效果如图 6.82 所示。

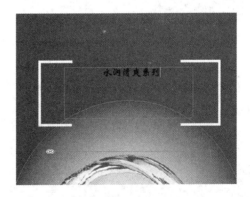

图 6.81　剪切并删除矩形　　　　　　　　　　图 6.82　输入文字

(19) 确定文字处于选择状态，在控制面板中单击【填色】右侧的 ▸ 按钮，在弹出的下拉菜单中选择【纸色】，单击【描边】右侧的 ▸ 按钮，在弹出的下拉菜单中选择【纸色】，如图 6.83 所示。

(20) 使用同样的方法输入其他文字，将字体设置为【华文新魏】，将字体大小设置为 16，将段落设置为【左对齐】，将描边【粗细】设置为 0.5，完成后的效果如图 6.84 所示。

图 6.83　选择【纸色】

图 6.84　输入其他文字

　　(21) 在工具箱中选择【钢笔工具】，在页面中绘制图像，将填充颜色设置为【纸色】，将【描边】设置为无，绘制完成后使用【选择工具】调整其位置，效果如图 6.85 所示。

　　(22) 确定新绘制的图形处于选择状态，打开【效果】面板，单击【向选定的目标添加对象效果】按钮，在弹出的下拉菜单中选择【投影】命令，如图 6.86 所示。

图 6.85　绘制图形

图 6.86　选择【投影】命令

　　(23) 弹出【效果】面板，将【不透明度】设置为 65%，在【位置】选项组中将【距离】设置为 2 毫米，如图 6.87 所示。

　　(24) 单击【确定】按钮，然后使用【文字工具】在页面中输入文本，完成后的效果如图 6.88 所示。

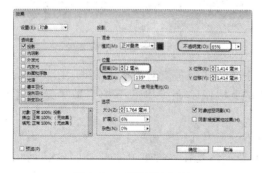

图 6.87　【效果】面板

图 6.88　输入文本后的效果

（25）至此，化妆品宣传页就制作完成了，在菜单栏中选择【文件】|【导出】命令，弹出【导出】对话框，在该对话框中设置导出路径，并将【文件名】设置为"化妆品宣传页"，将【保存类型】设置为 JPEG，然后单击【保存】按钮，如图 6.89 所示。

（26）弹出【导出 JPEG】对话框，在【导出】选项组选中【全部】单选按钮，在【图像】选项组中将【品质】设置为【高】，将【分辨率】设置为 300，然后单击【导出】按钮，如图 6.90 所示。导出完成后将场景进行保存。

图 6.89　【导出】对话框

图 6.90　设置参数

6.10　思　考　题

1. 哪些辅助工具可以被文本遮住？

2. InDesign 中哪些网格是不能打印出来的？

3. 保存文档与保存模板有几种命令？分别是什么？

第 7 章　InDesign CC 基本操作

在 InDesign CC 中，如果希望排出精美的版式，就需要能够熟练地操作该软件。本章将主要介绍在 InDesign 中的一些基本操作，如选择对象、编辑对象、变换对象和锁定对象等。

7.1　选　择　对　象

在修改对象之前，需要使用选择工具将对象选中才能够修改对象，在 InDesign CC 中有两种选择工具，分别为【选择工具】和【直接选择工具】。

【选择工具】：使用该工具单击对象，便可将对象选中，并可以将选中的对象进行移动和调整对象的大小。

【直接选择工具】：使用该工具可以选中对象上单个锚点，并且可以调整锚点的方向线手柄。在使用该工具选中带有边框的对象时，边框内的对象会被选中，而边框不会被选中。

7.1.1　选择重叠对象

在制作版面时，会有对象重叠的现象，一些对象会覆盖另一些对象，在菜单栏中选择【对象】|【选择】命令，在弹出的子菜单中可以对重叠的对象进行选择，如图 7.1 所示。在对象上单击鼠标右键，在弹出的快捷菜单中选择【选择】命令，在弹出的子菜单中也可以选择重叠的对象，如图 7.2 所示。

图 7.1　【选择】子菜单

图 7.2　快捷菜单

提　示

按住 Ctrl 键在重叠对象上单击，与选择【下方下一个对象】命令的效果相同。

7.1.2　选择多个对象

如果要对多个对象同时进行移动与修改，就需要先选择多个对象，选择多个对象的方法有以下几种。

- 选择工具箱中的【选择工具】，按住 Shift 键单击对象，即可同时选择多个对象，如图 7.3 所示。
- 选择工具箱中的【选择工具】，在文档窗口中的空白处单击，按住鼠标左键不放并拖动光标，框选需要同时选中的多个对象，如图 7.4 所示。只要对象的任意部分被拖出的矩形选择框选中，则整个对象都会被选中，效果如图 7.5 所示。

图 7.3　按住 Shift 键选择多个对象

图 7.4　框选对象

提示

　　在拖动光标时，应确保没有选中任何对象，否则在拖动光标时，只会移动选中的对象，而不会拖出矩形选择框。

- 如果需要同时选中页面中的所有对象，可以在菜单栏中选择【编辑】|【全选】命令，或是按 Ctrl+A 组合键。如果选择工具箱中的【直接选择工具】，然后在菜单栏中选择【编辑】|【全选】命令，将会选中所有对象的锚点，如图 7.6 所示。

图 7.5　选中的对象

图 7.6　选中所有对象的锚点

7.1.3 取消选择对象

取消选择对象有以下几种方法。

- 使用【选择工具】 单击文档窗口空白处，即可取消选择对象。
- 按住 Shift 键，使用【选择工具】 单击选中的对象，即可取消选择对象。
- 使用其他绘制图形工具在文档窗口中绘制图形，也可以取消选择对象。

7.2 编 辑 对 象

在 InDesign CC 中，可以根据需要对选中的对象进行编辑，如调整对象的大小、移动对象、复制对象和删除对象。

7.2.1 移动对象

移动对象的方法主要有以下几种。

- 使用【选择工具】 选择需要移动的对象，如图 7.7 所示。然后在选择的对象上单击并拖动鼠标，将选择的对象拖动至适当位置处释放鼠标左键即可，如图 7.8 所示。

图 7.7 选择对象

图 7.8 移动对象

> **提 示**
>
> 按住 Shift 键移动对象时，移动的对象角度可以限制在 45°角，以移动鼠标的方向为基准方向。

- 使用方向键可以微调选择的对象的位置。
- 在【控制】面板上的 X 和 Y 文本框中输入数值，可以快速定位选择的对象的位置，如图 7.9 所示。

图 7.9 【控制】面板

- 在菜单栏中选择【对象】|【变换】|【移动】命令，弹出【移动】对话框，如图 7.10 所示。在【移动】对话框中进行相应的设置也可以移动选择的对象。
- 在菜单栏中选择【窗口】|【对象和版面】|【变换】命令，打开【变换】面板，如图 7.11 所示。在【变换】面板中的 X 和 Y 文本框中输入数值，也可以移动选择的对象。

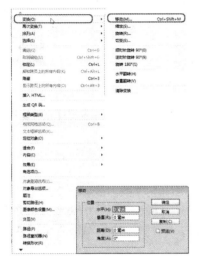

图 7.10　【移动】对话框

图 7.11　【变换】面板

7.2.2　复制对象

复制对象的方法主要有以下几种。

- 使用【选择工具】选择需要复制的对象，然后在按住 Alt 键的同时拖动选择的对象，拖动至适当位置处释放鼠标即可复制对象。

> **提示**
>
> 在选中对象的情况下，按住 Alt+方向键，也可以复制对象。

- 在【控制】面板上的 X 或 Y 文本框中输入数值，然后按 Alt+Enter 组合键，也可以复制对象。
- 使用【选择工具】选择需要复制的对象，然后在菜单栏中选择【编辑】|【复制】命令(或按 Ctrl+C 组合键)，如图 7.12 所示。再在菜单栏中选择【编辑】|【粘贴】命令(或按 Ctrl+V 组合键)，也可以复制对象，如图 7.13 所示。
- 使用【选择工具】选择需要复制的对象，然后在菜单栏中选择【编辑】|【直接复制】命令，或按 Alt+Shift+Ctrl+D 组合键，可以直接复制选择的对象，如图 7.14 所示。
- 在菜单栏中选择【窗口】|【对象和版面】|【变换】命令，打开【变换】面板，在【变换】面板中的 X 或 Y 文本框中输入数值，然后按 Alt+Enter 组合键也可以复制对象。

| 图 7.12　选择【复制】命令 | 图 7.13　选择【粘贴】命令 | 图 7.14　选择【直接复制】命令 |

7.2.3　调整对象的大小

调整对象大小的方法主要有以下几种。

- 使用【选择工具】 选择需要调整大小的对象，如图 7.15 所示。将光标移至选择对象边缘的控制手柄上，然后拖动光标即可调整对象限位框的大小，如图 7.16 所示。

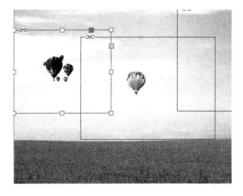

图 7.15　选择对象　　　　　　　　　　图 7.16　调整对象限位框的大小

> **提示**
>
> 在按住 Ctrl 键的同时，拖动对象的控制手柄，可以将对象的限位框与限位框中的对象一起放大与缩小；在按住 Ctrl+Shift 组合键的同时，拖动对象的控制手柄，可以将对象限位框与限位框中的对象等比例放大与缩小。

- 在【控制】面板或【变换】面板中的 W 和 H 文本框中输入数值，也可以改变对象限位框的大小。

> **提示**
>
> 先选择如图 7.17 所示的对象，使用【自由变换工具】 调整对象大小时，如果按住 Shift 键，可以等比例放大与缩小对象，如图 7.18 所示。

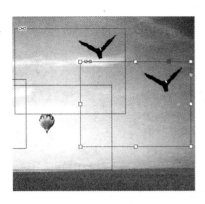

图 7.17　选择对象　　　　　图 7.18　使用【自由变换工具】调整对象的大小

7.2.4　删除对象

使用【选择工具】选择需要删除的对象，在菜单栏中选择【编辑】|【清除】命令，如图 7.19 所示，或按 Delete 键，即可将选择的对象删除。

图 7.19　选择【清除】命令

7.3　变 换 对 象

在 InDesign 中可以对对象进行一些变换操作，如旋转、缩放和切变等。

7.3.1　旋转对象

在 InDesign CC 中可以使用【旋转工具】对对象进行旋转，其具体操作步骤如下。

(1) 在菜单栏中选择【文件】|【打开】命令，在弹出的对话框中打开随书附带光盘中的 CDROM\素材\001.indd 文档，然后使用【选择工具】选择需要旋转的对象，如图 7.20 所示。

(2) 在工具箱中选择【旋转工具】，将原点从其限位框左上角的默认位置单击并拖动到限位框的中心位置，如图 7.21 所示。

图 7.20　选择对象

图 7.21　移动原点位置

(3) 然后在限位框的内外任意位置处单击并拖动鼠标，即可旋转对象，如图 7.22 所示。

图 7.22　旋转对象

提　示

如果在旋转对象时按住 Shift 键，可以将旋转角度限制为 45° 的倍数。

7.3.2　缩放对象

除了使用前面介绍的方法来调整对象的大小外，还可以使用【缩放工具】来缩放对象，其具体操作步骤如下。

(1) 在菜单栏中选择【文件】|【打开】命令，在弹出的对话框中打开随书附带光盘中的 CDROM\素材\001.indd 文档，使用【选择工具】选择需要缩放的对象，如图 7.23 所示。

图 7.23　选择对象

(2) 在工具箱中选择【缩放工具】，然后将控制手柄移至图片的左下角，如图 7.24 所示。

(3) 然后在图片中单击并拖动鼠标即可放大或缩小对象，如图 7.25 所示。

图 7.24　移动鼠标位置

图 7.25　缩放对象

提 示

　　如果在缩放对象时按住 Shift 键水平拖动只会应用水平缩放,拖动对角会应用水平和垂直缩放以保持对象的原始比例。

7.3.3　切变对象

　　使用工具箱中的【切变工具】可以切变对象,其具体操作步骤如下。

　　(1) 继续上一小节的操作,使用【选择工具】选择需要切变的对象,如图 7.26 所示。

　　(2) 在工具箱中选择【切变工具】,然后在限位框的内外任意位置处单击并拖动鼠标,即可切变对象,如图 7.27 所示。

图 7.26　选择对象

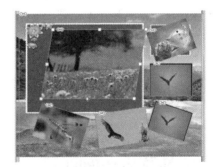

图 7.27　切变对象

提 示

　　在对对象进行切变操作时按住 Shift 键,可以将旋转角度限制为 45° 的倍数。

7.4　对象的对齐和分布

　　在菜单栏中选择【窗口】|【对象和版面】|【对齐】命令,打开【对齐】面板,使用该面板可以快速有效地对齐和分布多个对象,如图 7.28 所示。

7.4.1　对齐对象

在【对齐】面板中的【对齐对象】选项组中包括 6 个对齐命令按钮，分别是【左对齐】按钮、【水平居中对齐】按钮、【右对齐】按钮、【顶对齐】按钮、【垂直居中对齐】按钮和【底对齐】按钮，下面将对这些命令按钮进行详细的介绍。

在菜单栏中选择【文件】|【打开】命令，在弹出的对话框中打开随书附带光盘中的 CDROM\素材\Cha07\002.indd 文档，然后使用【选择工具】选择多个对象，如图 7.29 所示。

图 7.28　【对齐】面板　　　　　　　图 7.29　选择多个对象

- 【左对齐】按钮：最左边对象的位置不变，以最左边对象的左边线为基准线，所有选取对象的左边缘和这条线对齐，效果如图 7.30 所示。
- 【水平居中对齐】按钮：以多个选取对象的中点为基准点进行对齐，所有选取对象进行水平移动，垂直方向上的位置保持不变，效果如图 7.31 所示。

图 7.30　左对齐效果　　　　　　　图 7.31　水平居中对齐效果

- 【右对齐】按钮：最右边对象的位置不变，以最右边对象的右边线为基准线，所有选取对象的右边缘和这条线对齐，效果如图 7.32 所示。
- 【顶对齐】按钮：以多个选取对象中最上面对象的上边线为基准线(最上面对象的位置不变)，所有选取对象的上边线和这条线对齐，效果如图 7.33 所示。
- 【垂直居中对齐】按钮：以多个选取对象的中点为基准点进行对齐，所有选取对象进行垂直移动，水平方向上的位置保持不变，效果如图 7.34 所示。

图 7.32　右对齐效果

图 7.33　顶对齐效果

- 【底对齐】按钮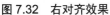：以多个选取对象中最下面对象的下边线为基准线(最下面对象的位置不变)，所有选取对象的下边线和这条线对齐，效果如图 7.35 所示。

图 7.34　垂直居中对齐效果

图 7.35　底对齐效果

7.4.2　分布对象

在【对齐】面板中的【分布对象】选项组中包括 6 个分布命令按钮，分别是【按顶分布】按钮、【垂直居中分布】按钮、【按底分布】按钮、【按左分布】按钮、【水平居中分布】按钮和【按右分布】按钮，下面继续使用素材 002.indd 文档对这些命令按钮进行讲解。

- 【按顶分布】按钮：以每个选取对象的上边线为基准线，使对象按相等的间距垂直分布，效果如图 7.36 所示。
- 【垂直居中分布】按钮：以每个选取对象的中线为基准线，使对象按相等的间距垂直分布，效果如图 7.37 所示。
- 【按底分布】按钮：以每个选取对象的下边线为基准线，使对象按相等的间距垂直分布，效果如图 7.38 所示。
- 【按左分布】按钮：以每个选取对象的左边线为基准线，使对象按相等的间距水平分布，效果如图 7.39 所示。

图 7.36 按顶分布效果

图 7.37 垂直居中分布效果

图 7.38 按底分布效果

图 7.39 按左分布效果

- 【水平居中分布】按钮 ：以每个选取对象的中线为基准，使对象按相等的间距水平分布，效果如图 7.40 所示。
- 【按右分布】按钮 ：以每个选取对象的右边线为基准线，使对象按相等的间距水平分布，效果如图 7.41 所示。

图 7.40 水平居中分布效果

图 7.41 按右分布效果

7.4.3　对齐基准

【对齐】面板中的对齐基准选项包括【对齐选区】、【对齐边距】、【对齐页面】和【对齐跨页】等选项，如图 7.42 所示。

在菜单栏中选择【文件】|【打开】命令，在弹出的对话框中打开随书附带光盘中的CDROM\素材\003.indd 文档，如图 7.43 所示。

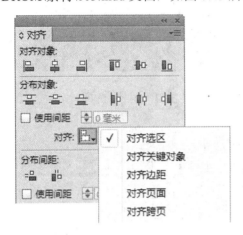

图 7.42　对齐基准选项

图 7.43　打开的素材文档

- 【对齐选区】：使所选对象在所选区域内对齐。

(1) 使用【选择工具】![]选择对象，如图 7.44 所示。

(2) 在【对齐】面板中将对齐基准设置为【对齐选区】，然后在【分布对象】选项组中单击【按底分布】按钮![]，效果如图 7.45 所示。

图 7.44　选择对象

图 7.45　对齐选区

- 【对齐边距】：使所选对象相对于页边距对齐。

(1) 使用【选择工具】![]选择对象，如图 7.46 所示。

(2) 在【对齐】面板中将对齐基准设置为【对齐边距】，然后在【分布对象】选项组中单击【按底分布】![]按钮，效果如图 7.47 所示。

图 7.46　选择对象　　　　　　　　　　　　　图 7.47　对齐边距

- 【对齐页面】：使所选对象相对于页面对齐。

(1) 使用【选择工具】 选择对象，如图 7.48 所示。

(2) 在【对齐】面板中将对齐基准设置为【对齐页面】，然后在【分布对象】选项组中单击【按底分布】按钮 ，效果如图 7.49 所示。

- 【对齐跨页】：使所选对象相对于跨页对齐。

图 7.48　选择对象　　　　　　　　　　　　　图 7.49　对齐页面

7.4.4　分布间距

通过使用【对齐】面板中【分布间距】选项组下的【垂直分布间距】按钮 和【水平分布间距】按钮 ，可以精确指定对象间的距离。下面将继续使用素材 003.indd 文档对这两个命令按钮进行讲解。

- 【垂直分布间距】按钮 ：使所有选取的对象以最上方对象作为参照，按设置的数值等距离垂直均分。

(1) 使用【选择工具】 选择对象，在【对齐】面板上的【分布间距】选项组中勾选【使用间距】复选框，并在右侧的文本框中输入 10 毫米，如图 7.50 所示。

(2) 然后在【分布间距】选项组中单击【垂直分布间距】按钮 ，效果如图 7.51 所示。

图 7.50　勾选【使用间距】复选框并输入数值

图 7.51　垂直分布间距效果

- 【水平分布间距】按钮：使所有选取的对象以最左边对象作为参照，按设置的数值等距离水平均分。

(1) 使用【选择工具】选择对象，在【对齐】面板上的【分布间距】选项组中勾选【使用间距】复选框，并在右侧的文本框中输入 15 毫米，如图 7.52 所示。

(2) 然后在【分布间距】选项组中单击【水平分布间距】按钮，效果如图 7.53 所示。

图 7.52　勾选【使用间距】复选框并输入数值

图 7.53　水平分布间距效果

7.5　编　　组

在 InDesign CC 中可以将多个对象进行编组，编组后的对象可以同时进行移动、复制或旋转等操作。

7.5.1　创建编组

下面来介绍一下编组对象的方法，其具体操作步骤如下。

(1) 在菜单栏中选择【文件】|【打开】命令，在弹出的对话框中打开随书附带光盘中的 CDROM\素材\004.indd 文档，然后使用【选择工具】 选择需要编组的对象，如图 7.54 所示。

(2) 在菜单栏中选择【对象】|【编组】命令，或按 Ctrl+G 组合键，如图 7.55 所示。

图 7.54　选择需要编组的对象　　　　　图 7.55　选择【编组】命令

(3) 即可将选择的对象编组，选中编组后的对象中的任意一个对象，其他对象也会同时被选中，效果如图 7.56 所示。

图 7.56　编组后的对象

7.5.2　取消编组

如果想取消对象的编组，可以使用菜单栏中的【取消编组】命令，其具体操作步骤如下。

(1) 继续上一小节的操作，确定编组后的对象处于选择状态，然后在菜单栏中选择

【对象】|【取消编组】命令，或按 Shift+Ctrl+G 组合键，如图 7.57 所示。

(2) 即可取消对象的编组，取消编组后，当选中一个对象后，其他对象不会被选中，效果如图 7.58 所示。

图 7.57　选择【取消编组】命令

图 7.58　取消编组后的效果

7.6　锁 定 对 象

使用菜单栏中的【锁定】命令可以锁定文档中不希望被移动的对象。被锁定的对象仍然可以选中，但不会受到任何操作的影响。锁定对象的具体操作步骤如下。

(1) 继续上一节中的操作，使用【选择工具】 选择需要锁定的对象，如图 7.59 所示。

图 7.59　选择对象

(2) 在菜单栏中选择【对象】|【锁定】命令(或按 Ctrl+L 组合键)，如图 7.60 所示。

(3) 即可将选择的对象锁定，效果如图 7.61 所示。

图 7.60　选择【锁定】命令

图 7.61　锁定对象

7.7　创建随文框架

通常情况下，在对对象进行操作时，需要将页面中的对象保持在一个精确的位置。但是，如果放置的对象需要与文本相关联时，要在编辑文本时移动对象，这时就需要为对象创建随文框架。

在 InDesign CC 中创建随文框架的方法有 3 种，即使用【粘贴】命令、使用【置入】命令和使用【定位对象】命令。

7.7.1　使用【粘贴】命令创建随文框架

使用【粘贴】命令创建随文框架的具体操作步骤如下。

(1) 在菜单栏中选择【文件】|【打开】命令，在弹出的对话框中打开随书附带光盘中的 CDROM\素材\005.indd 文档，如图 7.62 所示。

(2) 再在菜单栏中选择【文件】|【打开】命令，在弹出的对话框中打开随书附带光盘中的 CDROM\素材\006.indd 文档，如图 7.63 所示。

图 7.62　打开的 005.indd 文档

图 7.63　打开的 006.indd 文档

（3）使用【选择工具】在 006.indd 文档中选择图形对象，如图 7.64 所示。

（4）在菜单栏中选择【编辑】|【复制】命令，如图 7.65 所示。

图 7.64　选择图形对象

图 7.65　选择【复制】命令

（5）返回到 005.indd 文档中，在需要粘贴对象的文本框架内双击，如图 7.66 所示。

（6）在菜单栏中选择【编辑】|【粘贴】命令，在控制面板中选择【上下型绕排】。这样即可在光标所在位置创建一个随文框架，如图 7.67 所示。

图 7.66　在文本框架内双击

图 7.67　创建的随文框架

7.7.2　使用【置入】命令创建随文框架

使用【置入】命令创建随文框架的具体操作步骤如下。

（1）在菜单栏中选择【文件】|【打开】命令，在弹出的对话框中打开随书附带光盘中的 CDROM\素材\Cha07\005.indd 文档，使用【文字工具】在文本框架中单击，用来指定光标的位置，如图 7.68 所示。

（2）在菜单栏中选择【文件】|【置入】命令，在弹出的对话框中将随书附带光盘中的

CDROM\素材\Cha07\竹子 01.jpg 图片置入到文本框架中，即可创建一个随文框架，效果如图 7.69 所示。

图 7.68　指定光标位置　　　　　　　　　　图 7.69　创建的随文框架

7.7.3　使用【定位对象】命令创建随文框架

使用【定位对象】命令创建随文框架的具体操作步骤如下。

(1) 在菜单栏中选择【文件】|【打开】命令，在弹出的对话框中打开随书附带光盘中的 CDROM\素材\Cha07\005.indd 文档，使用【文字工具】 T 在文本框架中单击，用来指定光标的位置，如图 7.70 所示。

(2) 在菜单栏中选择【对象】|【定位对象】|【插入】命令，弹出【插入定位对象】对话框，在该对话框中将【内容】设置为【图形】，将【对象样式】设置为【[基本图形框架]】，将【高度】设置为 59 毫米，将【宽度】设置为 80 毫米，将【位置】设置为【行中或行上】，如图 7.71 所示。

图 7.70　指定光标位置　　　　　　　　　　图 7.71　【插入定位对象】对话框

(3) 设置完成后单击【确定】按钮，即可在光标所在位置插入随文框架，如图 7.72 所示。

（4）选中刚刚插入的随文框架，在菜单栏中选择【文件】|【置入】命令，在弹出的对话框中将随书附带光盘中的 CDROM\素材\Cha07\竹子 02.jpg 图片置入到随文框架中，效果如图 7.73 所示。

图 7.72　插入的随文框架　　　　　　图 7.73　将图片置入到随文框架中

7.8　定义和应用对象样式

使用【对象样式】面板可以快速设置文档中的图形与框架的格式，也可以为对象、文本等添加【透明度】、【投影】、【内阴影】和【外发光】等效果。

7.8.1　创建对象样式

创建对象样式的具体操作步骤如下。

（1）在菜单栏中选择【文件】|【打开】命令，在弹出的对话框中打开随书附带光盘中的 CDROM\素材\Cha07\007.indd 文件，如图 7.74 所示。

（2）在菜单栏中选择【窗口】|【样式】|【对象样式】命令，或按 Ctrl+F7 组合键，打开【对象样式】面板，如图 7.75 所示。

图 7.74　打开的素材文件　　　　　　图 7.75　【对象样式】面板

（3）单击面板下方的【创建新样式】按钮，即可创建新的对象样式，如图 7.76 所示。

（4）双击新建的对象样式，即可弹出【对象样式选项】对话框，如图 7.77 所示。

图 7.76 创建新样式

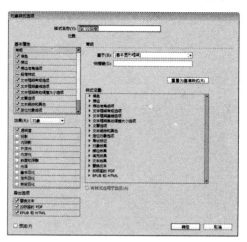

图 7.77 【对象样式选项】对话框

提示

按住 Alt 键，然后单击【创建新样式】按钮，也可以弹出【对象样式选项】对话框。

（5）在左侧的【效果】下拉列表中勾选【外发光】复选框，然后在右侧的【混合】选项组中单击色块，在弹出的【效果颜色】对话框中选择如图 7.78 所示的颜色。

（6）然后单击【确定】按钮，返回到【对象样式选项】对话框中，在【选项】选项组中将【杂色】设置为 100%，将【大小】设置为 30 毫米，如图 7.79 所示。设置完成后单击【确定】按钮即可。

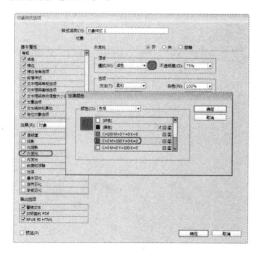

图 7.78 选择效果颜色

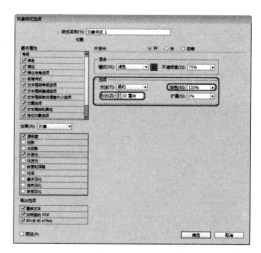

图 7.79 设置其他选项

7.8.2　应用对象样式

应用对象样式的具体操作步骤如下。

(1) 继续上一小节的操作，选择工具箱中的【选择工具】，然后在文档窗口中选择图形对象，如图 7.80 所示。

(2) 在【对象样式】面板中新建的【对象样式 1】上单击，即可将该样式应用到选择的图形上，将图形对象进行移动，效果如图 7.81 所示。

图 7.80　选择图形对象

图 7.81　应用对象样式

> **提示**
>
> 　　单击【对象样式】面板右上角的【快速应用】按钮或在菜单栏中选择【编辑】|【快速应用】命令，弹出【快速应用】面板，在需要的样式上单击，也可以将该样式应用到选择的图形上。

7.8.3　管理对象样式

单击【对象样式】面板右上角的按钮，在弹出的下拉菜单中可以对对象样式进行相应的编辑和管理操作，如图 7.82 所示。下面将对该下拉菜单中一些主要的命令进行介绍。

- 【新建对象样式】：选择该命令后，会自动弹出【新建对象样式】对话框。
- 【直接复制对象样式】：选择该命令后，会自动弹出【直接复制对象样式】对话框，可以直接单击【确定】按钮复制出一个对象样式副本，也可以在该样式的基础上添加或修改一些选项属性后再单击【确定】按钮。
- 【删除样式】：选择该命令后，可以将选中的样式删除。
- 【重新定义样式】：选择该命令后，可以将选中的已添加样式的对象，重新定义对象样式。

> **提示**
>
> 　　选中的已添加样式的对象，必须是修改或者对其添加过内容的对象，才可以选择【重新定义样式】命令。

- 【样式选项】：选择该命令后，在弹出的【对象样式选项】对话框中可以对该样式属性进行修改。
- 【断开与样式的链接】：选中一个已经添加对象样式的对象，然后选择该命令可以将该对象与【对象样式】面板中的对象样式之间的链接断开，此时再对这个样式进行修改，该对象将不会更新样式效果。
- 【按名称排序】：选择该命令后，可以将面板中的对象按照名称来排序对象样式的位置。
- 【小面板行】：选择该命令后，可以将面板中的对象样式和对象样式组以小面板显示，如图 7.83 所示。

图 7.82　下拉菜单

图 7.83　小面板显示

7.9　【效果】面板

在菜单栏中选择【窗口】|【效果】命令，打开【效果】面板，如图 7.84 所示。使用该面板可以为对象设置不透明度、添加内发光和羽化等效果。

图 7.84　【效果】面板

7.9.1　混合模式

在【效果】面板中的【混合模式】下拉列表中一共有 16 种混合模式，分别是【正常】、【正片叠底】、【滤色】、【叠加】、【柔光】、【强光】、【颜色减淡】、【颜色加深】、【变暗】、【变亮】、【差值】、【排除】、【色相】、【饱和度】、【颜色】和【亮度】，如图 7.85 所示。

图 7.85　混合模式

7.9.2　不透明度

不透明度的设置方法如下。

(1) 在菜单栏中选择【文件】|【打开】命令，在弹出的对话框中打开随书附带光盘中的 CDROM\素材\Cha07\007.indd 文档，然后使用【选择工具】选择蝴蝶，如图 7.86 所示。

(2) 打开【效果】面板，在该面板中将【不透明度】设置为 40%，效果如图 7.87 所示。

图 7.86　选择蝴蝶图形

图 7.87　设置的不透明度效果

7.9.3　向选定的目标添加对象效果

单击【效果】面板下方的【向选定的目标添加对象效果】按钮，在弹出的下拉菜单中可以为选定的对象添加不同的效果，如图 7.88 所示。

选择需要添加效果的对象，然后在该下拉菜单中选择任意一个命令后，都会弹出【效果】对话框，如图 7.89 所示。在该对话框中设置完成后，单击【确定】按钮，即可为选择的对象添加该效果。

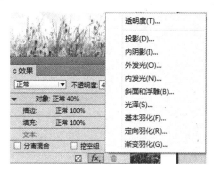

图 7.88　下拉菜单

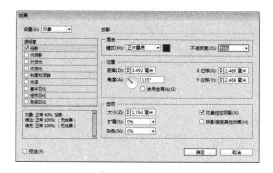

图 7.89　【效果】对话框

7.10　上机练习——咖啡画册封面制作

本例将介绍咖啡画册封面的制作。该例的制作比较简单，主要是置入图片，然后输入文字，并为输入的文字设置颜色。其具体操作步骤如下。

(1) 在菜单栏中选择【文件】|【新建】|【文档】命令，在弹出的【新建文档】对话框中将【页数】设置为 2，将【宽度】和【高度】设置为 210 毫米和 285 毫米，如图 7.90 所示。

(2) 单击【边距和分栏】按钮，在弹出的【新建边距和分栏】对话框中将【边距】区域中的【上】、【下】、【内】和【外】边距都设置为 0 毫米，如图 7.91 所示。

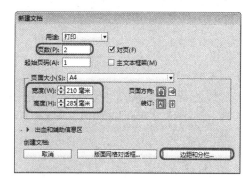

图 7.90　【新建文档】对话框

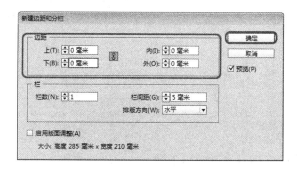

图 7.91　【新建边距和分栏】对话框

(3) 设置完成后单击【确定】按钮，按 F12 键打开【页面】面板，在该面板中单击右上角的 按钮，在弹出的下拉菜单中选择【允许文档页面随机排布】命令，如图 7.92 所示。

(4) 在【页面】面板中选择第 2 页，并将其拖曳到第 1 页的右侧，如图 7.93 所示，然后释放鼠标即可。

(5) 在菜单栏中选择【文件】|【置入】命令，在弹出的对话框中选择随书附带光盘中的 CDROM\素材\Cha07\练习\背景.jpg 图片，如图 7.94 所示。

(6) 单击【打开】按钮，在文档窗口中单击，置入图片，并调整其位置，如图 7.95 所示。

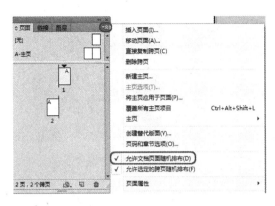

图 7.92　选择【允许文档页面随机排布】命令

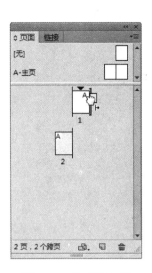

图 7.93　移动第 2 页

图 7.94　选择图片

图 7.95　置入并调整图片

(7) 在工具箱中单击⊠按钮，在图像的左边文档窗口中，按住鼠标左键拖动出一个文本框，如图 7.96 所示。

(8) 在菜单栏中选择【文件】|【置入】命令，在弹出的对话框中选择随书附带光盘中的 CDROM\素材\Cha07\练习\标题.png 图片，如图 7.97 所示。

(9) 使用【选择工具】，按住 Ctrl+Shift 组合键调整文件的大小和位置，如图 7.98 所示。

(10) 在菜单栏中选择【文件】|【置入】命令，在弹出的对话框中选择随书附带光盘中的 CDROM\素材\Cha07\练习\爱.png 图片，并使用选择工具，按住 Ctrl+Shift 组合键调整文件的大小和位置，如图 7.99 所示。

(11) 在菜单栏中选择【文件】|【置入】命令，在弹出的对话框中选择随书附带光盘中的 CDROM\素材\Cha07\练习\杯子.png 图片，如图 7.100 所示。

图 7.96　建立文本框

图 7.97　置入"标题.png"图片

图 7.98　调整图片大小及位置

图 7.99　置入图片并调整

(12) 使用选择工具，按住 Ctrl+Shift 键的同时拖动图片调整其大小及位置，如图 7.101 所示。

图 7.100　置入"杯子.png"图片

图 7.101　调整图片大小及位置

(13) 确定新置入的图片处于选择状态，在控制面板中单击 ｆｘ. 按钮，在弹出的下拉列表中选择【渐变羽化】命令，如图 7.102 所示。

(14) 在弹出的【效果】对话框中，将【不透明度】设置为 50%，【位置】设置为 32%，【类型】设置为【径向】，如图 7.103 所示。

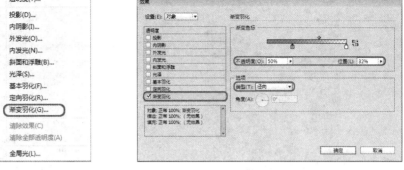

图 7.102　选择【渐变羽化】命令　　　　图 7.103　设置【渐变羽化】参数

(15) 在菜单栏中选择【文件】|【置入】命令，在弹出的对话框中选择随书附带光盘中的 CDROM\素材\Cha07\练习\背景.jpg、013.png、014.png，如图 7.104 所示。

(16) 使用选择工具，按住 Ctrl+Shift 组合键的同时拖动图片调整其大小及位置，如图 7.105 所示。

图 7.104　置入图片　　　　　　　图 7.105　调整图片大小及位置

(17) 在工具箱中单击 T 按钮，单击鼠标左键并拖动出一个文本框，输入文字，选中输入的文字，在控制面板中，将字体和大小分别设置为【华文楷体】和 50 点，将【颜色】填充为黄色，如图 7.106 所示。

(18) 在工具箱中单击 T 按钮，按住鼠标左键在文档窗口中拖动出一个文本框，输入地址，将字体和大小分别设置为【华文楷体】和 18 点，将【颜色】填充为白色，如图 7.107 所示。

(19) 在工具箱中单击 T 按钮，按住鼠标左键在文档窗口中拖动出一个文本框，输入电话号码，将字体和大小分别设置为【华文楷体】和 18 点，将【颜色】填充为白色，如图 7.108 所示。

(20) 在工具箱中单击 T 按钮，按住鼠标左键在文档窗口中拖动出一个文本框，输入网址，将字体和大小分别设置为【华文楷体】和 18 点，将【颜色】填充为白色，如图 7.109 所示。

图 7.106　输入文字

图 7.107　输入地址

图 7.108　输入电话号码

图 7.109　输入网址

(21) 在工具箱中选择【选择工具】 ，按住 Shift 键的同时用鼠标选中【地址】、【电话号码】、【网址】，然后在菜单栏中选择【对象】|【编组】命令，将其编为一组，如图 7.110 所示。

(22) 使用【选择工具】 ，将文本框中文件全部选中，然后在菜单栏中选择【对象】|【编组】命令，将其编为一组，如图 7.111、图 7.112 所示。

图 7.110　选择【编组】命令

图 7.111　再次进行编组

(23) 在菜单栏中选择【文件】|【导出】命令，打开【导出】对话框，在该对话框中，为导出文件指定导出路径并命名，将【保存类型】设置为 JPEG，如图 7.113 所示。

图 7.112　编组后的效果

图 7.113　【导出】对话框

(24) 单击【保存】按钮，在弹出的【导出的 JPEG】对话框中，选中【全部】单选按钮、【跨页】单选按钮，如图 7.114 所示。

图 7.114　【导出 JPEG】对话框

(25) 单击【导出】按钮，对完成后的场景进行保存。

7.11　思　考　题

1. 在【效果】面板中有几种混合模式？分别是哪些？

2. 在 InDesign CC 中创建随文框架的方法有几种？分别是哪些？

3. 在本章中，利用 InDesign 可以对对象进行一些变换操作，分别有哪些？

第 8 章 InDesign CC 页面处理

在使用 InDesign CC 中如果需要创建报纸、图书、目录或任何其他类似的多页出版物就需要了解如何为文档添加页面。本章主要介绍了一些处理多页文档的操作方法，如添加、复制、删除或移动等操作。另外还介绍了调整页面版面和对象、使用主页、编排页码和章节等操作方法。

8.1 层 的 概 念

在使用 InDesign 软件进行排版时经常会使用多页文档，例如创建报纸、图书或目录等，这时就需要了解添加页面、复制页面或移动页面等处理多页文档的方法。

8.1.1 添加页面

下面来介绍一下添加页面的方法，其具体操作步骤如下。

(1) 在菜单栏中选择【文件】|【打开】命令，在弹出的对话框中打开随书附带光盘中的 CDROM\素材\Cha08\素材 1.indd 文档，如图 8.1 所示。

(2) 再在菜单栏中选择【窗口】|【页面】命令，打开【页面】面板，如图 8.2 所示。

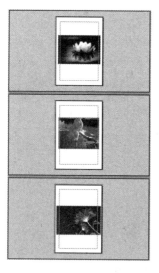

图 8.1　打开的素材文档

图 8.2　【页面】面板

(3) 在【页面】面板的底部单击【新建页面】按钮 ▢，即可添加一个新的页面，如图 8.3 所示。

(4) 也可以单击【页面】面板右上角的 ▾≡ 按钮，在弹出的下拉菜单中选择【插入页面】命令，如图 8.4 所示。

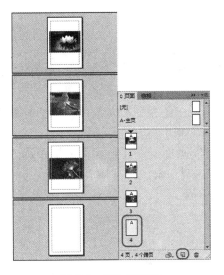

图 8.3　添加新页面　　　　　　　　　　　　图 8.4　选择【插入页面】命令

(5) 弹出【插入页面】对话框，在【页数】文本框中输入 1，在【插入】下拉列表框中选择【页面后】，并在右侧的文本框中输入 4，如图 8.5 所示。

- 【页数】：在该文本框中输入数值，可以添加相应的页数。
- 【插入】：在该下拉列表框中可以选择【页面后】、【页面前】、【文档开始】或【文档末尾】选项，然后再在右侧的文本框中指定当前选择的页面。该选项主要用来调整插入页面在当前选择页面或整个页面中的位置。
- 【主页】：用来控制插入页面是否需要应用主页背景。

(6) 设置完成后，单击【确定】按钮，即可添加新的页面，如图 8.6 所示。

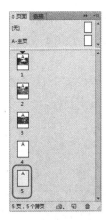

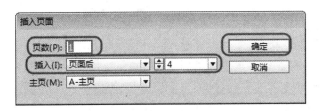

图 8.5　【插入页面】对话框　　　　　　　　图 8.6　添加的新页面

提 示

　　在菜单栏中选择【版面】|【页面】|【添加页面】命令或按 Shift+Ctrl+P 组合键，可以添加一个新页面；在菜单栏中选择【版面】|【页面】|【插入页面】命令，也可以弹出【插入页面】对话框。

8.1.2 复制页面

在【页面】面板中单击并拖动页面图标至目标文档中，即可以将一个文档中的页面复制到另一个文档中，也可以在当前文档内部复制页面。

复制页面的方法有两种，一种是使用【页面】面板中的按钮进行复制；另一种就是在下拉菜单中选择相应的命令进行复制。其具体操作步骤如下。

(1) 继续上一小节的操作，先使用第一种方法复制页面。在【页面】面板中选择需要复制的页面，然后将选择的页面拖动到【新建页面】按钮 ⬜ 上，如图 8.7 所示。

(2) 释放鼠标，即可复制该页面，效果如图 8.8 所示。

图 8.7　将页面拖动到按钮上

图 8.8　复制的页面

(3) 下面使用第二种方法复制页面。在【页面】面板中选择需要复制的页面，然后单击面板右上角的 ▾≡ 按钮，在弹出的下拉菜单中选择【直接复制跨页】命令，如图 8.9 所示。

(4) 即可复制该页面，效果如图 8.10 所示。

图 8.9　选择【直接复制跨页】命令

图 8.10　复制的页面

8.1.3　删除页面

在 InDesign CC 中提供了多种删除页面的方法，分别介绍如下。

- 在【页面】面板中选择一个或多个页面，然后单击面板中的【删除选中页面】按钮 ，即可删除选择的页面。
- 在【页面】面板中选择一个或多个页面，单击并拖动到【删除选中页面】按钮 上，也可以删除选择的页面。
- 在【页面】面板中选择一个或多个页面，单击【页面】面板右上角的 按钮，在弹出的下拉菜单中选择【删除跨页】命令，如图 8.11 所示，即可删除选择的页面。

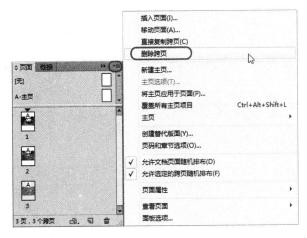

图 8.11　选择【删除跨页】命令

- 在菜单栏中选择【版面】|【页面】|【删除页面】命令，如图 8.12 所示。弹出【删除页面】对话框，如图 8.13 所示。在【删除页面】文本框中输入要删除的页面，然后单击【确定】按钮，即可将指定的页面删除。

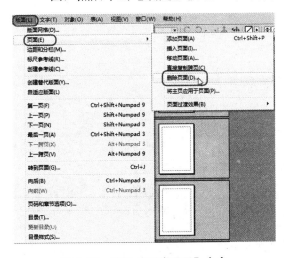

图 8.12　选择【删除页面】命令

图 8.13　【删除页面】对话框

8.1.4　移动页面

在【页面】面板中选择需要移动的页面，然后将选择的页面拖动到需要移动到的位置处，如图 8.14 所示。然后释放鼠标，即可移动页面，效果如图 8.15 所示。

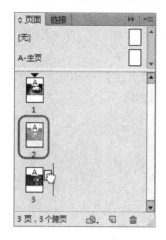

图 8.14　选择并拖动页面

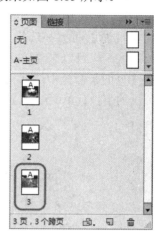

图 8.15　移动页面后的效果

还可以单击【页面】面板右上角的按钮 ，在弹出的下拉菜单中选择【移动页面】命令，如图 8.16 所示。在弹出的【移动页面】对话框中进行设置即可，如图 8.17 所示。

图 8.16　选择【移动页面】命令

图 8.17　【移动页面】对话框

- 【移动页面】：在该文本框中输入需要移动的页面。
- 【目标】：在该下拉列表中可以选择【页面后】、【页面前】、【文档开始】或【文档末尾】选项，然后在右侧的文本框中指定目标页面。
- 【移至】：如果在 InDesign CC 中打开了多个文档，在移动页面时可以将一个文档中的页面移动到另一个文档中。该选项主要用来指定要将页面移动到哪个文档中。

8.1.5　调整跨页页数

在 InDesign CC 中还可以根据需要调整跨页的页数，其具体操作步骤如下。

(1) 在菜单栏中选择【文件】|【打开】命令，在弹出的对话框中打开随书附带光盘中的 CDROM\素材\Cha08\素材 1.indd 文件，如图 8.18 所示。

(2) 单击【页面】面板右上角的 按钮，在弹出的下拉菜单中取消【允许选定的跨页随机排布】命令的勾选，如图 8.19 所示。

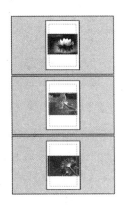

图 8.18　打开的素材文件　　　　图 8.19　取消【允许选定的跨页随机排布】命令的勾选

(3) 在【页面】面板中选择第 2 页，并将第 2 页拖动到第 1 页右侧，如图 8.20 所示。

(4) 然后释放鼠标，调整跨页页数后的效果如图 8.21 所示。

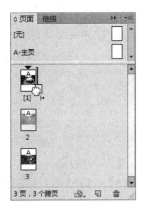

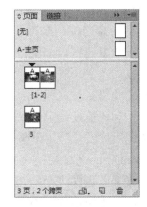

图 8.20　选择并拖动第 2 页　　　　图 8.21　调整跨页页数后的效果

8.2　调整页面版面和对象

如果创建的文档页面大小错误，那么手动调整文档中所有对象的大小和位置会非常麻烦。因此，InDesign CC 提供了一种特别方便的方法，用户在修改文档页面大小时会自动调整页面中对象的大小并重新放置对象。

调整版面的操作如下。

在菜单栏中选择【版面】|【自适应版面】命令，在弹出的面板中单击 按钮，在弹出的下拉了列表中选择【版面调整】选项，打开【版面调整】对话框，使用该对话框可以对页面版面和对象进行调整，如图 8.22 所示。在【版面调整】对话框中勾选【启用版面调

整】复选框，即可启用版面调整，以便在修改页面大小、方向、边距或分栏时调整对象的规则，如图 8.23 所示。

图 8.22　【版面调整】对话框

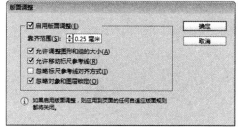

图 8.23　勾选【启用版面调整】复选框

在【靠齐范围】文本框中可以输入在对象边缘内的距离，在执行版面调整时将自动靠齐参考线。对象的左右两端都需要在靠齐范围内，这样在调整页面大小时才会起作用。

如果勾选【允许调整图形和组的大小】复选框，则在执行版面调整时可以让 InDesign 自动调整对象的大小。如果不勾选此复选框，InDesign 只会移动对象但不调整其大小。

如果勾选【允许移动标尺参考线】复选框，则可以让 InDesign 根据新页面的大小按比例调整标尺参考线的位置。通常情况下，标尺参考线的放置与边距和页面边缘相关，因此就需要勾选该复选框。

如果勾选【忽略标尺参考线对齐方式】复选框，则在版面调整期间调整对象的位置时，InDesign 会忽略标尺参考线。如果在版面调整期间认为对象可能会靠齐不该靠齐的参考线，就勾选该复选框。如果勾选了该复选框，InDesign 依然会让对象边缘靠齐其他边距和分栏参考线。

如果勾选【忽略对象和图层锁定】复选框，可以在 InDesign 中移动被锁定的图层和对象。否则，不会调整被锁定的对象。

设置完成后单击【确定】按钮即可。

在使用 InDesign CC 中的【版面调整】功能时，需要注意以下情况：

● 如果修改页面大小，边距宽度保持不变，分栏参考线和标尺参考线就会按比例被重新配置为新的大小。

● 如果修改分栏的数量，就会相应添加或删除分栏参考线。

● 如果在版面调整前一个对象边缘与参考线对齐，在调整后它还会保持与参考线对齐。如果一个对象的两边或更多边与参考线对齐，对象就会重新调整大小，这样在版面调整后边缘保持与参考线对齐。

● 如果使用了边距、分栏和标尺参考线在页面上放置对象，版面调整会比在页面上随便放置对象或标尺参考线更有效。

● 在修改文档页面大小、边距和分栏时检查文本分页。减小文档的页面大小可能会导致文本溢出尺寸已经变小的文本框架。

● 在调整完成后需要全面检查文档页面。

8.3　使 用 主 页

主页相当于一个可以应用到许多页面上的背景。主页上的对象将会显示在应用该主页的所有页面上。本节将主要介绍创建主页、复制主页、删除主页和置入主页等方法。

8.3.1　创建主页

在 InDesign 中创建主页的方法有两种，一种是使用【新建主页】对话框创建主页；另一种就是以现有跨页为基础创建主页。

1. 使用【新建主页】对话框创建主页

(1) 在菜单栏中选择【文件】|【打开】命令，在弹出的对话框中打开随书附带光盘中的 CDROM\素材\Cha08\素材 1.indd 文件。然后单击【页面】面板右上角的 按钮，在弹出的下拉菜单中选择【新建主页】命令，如图 8.24 所示。

(2) 弹出【新建主页】对话框，在该对话框中使用默认设置，单击【确定】按钮即可，如图 8.25 所示。

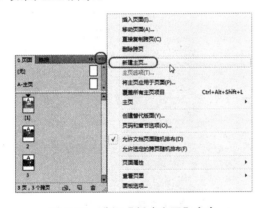

图 8.24　选择【新建主页】命令

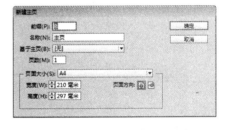

图 8.25　【新建主页】对话框

- 【前缀】：用来标识【页面】面板中的各个页面所应用的主页，最多可以输入 4 个字符。
- 【名称】：输入主页跨页的名称。
- 【基于主页】：选择一个要以其作为此主页跨页的基础的现有主页跨页或选择【无】。
- 【页数】：输入一个值作为主页跨页中要包含的页数。

(3) 即可创建新的主页，效果如图 8.26 所示。

2. 以现有跨页为基础创建主页

(1) 继续上面的操作，在【页面】面板中选择需要的跨页，如图 8.27 所示。

(2) 然后按住鼠标左键将其拖曳到【主页】部分，如图 8.28 所示。

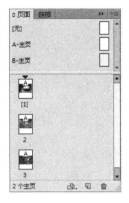

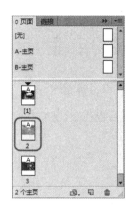

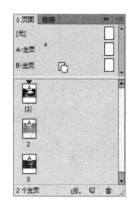

图 8.26　创建的主页　　　图 8.27　选择跨页　　　图 8.28　将跨页拖曳到【主页】部分

(3) 释放鼠标，将以现有跨页为基础创建主页，效果如图 8.29 所示。

> **提 示**
>
> 在【页面】面板中选择需要的跨页，单击【页面】面板右上角的 ▼≡ 按钮，在弹出的下拉菜单中选择【主页】|【存储为主页】命令，如图 8.30 所示，可以将选择的跨页创建为主页。

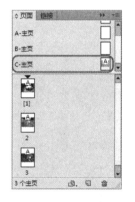

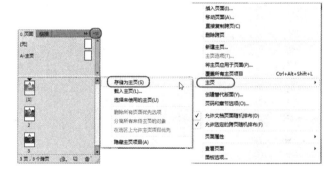

图 8.29　以现有跨页为基础创建主页　　　　图 8.30　选择【存储为主页】命令

8.3.2　复制主页

下面来介绍一下复制主页的方法，其具体操作步骤如下。

(1) 继续上一小节的操作，在【页面】面板中的主页部分选择【A-主页】，然后单击右上角的 ▼≡ 按钮，在弹出的下拉菜单中选择【直接复制主页跨页"A-主页"】命令，如图 8.31 所示。

(2) 即可复制一个新主页，如图 8.32 所示。

> **提 示**
>
> 在【页面】面板中选择需要复制的主页，然后将选择的主页拖动到【新建页面】按钮 ◻ 上，释放鼠标后也可复制一个新主页。

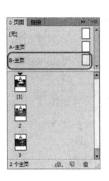

图 8.31　选择【直接复制主页跨页"A-主页"】命令　　　图 8.32　复制的主页

8.3.3　应用主页

在【页面】面板中的主页部分选择需要的主页，如图 8.33 所示。然后将其拖曳到要应用主页的页面上，如图 8.34 所示。当页面上显示出黑色矩形框时，释放鼠标，即可将主页应用到页面上，如图 8.35 所示。

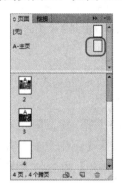

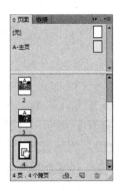

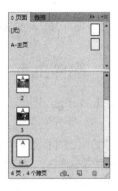

图 8.33　选择需要的主页　　　图 8.34　将主页拖曳到页面上　　　图 8.35　将主页应用到页面上

在【页面】面板中的主页部分选择需要的跨页主页，如图 8.36 所示。然后将其拖曳到要应用主页的跨页角点上，如图 8.37 所示。当跨页上显示出黑色矩形框时，释放鼠标，即可将主页应用到跨页上，如图 8.38 所示。

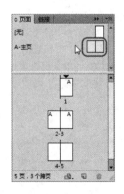

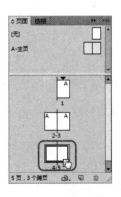

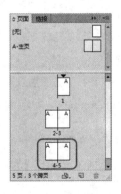

图 8.36　选择需要的跨页主页　　　图 8.37　拖曳跨页主页　　　图 8.38　将主页应用到跨页上

在 InDesign CC 中还可以将主页应用到多个页面上，其具体操作步骤如下。

(1) 在菜单栏中选择【文件】|【打开】命令，在弹出的对话框中打开随书附带光盘中的 CDROM\素材\Cha08\素材 2.indd 文档。然后在【页面】面板中同时选择多个页面，如图 8.39 所示。

(2) 按住 Alt 键单击要应用的主页，即可将主页应用到多个页面，如图 8.40 所示。

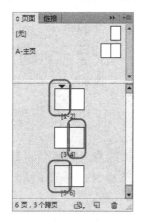
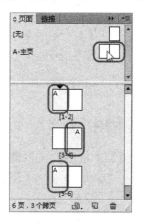

图 8.39 同时选择多个页面　　　　　　　　图 8.40 将主页应用到多个页面

8.3.4 删除主页

在 InDesign 中可以将不需要的主页删除，其具体操作步骤如下。

(1) 在菜单栏中选择【文件】|【打开】命令，在弹出的对话框中打开随书附带光盘中的 CDROM\素材\Cha08\素材 3.indd 文档。然后在【页面】面板中选择【B-主页】，并单击右上角的 ▼≡ 按钮，在弹出的下拉菜单中选择【删除主页跨页"B-主页"】命令，如图 8.41 所示。

(2) 即可将选择的【B-主页】删除，效果如图 8.42 所示。

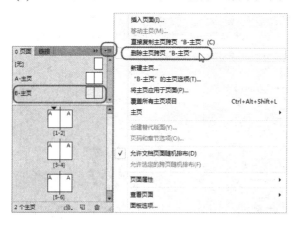
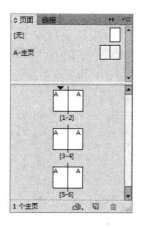

图 8.41 选择【删除主页跨页"B-主页"】命令　　　　图 8.42 删除后的效果

8.3.5　载入主页

在 InDesign 中可以将其他文档中的主页载入到当前文档中，其具体操作步骤如下。

(1) 继续上一小节中的操作。单击【页面】面板右上角的 <img> 按钮，在弹出的下拉菜单中选择【主页】|【载入主页】命令，如图 8.43 所示。

(2) 弹出【打开文件】对话框，在该对话框中选择"素材 2 .indd"文档，如图 8.44 所示。

图 8.43　选择【载入主页】命令　　　　　图 8.44　【打开文件】对话框

(3) 单击【打开】按钮，弹出【载入主页警告】对话框，单击【替换主页】按钮，如图 8.45 所示。

(4) 即可将选择的文档中的主页载入到当前文档中，【页面】面板的效果如图 8.46 所示。

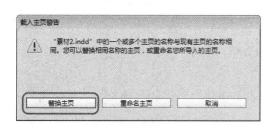

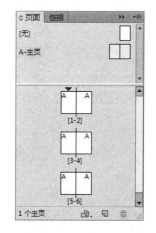

图 8.45　【载入主页警告】对话框　　　　图 8.46　载入主页后的【页面】面板

8.3.6　编辑主页选项

对于创建完成后的主页，用户还可以根据需要对其进行编辑，如更改主页的前缀、名称和页数等，其具体操作步骤如下。

(1) 继续上一小节中的操作。在【页面】面板中选择【A-主页】，如图 8.47 所示。

(2) 然后单击【页面】面板右上角的 按钮，在弹出的下拉菜单中选择【 "A-主页"的主页选项】命令，如图 8.48 所示。

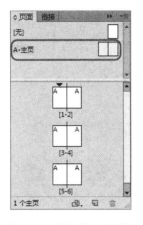

图 8.47 选择【A-主页】

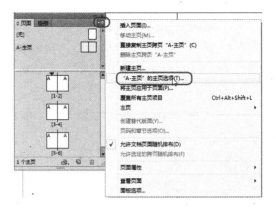

图 8.48 选择【 "A-主页"的主页选项】命令

(3) 弹出【主页选项】对话框，在该对话框中将【前缀】设置为 B，将【页数】设置为 4，如图 8.49 所示。

(4) 设置完成后单击【确定】按钮，效果如图 8.50 所示。

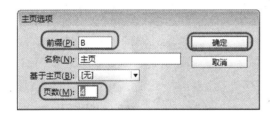

图 8.49 【主页选项】对话框

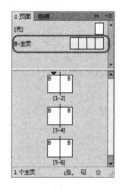

图 8.50 编辑主页后的效果

8.4 编排页码和章节

编排页码和章节是排版中最基本的操作。在本节中将介绍添加自动页码、编辑页码和章节以及为文章创建自动跳转页码的方法。

8.4.1 添加自动页码

为页面添加自动页码是一个排版软件最基本的功能，其具体操作步骤如下。

(1) 在菜单栏中选择【文件】|【打开】命令，在弹出的对话框中打开随书附带光盘中的 CDROM\素材\Cha08\素材 4.indd 文档。然后在【页面】面板中双击【A-主页】，使主页在文档窗口中显示出来，如图 8.51 所示。

(2) 在工具箱中选择【文字工具】$\boxed{T}$，然后在主页左页的左下角绘制一个文本框，如图 8.52 所示。

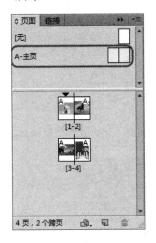

图 8.51　双击【A-主页】

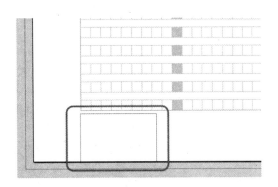

图 8.52　绘制文本框

(3) 在菜单栏中选择【文字】|【插入特殊字符】|【标志符】|【当前页码】命令，如图 8.53 所示。

(4) 即可在文本框中显示出当前主页的页码，如图 8.54 所示。

图 8.53　选择【当前页码】命令

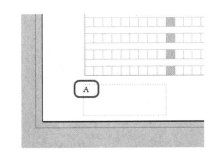

图 8.54　在文本框中显示出主页的页码

(5) 使用【文字工具】$\boxed{T}$ 选择主页页码"1"，然后在【字符】面板中设置字体并设置字体大小，如图 8.55 所示。

(6) 使用【选择工具】$\boxed{\kappa}$ 选择文本框，然后在按住 Ctrl+Alt 组合键的同时向右拖动，将复制出的文本框拖动至主页的右页上，如图 8.56 所示。

(7) 此时，即可在文档的页面中显示出页码来，效果如图 8.57 所示。

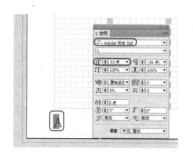
图 8.55　设置主页页码

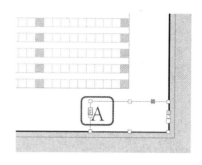
图 8.56　将复制出的文本框拖动至右页上

图 8.57　在页面中显示的页码

8.4.2　编辑页码和章节

在默认情况下，书籍中的页码是连续编号的。但是通过使用【页码和章节选项】命令，可以将当前指定的页面重新开始页码或章节编号，以及更改章节或页码编号样式等。

1．在文档中定义新章节

(1) 在菜单栏中选择【文件】|【打开】命令，在弹出的对话框中打开随书附带光盘中的 CDROM\素材\Cha08\素材 4.indd 文档。在【页面】面板中选择要定义为新章节第一页的页面，然后单击右上角的 按钮，在弹出的下拉菜单中选择【页码和章节选项】命令，如图 8.58 所示。

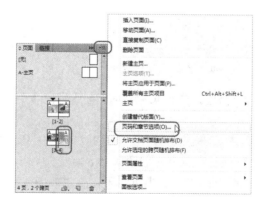
图 8.58　选择【页码和章节选项】命令

(2) 弹出【新建章节】对话框，在该对话框中将【编排页码】选项组中的【样式】设置为如图 8.59 所示的样式。

(3) 单击【确定】按钮，即可在【页面】面板中看到选择的页面图标上显示出一个倒黑三角即章节指示符，表示新章节的开始，如图 8.60 所示。

图 8.59　设置样式

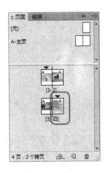

图 8.60　新建的章节

2．编辑或删除章节

(1) 继续上面的操作。在【页面】面板中双击页面图标上方的章节指示符，如图 8.61 所示。

(2) 弹出【页码和章节选项】对话框，在该对话框中将【起始页码】设置为 1，将【编排页码】选项组中的【样式】设置为如图 8.62 所示的样式。

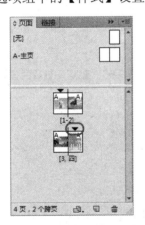

图 8.61　双击章节指示符

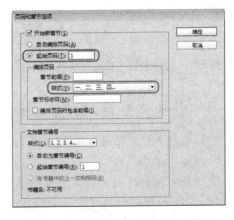

图 8.62　【页码和章节选项】对话框

(3) 设置完成后单击【确定】按钮，修改章节页码后的效果如图 8.63 所示。

(4) 如果要将创建的章节删除，可以在【页面】面板中选择要删除的章节的第一页，然后单击右上角的 按钮，在弹出的下拉菜单中选择【页码和章节选项】命令，如图 8.64 所示。

(5) 弹出【页码和章节选项】对话框，在该对话框中取消勾选【开始新章节】复选框，如图 8.65 所示。

(6) 然后单击【确定】按钮，即可将章节删除，效果如图 8.66 所示。

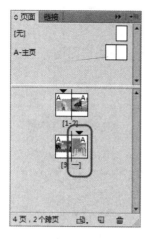

图 8.63 修改章节页码后的效果

图 8.64 选择【页码和章节选项】命令

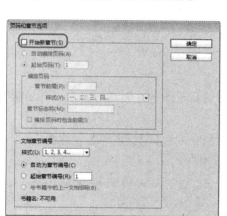

图 8.65 取消勾选【开始新章节】复选框

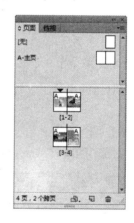

图 8.66 删除章节后的效果

8.4.3 创建文章自动跳转页码

在排版过程中，如果一篇文章因为版面原因无法在一个页面中显示完整，这时就需要为文章创建自动跳转页码。

为文章创建自动跳转页码的具体操作步骤如下。

(1) 在菜单栏中选择【文件】|【打开】命令，在弹出的对话框中打开随书附带光盘中的 CDROM\素材\Cha08\素材 4.indd 文档，然后在【页面】面板中双击第一页页面图标，使其在文档窗口中显示出来，如图 8.67 所示。

(2) 选择工具箱中的【文字工具】 T，然后在页面的右下角绘制一个文本框，如图 8.68 所示。

(3) 使用【选择工具】 ，选择并移动文本框，使其与包含要跟踪的文章的框架接触或重叠，如图 8.69 所示。

(4) 双击文本框插入光标并输入文字，然后选择输入的文字，在【字符】面板中将字体大小设置为 18 点，如图 8.70 所示。

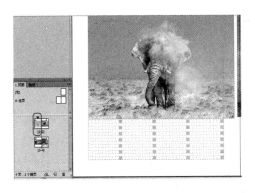

图 8.67　显示第一页页面

图 8.68　绘制文本框

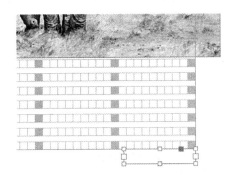

图 8.69　移动文本框

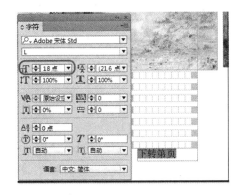

图 8.70　输入并设置文字

(5) 将光标插入到文字【页】的前面，然后在菜单栏中选择【文字】|【插入特殊字符】|【标志符】|【下转页码】命令，如图 8.71 所示。

(6) 即可在文本框中添加自动跳转页码，效果如图 8.72 所示。

图 8.71　选择【下转页码】命令

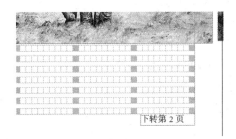

图 8.72　添加自动跳转页码

8.5 上机练习——折页菜谱

本例将介绍折页菜谱的制作。该例的制作比较简单，先是向主页中置入图片，从而将置入的图片应用到每一个页面中，然后在页面中置入图片、绘制图形和输入文字等。其具体操作步骤如下。

(1) 在菜单栏中选择【文件】|【新建】|【文档】命令，在弹出的【新建文档】对话框中将【页数】设置为3，将【宽度】和【高度】设置为150毫米和210毫米，如图8.73所示。

(2) 设置完成后单击【边距和分栏】按钮，在弹出的【新建边距和分栏】对话框中将【边距】区域中的【上】、【下】、【内】和【外】都设置为0毫米，如图8.74所示。

图 8.73 【新建文档】对话框

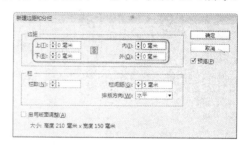

图 8.74 【新建边距和分栏】对话框

(3) 然后单击【确定】按钮，按 F12 键打开【页面】面板，在该面板中单击右上角的 按钮，在弹出的下拉菜单中取消勾选【允许文档页面随机排布】命令，如图 8.75 所示。

(4) 在【页面】面板中同时选择第 2 页和第 3 页，然后将其拖曳到第 1 页的右侧，如图 8.76 所示，然后释放鼠标即可。

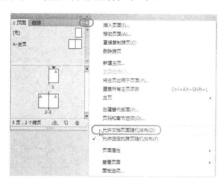

图 8.75 取消勾选【允许文档页面随机排布】命令

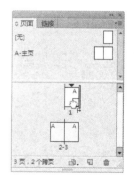

图 8.76 移动页面

(5) 在【页面】面板中双击【A-主页】，使主页在文档窗口中显示出来，如图 8.77 所示。

(6) 然后在【页面】面板中单击 按钮，在弹出的下拉列表中选择【"A 主页"的主页主页选项】命令，如图 8.78 所示。

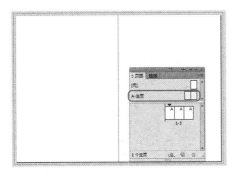

图 8.77　显示主页　　　　　　　　图 8.78　选择【"A 主页"的主页选项】命令

(7) 即可弹出【主页选项】对话框，在该对话框中将【页数】设置为 3，然后单击【确定】按钮，如图 8.79 所示。

(8) 在菜单栏中选择【文件】|【置入】命令，在弹出的对话框中选择随书附带光盘中的 CDROM\素材\Cha08\010.jpg 图片，如图 8.80 所示。

图 8.79　【主页选项】对话框　　　　　　图 8.80　选择图片

(9) 单击【打开】按钮，在文档窗口中单击鼠标置入图片，然后调整图片的大小和位置，如图 8.81 所示。

(10) 调整完成后，在图片上右击，在弹出的快捷菜单中选择【适合】|【使内容适合框架】命令，如图 8.82 所示。

图 8.81　置入图片　　　　　　　图 8.82　选择【使内容适合框架】命令

(11) 确认置入的图片处于选中状态，使用【选择工具】 ，在置入的图片上按住 Alt 键，此时光标呈现 状态，如图 8.83 所示。

(12) 单击鼠标并向右拖动，拖动至合适的位置，释放鼠标即可复制置入的图片，如图 8.84 所示。

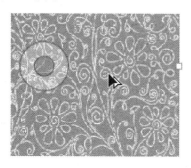

图 8.83　按 Alt 键时光标的样式

图 8.84　复制置入的图片

(13) 然后使用相同的方法，对置入的图片进行复制，复制完成后的效果如图 8.85 所示。

(14) 使用【直排文字工具】 在文档窗口中绘制文本框并输入文字，然后选择输入的文字，按 Ctrl+T 组合键打开【字符】面板，在【字符】面板中将字体设置为【华文隶书】，将字体大小设置为 100 点，如图 8.86 所示。

图 8.85　复制图片后的效果

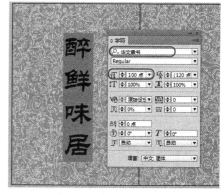

图 8.86　输入并设置文字

(15) 在菜单栏中选择【文件】|【置入】命令，在弹出的【置入】对话框中选择随书附带光盘中的 CDROM\素材\Cha08\004.png 文件，如图 8.87 所示。

(16) 单击【打开】按钮，在文档中单击鼠标即可将图片置入，然后调整图片的大小与位置，并在置入的图片上右击，在弹出的快捷菜单中选择【适合】|【使内容适合框架】命令，效果如图 8.88 所示。

(17) 在菜单栏中单击【窗口】按钮，在弹出的下拉列表中选择【效果】命令，即可打开【效果】面板，并将【混合模式】设置为【正片叠底】，如图 8.89 所示。

(18) 使用【文字工具】 在文档窗口中绘制文本框并输入文字，然后选择输入的文字，在【字符】面板中将字体设置为【华文行楷】，将字体大小设置为 70 点，如图 8.90 所示。

图 8.87　选择图片

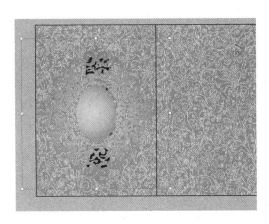

图 8.88　置入并调整图片

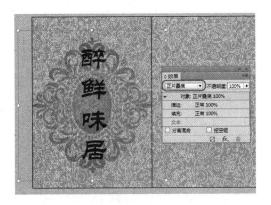

图 8.89　设置效果

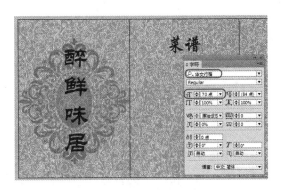

图 8.90　再次输入文字并进行设置

(19) 在菜单栏中选择【文件】|【置入】命令，在弹出的对话框中选择随书附带光盘中的 CDROM\素材\Cha08\009.png 图片，如图 8.91 所示。

(20) 单击【打开】按钮，在文档窗口中单击，置入图片，然后调整其大小及位置，调整完成后在该图片上右击，在弹出的快捷菜单中选择【适合】|【使内容适合框架】命令，效果如图 8.92 所示。

图 8.91　选择图片

图 8.92　置入并调整图片

(21) 确认该图片处于选中状态，使用【选择工具】 ，在该图片上按住 Alt 键单击鼠标并拖动，拖动至合适的位置，释放鼠标即可复制该图片，然后在菜单栏中选择【对象】|【变换】|【水平翻转】命令，对图片进行翻转，再对该图片进行位置调整，效果如图 8.93 所示。

(22) 继续使用【选择工具】 ，选中之前插入的 004.png 图片，对其进行复制，并对该图片进行调整，完成后的效果如图 8.94 所示。

图 8.93　调整图片

图 8.94　复制并调整图片

(23) 然后在文档中选中所有图片并右击，在弹出的快捷菜单中选择【显示性能】|【高品质显示】命令，如图 8.95 所示。

(24) 执行命令后的效果如图 8.96 所示。

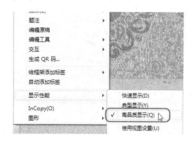

图 8.95　选择【高品质显示】命令

图 8.96　调整后的效果

(25) 在工具箱中选择【矩形工具】 ，在文档窗口中绘制一个矩形，在【控制】面板中双击【描边】图标 ，在弹出的【拾色器】对话框中将颜色设置为红色，如图 8.97 所示。

(26) 设置完成后单击【确定】按钮，打开【描边】面板，将【粗细】设置为 3 点，为矩形设置描边后的效果如图 8.98 所示。

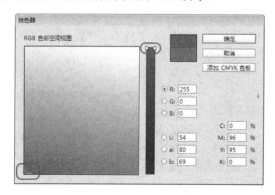

图 8.97　设置矩形描边颜色

图 8.98　为矩形设置描边后的效果

（27）确定新绘制的矩形处于选择状态，在菜单栏中选择【对象】|【角选项】命令，弹出【角选项】对话框，在转角大小文本框中输入 8 毫米，并在右侧的形状下拉列表中选择【花式】选项，如图 8.99 所示。

（28）设置完成后单击【确定】按钮，更改矩形转角形状后的效果如图 8.100 所示。

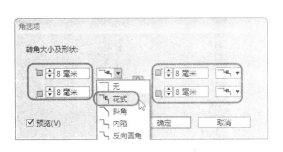

图 8.99　【角选项】对话框

图 8.100　更改转角后的效果

（29）然后按 Ctrl+C 组合键复制矩形，按 Ctrl+V 组合键粘贴矩形，并调整其位置，如图 8.101 所示。

（30）在【控制】面板中将【填色】设置为【纸色】，并调整其位置，如图 8.102 所示。

图 8.101　复制矩形

图 8.102　设置填色

（31）在菜单栏中选择【窗口】|【效果】命令，打开【效果】面板，在【效果】面板中将【不透明度】设置为 50%，如图 8.103 所示。

（32）然后使用相同的方法，为另一个矩形填充颜色，并设置不透明度，效果如图 8.104 所示。

图 8.103　设置不透明度

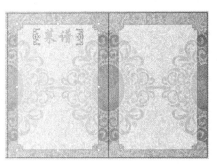

图 8.104　设置另一个矩形

(33) 选中绘制的第一个矩形并右击，在弹出的快捷菜单中选择【排列】|【后移一层】命令，如图 8.105 所示。

(34) 然后使用相同的方法进行操作直至文字与文字两侧的图标显示出来，效果如图 8.106 所示。

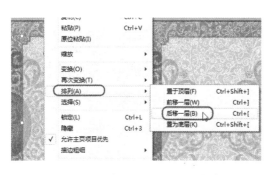

图 8.105　选择【后移一层】命令　　　　图 8.106　使字以及图标显示出来

(35) 使用【文字工具】T.在文档窗口中绘制文本框并输入文字，然后选择输入的文字，在【字符】面板中将字体设置为【华文行楷】，将字体大小设置为 48 点，如图 8.107 所示。

(36) 在【控制】面板中双击【填色】图标　，在弹出的【拾色器】对话框中将颜色设置为红色，设置完成后单击【确定】按钮，为文字设置填充颜色后的效果如图 8.108 所示。

图 8.107　输入并设置文字　　　　　　图 8.108　为文字设置填充颜色

(37) 继续使用【文字工具】T.在文档窗口中绘制文本框并输入文字，然后选择输入的文字，在【字符】面板中将字体设置为【华文行楷】，将字体大小设置为 30 点，如图 8.109 所示。

(38) 使用同样的方法输入其他文字，效果如图 8.110 所示。

(39) 按 W 键查看制作完成后的效果，然后将场景文件保存。

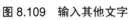

图 8.109　输入其他文字

图 8.110　制作完成后的效果

8.6　思　考　题

1. 在 InDesign CC 中创建主页的方法有几种？分别是哪些？
2. 在 InDesign CC 中提供了多种删除页面的方法，请简单列举几种。

第 9 章　InDesign CC 文本的创建与编辑

本章主要介绍了文本的创建与编辑，例如添加文本、导出文本等简单操作。除此之外，用户还可以在 InDesign 中进行一些一般的文字编辑，可以对文本框架、文本等对象灵活地进行操作，本章将一一对其进行简单的介绍。

9.1　添　加　文　本

在 InDesign 文档中可以很简单地添加文本、粘贴文本、拖入文本、导入和导出文本。InDesign 是在框架内处理文本的，框架可以提前创建或在导入文本时 InDesign 自动创建。

9.1.1　输入文本

在 InDesign CC 中，用户可以像在 Photoshop 中那样添加文本。在 InDesign CC 中输入新的文本时，会自动套用【基本段落样式】中设置的样式属性，这是 InDesign 预定义的样式。下面将介绍如何输入文本。

(1) 在菜单栏中选择【文件】|【打开】命令，在弹出的对话框中打开随书附带光盘中的 CDROM\素材\Cha09\素材 001.indd 文件，如图 9.1 所示。

(2) 在工具箱中选择【文字工具】T，在文档窗口中按住鼠标左键并拖动创建一个新的文本框架，输入文本，选中输入的文本，在【控制】面板中将字体和字体大小分别设置为【华文新魏】、12 点，完成后的效果如图 9.2 所示。

图 9.1　打开的素材文件

图 9.2　输入文本并进行设置

如果是从事专业排版的新手，就需要了解一些有关在打字机上或字处理程序中输入文本与在一个高端出版物中输入文本之间的区别。

● 在句号或冒号后面不需要输入两个空格，如果输入两个空格会导致文本排列出现问题。

● 不要在文本中输入多余的段落回车，也不要输入制表符来缩进段落，可以使用段落属性来实现需要的效果。

- 需要使文本与栏对齐时，不要输入多余的制表符；在每个栏之间放一个制表符，然后对齐制表符即可。

　　如果需要查看文本中哪里有制表符、段落换行、空格和其他不可见的字符，可以执行【文字】|【显示隐含的字符】命令，或按 Alt+Ctrl+I 组合键，即可显示出文本中隐含的字符。

9.1.2　粘贴文本

　　当文本在 Windows 剪贴板时，可以将其粘贴到文本中光标所在位置或使用剪贴板中的文本替换选中的文本。如果当前没有活动的文本框架，InDesign 会自动创建一个新的文本框架来包含粘贴的文本。

　　在 InDesign 中可以通过【编辑】菜单或快捷键对文本进行剪切、复制和粘贴等操作，其具体操作步骤如下。

　　(1) 在工具箱中选择【文字工具】 T，在文档窗口中选择如图 9.3 所示的文字。

　　(2) 在菜单栏中选择【编辑】|【复制】命令，或按 Ctrl+C 组合键进行复制，如图 9.4 所示。

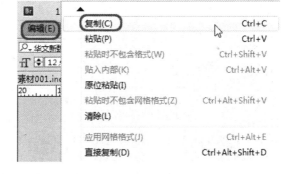

图 9.3　选择文本　　　　　　　　　　　　图 9.4　选择【复制】命令

　　(3) 在文档窗口的其他位置上单击，在菜单栏中选择【编辑】|【粘贴】命令，并使用【选择工具】 调整其位置，完成后的效果如图 9.5 所示。

　　从 InDesign 复制或剪切的文本通常会保留其他格式，而从其他程序粘贴到 InDesign 文档中的文本通常会丢失格式。在 InDesign 中，可以在粘贴文本时指定是否保留文本格式。如果执行【编辑】|【无格式粘贴】命令或按 Ctrl+Shift+V 组合键，即可删除文本的格式并粘贴文本。

　　除此之外，用户还可以在选中文字后右击，在弹出的快捷菜单中选择相应的命令，如图 9.6 所示。

图 9.5　复制后的效果

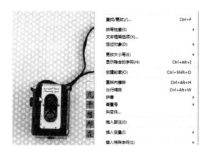

图 9.6　右键快捷菜单

9.1.3　拖放文本

当拖放一段文本选区时，其格式会丢失。当拖放一个文本文件，其过程类似于文本导入，文本不但会保留其格式而且还会带来它的样式表。拖放文本操作与使用【置入】命令导入文本不同，拖放文本操作不会提供指定文本文件中格式和样式如何处理的选项。

> **提示**
>
> 拖入到 InDesign 文档中的文本必须在 InDesign 所支持的文本文件中拖入，InDesign 所支持的文本文件格式有 Microsoft Word 2003/2007 或更高版本、Excel 2003/2007 或更高版本、RichTextFormat(RTF)或纯文本等。

9.1.4　导出文本

在 InDesign 中不能将文本从 InDesign 文档中导出为像 Word 这样的字处理程序格式。如果需要将 InDesign 文档中的文本导出，可以将 InDesign 文档中的文本导出为 RTF、Adobe InDesign 标记文本和纯文本格式。下面将介绍如何导出文本。

(1) 在工具箱中选择【文字工具】 T ，在文档窗口中选择如图 9.7 所示的文字。

(2) 在菜单栏中选择【文件】|【导出】命令，或按 Ctrl+E 组合键，如图 9.8 所示。

图 9.7　选择文本

图 9.8　选择【导出】命令

> **提示**
>
> 如果需要将导出的文本发送到使用字处理程序的用户，可以将文本导出为 RTF 格式；如果需要将导出的文本发送给另一个保留了所有 InDesign 设置的 InDesign 用户，可以将文本导出为 InDesign 标记文本。

（3）在弹出的对话框中选择要导出的路径，为其重命名，将【保存类型】设置为 RTF，如图 9.9 所示。设置完成后，单击【保存】按钮即可。

图 9.9　【导出】对话框

提 示

如果在文本框架内选中了某一部分文本，则只有选中的文本会被导出；否则，整篇文章都会被导出。

9.2　编　辑　文　本

与其他软件一样，在 InDesign 中，用户同样也可以对输入的文本进行编辑，例如选择、删除或更改文本等，本节将对其进行简单介绍。

9.2.1　选择文本

在 InDesign 中，如果要对文本进行编辑，首先必须要将需要编辑的文本选中，用户可以在工具箱中选择【文字工具】，然后选择要编辑的文字即可，或者按住 Shift 键的同时按方向键，也可以选中需要编辑的文本。

使用【文字工具】在文本框中双击可以选择一段文字，如图 9.10 所示。在文本框中连续单击 3 次可以选择一行文字，如图 9.11 所示。

图 9.10　选择文本

图 9.11　选择一行文字

> **提 示**
>
> 　　在文本框中按 Ctrl+A 组合键，可以将文本框中的文本全部选中，按 Shift+Ctrl+A 组合键，则取消文本框中选择的所有文本。

9.2.2　删除和更改文本

在 InDesign 中文本删除和更改是很简单和方便的，如果用户要删除文本，可将光标移动到要删除文字的右侧按 Backspace 键即可向左移动删除文本，如果按 Delete 键则可向右移动删除文本。

如果要更改文本，可使用【文字工具】在文本框中拖动选择一段要更改的文本，如图 9.12 所示，直接输入文本即可更改文本内容，更改后的效果如图 9.13 所示。

图 9.12　选择要更改的文本　　　　　　　图 9.13　更改后的效果

9.2.3　还原文本编辑

如果在修改文本过程中，多删除了文本内容，没有关系，在 InDesign 中提供了还原功能。在菜单栏中选择【编辑】|【还原"键入"】命令，如图 9.14 所示，即可返回到上一步进行的操作。如果不想还原可再次执行【编辑】|【重做】命令，可返回到下一步进行的操作。

图 9.14　选择【还原"键入"】命令

9.3　查找和更改文本

查找与更改是文字处理程序中一个非常有用的功能。在 InDesign CC 中，用户可以使用【查找/更改】对话框在文档中的所有文本中查找或更改需要的字段。下面对查找和更改文本进行简单的介绍。

(1) 在菜单栏中选择【文件】|【打开】命令，在弹出的对话框中打开随书附带光盘中的 CDROM\素材\Cha09\素材\002.indd 文件，如图 9.15 所示。

(2) 在菜单栏中选择【编辑】|【查找/更改】命令，如图 9.16 所示。

图 9.15　选择素材文件

图 9.16　选择【查找/更改】命令

(3) 在弹出的对话框中选择【文本】选项卡，在【查找内容】下方的文本框中输入"天荒地老"，在【更改为】下方的文本框中输入"山盟海誓"，如图 9.17 所示。

(4) 设置完成后，单击【全部更改】按钮，在弹出的提示对话框中单击【确定】按钮，将该对话框关闭即可，完成后的效果如图 9.18 所示。

图 9.17　【查找/更改】对话框

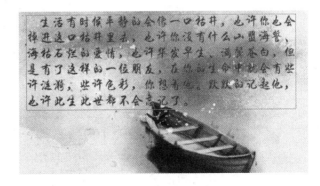

图 9.18　完成后的效果

1.【文本】选项卡

在该选项卡中可以搜索并更改一些特殊字符、单词、多组单词或特定格式的文本，该选项卡大致可以分为【查找内容】、【更改为】、【搜索】、【查找格式】、【更改格式】和相应的控制按钮。

- 【存储查询】按钮：单击该按钮可以保存查询的内容。
- 【删除查询】按钮：单击该按钮可以将所保存的查询内容进行删除。当单击该按钮后，会弹出一个对话框进行提示是否要删除选定的查询，如图 9.19 所示。
- 【查找内容】：在该文本框中可以输入需要查找的文本。
- 【更改为】：在该文本框中可以输入需要替换在【查找内容】文本框中输入的文本内容。
- 【要搜索的特殊字符】按钮：单击【查找内容】与【更改为】文本框右侧的【要搜索的特殊字符】按钮，在弹出的下拉列表中可以选择特殊的字符，如图 9.20 所示。

图 9.19　【警告】对话框　　　　　图 9.20　【要搜索的特殊字符】下拉列表

- 【搜索】：在【搜索】下拉列表中可以选择搜索的范围，当选择【所有文档】和【文档】选项时，可以搜索当前所有打开的 InDesign 文档；当选择【文章】选项时，可以搜索当前所选中的文本框中的文本，其中包括与该文本框相串接的其他文本框，当选择【到文章末尾】选项时，可以搜索从鼠标点击处的插入点与文章结束之间的文本，其下拉列表如图 9.21 所示。
- 【包括锁定的图层和锁定的对象】按钮：单击该按钮后，在已经设置了锁定的图层中的文本框也同样会被搜索，但是仅限于查找不可以更改。
- 【包括锁定文章】按钮：单击该按钮后，在已经设置了锁定的文本框也同样会被搜索，但是仅限于查找不可以更改。
- 【包括隐藏的图层和隐藏的对象】按钮：单击该按钮后，在已经设置了隐藏图层中的文本框也同样会被搜索，当在隐藏图层中的文本框中搜索到需要查找的文本时该文本框会突出显示，但不能看到文本框中的文本。
- 【包括主页】按钮：单击该按钮后，可以搜索主页中的文本。
- 【包括脚注】按钮：单击该按钮后，可以搜索脚注中的文本。
- 【区分大小写】按钮：单击该按钮后，只会搜索与【查找内容】文本框中输入的字母大小写完全匹配的字母或单词。

- 【全字匹配】按钮：单击该按钮后，只会搜索与【查找内容】文本框中输入的单词全完匹配的单词，如【查找内容】文本框中输入 Book，在搜索的文本框中如果存在 Books 单词将会被忽略。

- 【区分假名】按钮：单击该按钮后，在搜索过程中可以区分平假名和片假名。

- 【区分全角/半角】按钮：单击该按钮后，在搜索过程中可以区分全角字符和半角字符。

- 【查找格式】列表与【更改格式】列表：可以单击列表框右侧的【指定要更改的属性】按钮，也可以在列表框中单击，便可以打开【查找格式设置】对话框，如图 9.22 所示。在该对话框中左侧的选项列表中提供了 25 个选项，每选中一个选项，在右侧便会出现该选项的相应设置，可以添加各种不同的搜索或更改的格式属性，设置完成后，单击【确定】按钮便可以添加搜索的格式属性，如图 9.23 所示。

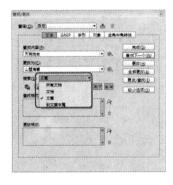

图 9.21　【搜索】下拉列表

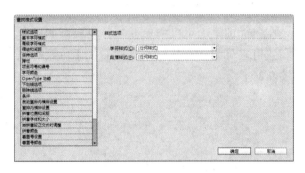

图 9.22　【查找格式设置】对话框

- 【清除指定的属性】按钮：单击该按钮后，即可将其对应的列表框中的属性进行清除。

- GREP 选项卡：在该选项卡中使用高级搜索方法，可以构建 GREP 表达式，以便在比较长的文档或在打开的多个文档中查找字母、字符串、数字和模式，如图 9.24 所示。可以直接在文本框中输入 GREP 元字符，也可以单击【要搜索的特殊字符】按钮，在弹出的下拉列表中选择元字符，GREP 选项卡在默认状态下会区分搜索时字母的大小写，其他设置与【文本】选项卡基本相同。

图 9.23　添加搜索的格式属性

图 9.24　GREP 选项卡

- 【字形】选项卡：在该选项卡中可以使用 Unicode 或 GID/CID 值搜索并替换字形，该选项卡在查找或更改亚洲字形时非常实用，该选项卡大致可以分为【查找字形】选项组、【更改字形】选项组和【搜索】选项，该选项卡如图 9.25 所示。
- 【查找字形】选项组：可以设置需要查找的字体系列、字体样式、ID 选项。
- 【字体系列】：可以设置需要查找文本的字体，直接在文本框中输入中文是无效的。可以在该选项的下拉列表中选择，在下拉列表中只会出现当前打开的文档中现有的文字。
- 【字体样式】：可以设置需要查找文本的字体样式，直接在文本框中输入中文是无效的，可以在该选项的下拉列表中选择。
- ID：可以设置使用 Unicode 值方式搜索，还是使用 GID/CID 值方式搜索。
- 字形：在该选项框中可以选择一种字形。
- 【更改字形】选项组：该选项组与【查找字形】选项组设置的方法基本相同。

2. 【对象】选项卡

在该选项卡中可以搜索框架效果和框架属性并可以更改框架属性和框架效果，该选项卡大致可以分为【查找对象格式】、【更改对象格式】、【搜索】和【类型】4 个选项，如图 9.26 所示。

图 9.25 【字形】选项卡

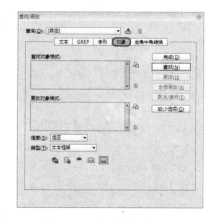

图 9.26 【对象】选项卡

- 【指定要查找的属性】按钮：单击该按钮，可以弹出【查找对象格式选项】对话框，在该对话框中可以设置需要查找的对象属性或效果，如图 9.27 所示。
- 【清除指定的属性】按钮：单击该按钮后，可以将其对应的属性设置清除。
- 【搜索】：在该下拉列表框中可以选择搜索的范围。
- 【类型】：可以在该下拉列表框中选择需要查找对象的类型，选择【所有框架】选项时，可以在所有框架中进行搜索；选择【文本框架】选项时，可以在所有文本框架中进行搜索；选择【图形框架】选项时，可以在所有图形框架中进行搜索；选择【未指定的框架】选项时，可以在所有未指定的框架中进行搜索。

3. 【全角半角转换】选项卡

在该选项卡中可以搜索半角或全角文本并可以相互转换，还可以搜索半角片假名或半角罗马字符与全角片假名或全角罗马字符并相互转换，该选项卡大致可以分为【查找内容】、【更改为】、【搜索】、【查找格式】和【更改格式】，如图 9.28 所示。

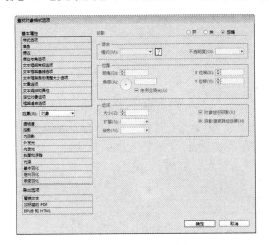

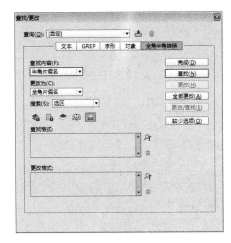

图 9.27　【查找对象格式选项】对话框　　　　图 9.28　【全角半角转换】选项卡

- 在【查找内容】与【更改为】选项的下拉列表框中可以设置需要查找或更改的选项，如图 9.29 所示。其他设置与【文本】选项卡中设置方法基本相同。

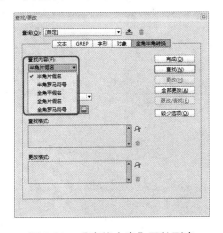

图 9.29　【查找内容】下拉列表

提 示

此时【查找】按钮将会变成【查找下一个】按钮，如果查找到的不是需要的，可以单击【查找下一个】按钮。

9.4　使用标记文本

InDesign 提供了一种自身的文件格式，即 Adobe InDesign 标记文本。标记文本实际上是一种 ASCII 文本，即纯文本，它会告知 InDesign 应用哪种格式的嵌入代码。在字处理程序中创建文件时，就会嵌入这些与宏相似的代码。

无论使用什么排版程序，大多数人都不会使用标记文本选项，因为编码可能十分麻烦。由于不能使用带有字处理程序格式的标记文本，所以必须使用标记文本对每个对象编码并将文档保存为 ASII 文件。之所以要用标记文本，是因为这种格式一定会支持 InDesign 中所有的格式。

9.4.1　导出的标记文本文件

标记文本的用途不在于创建用于导入的文本，而在于将创建用于 InDesign 中的文件传输到另一个 InDesign 用户或字处理程序中进行进一步处理。可以将一篇 InDesign 文章或一段所选文本导出为标记文本格式，然后将导出的文件传输到另一个 InDesign 用户或字处理程序中进行进一步编辑。 下面将介绍如何导出标记文本，其具体操作步骤如下。

(1) 在菜单栏中选择【文件】|【打开】命令，在弹出的对话框中打开随书附带光盘中的 CDROM\素材\Cha09\素材\003.indd 文件，如图 9.30 所示。

(2) 在工具箱中选择【文字工具】T，在文档窗口中选择如图 9.31 所示的文字。

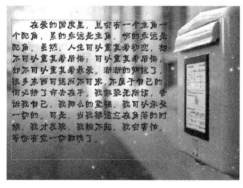

图 9.30　打开的素材文件

图 9.31　选择文本

(3) 在菜单栏中选择【文件】|【导出】命令，如图 9.32 所示。

(4) 在弹出的对话框中为其指定导出的路径，为其命名，将【保存类型】设置为【Adobe InDesign 标记文本】，将【文件名】设置为"素材 003.txt"，如图 9.33 所示。

图 9.32　选择【导出】命令

图 9.33　【导出】对话框

(5) 设置完成后，单击【保存】按钮，再在弹出的对话框中选中【缩写】单选按钮，将【编码】设置为 ASCII，如图 9.34 所示。

图 9.34　【Adobe InDesign 标记文本导出选项】对话框

(6) 设置完成后，单击【确定】按钮，即可完成导出标记文本。

如果要在不丢失字处理程序不支持的特殊格式的情况下添加或删除文本，将标记文本导入到一个字处理程序中就很有意义。编辑文本后，就可以保存改变的文件并将其重新导入到 InDesign 版面中。

理解标记文本格式的最佳方法就是将一些文档导出为标记文本，并在一个字处理程序中打开结果文件并查看 InDesign 如何编辑文件。一个标记文本文件只是一个 ASCII 文本文件，因此它会有文件名扩展名，在 Windows 中为.txt，在 Mac 上使用标准的纯文本文件图标。

9.4.2　导入标记文本

下面将介绍如何导入标记文本，其具体操作步骤如下。

(1) 打开素材文件，在工具箱中选择【文字工具】 T ，在文档窗口中选择如图 9.35 所示的文字。

(2) 在菜单栏中选择【文件】|【置入】命令，在弹出的对话框中选择随书附带光盘中的 CDROM\素材\Cha09\标记文本.txt 文件，勾选【显示导入选项】复选框，如图 9.36 所示。

图 9.35　选择文本

图 9.36　【置入】对话框

(3) 单击【打开】按钮，再在弹出的对话框中使用其默认设置，如图 9.37 所示。

(4) 单击【确定】按钮，将导入的文字选中，在【控制】面板中设置其字体与字体大小，完成后的效果如图 9.38 所示。

在弹出的【Adobe InDesign 标记文本导入选项】对话框中共有 4 个参数设置，其功能分别如下。

● 【使用弯引号】：确认导入的文本中包含左右弯引号(" ")号和弯单引号(' ')。而不是英文直引号("")和直单引号(' ')。

图 9.37　【Adobe InDesign 标记文本导入选项】对话框　　　图 9.38　设置完成后的效果

- 【移去文本格式】：勾选该复选框，从导入的文本移去格式，如字体、文字颜色和文字样式。
- 【解决文本样式冲突的方法】：在该下拉列表中有两个选项，即出版物定义和标记文件定义。如果选择【出版物定义】选项，可以使用文档中该样式名已有的定义，如果选择【标记文件定义】选项，可以使用标记文本中定义的样式，该选项创建该样式的另一个实例，在【字符样式】或【段落样式】面板中，该实例的名称后面将追加【副本】。
- 【置入前显示错误标记列表】：勾选该复选框，将显示无法识别的标记列表。如果显示列表，可以选择取消或继续导入。如果继续，则文件可能不会按预期显示。

9.5　调整文本框架的外观

在文档中创建文本框架以后，不仅可以修改文本框架的大小，还可以修改文本框架的栏数等。本节将介绍在 InDesign 中创建文本框架后如何进行文本框架的修改。

9.5.1　设置文本框架

利用 InDesign 中的【文本框架选项】功能，可以方便快捷地对文本框架进行设置。

(1) 在菜单栏中选择【文件】|【打开】命令，在弹出的对话框中打开随书附带光盘中的 CDROM\素材\Cha09\素材\004.indd 文件，如图 9.39 所示。

(2) 在工具箱中选择【选择工具】 ，在文档窗口中选择如图 9.40 所示的对象。

图 9.39　打开的素材文件

图 9.40　选择对象

(3) 在菜单栏中选择【对象】|【文本框架选项】命令，如图 9.41 所示。

(4) 在弹出的对话框中选择【常规】选项卡，将【栏数】设置为 2，将【栏间距】设置为 2 毫米，如图 9.42 所示。

图 9.41　选择【文本框架选项】命令　　　　图 9.42　【文本框架选项】对话框

(5) 设置完成后，单击【确定】按钮，即可完成选中对象的设置，完成后效果如图 9.43 所示。

图 9.43　设置完成后的效果

【文本框架选项】对话框中的各选项的功能介绍如下。

1. 【列数】选项组

该选项组是设置文本框中文本内容的分栏方式的。

● 【栏数】：在文本框中输入数值可以设置文本框的栏数。

● 【栏间距】：该选项可以设置文本之间行与行之间的间距。

● 【宽度】：在该选项的文本框架中输入数值，可以控制文本框架的宽度。数值越大，文本框架的宽度就越宽；数值越小，文本框架的宽度就越窄。

● 【平衡栏】：勾选该复选框可以将文字平衡分到各个栏中。

2.【内边距】选项组

在该选项组下的文本框中输入数值，可以设置文本框架向内缩进。

3.【垂直对齐】选项组

该选项组是设置文本框架中文本内容对齐方式的。

- 【对齐】：在该选项中可以对文本设置以下对齐方式，其中包括【上】、【居中】、【下】和【两端对齐】4 个选项。
- 【忽略文本绕排】：勾选该复选框后，如果在文档中对图片或图形进行了文本绕排，则取消文本绕排。
- 【预览】：勾选该复选框后，在【文本框架选项】对话框中设置参数时，在文档中会看到设置的效果。

要更改所选文本框架的首行基线选项，可以在【文本框架选项】对话框中选择【基线选项】选项卡，【首行基线】选项组中的【位移】下拉列表中有以下几个选项，如图 9.44 所示。

- 【字母上缘】：字体中字符的高度降到文本框架的位置。
- 【大写字母高度】：大写字母顶部触及文本框架上的位置。
- 【行距】：以文本的行距值作为文本首行基线和框架的上内陷之间的距离。
- 【x 高度】：字体中字符的高度降到框架的位置。
- 【固定】：指定文本首行基线和框架的上内陷之间的距离。
- 【全角字框高度】：全角字框决定框架的顶部与首行基线之间的距离。
- 【最小】：选择基线位移的最小值文本，如果将位移设置为【行距】，则当使用的位移值小于行距值时，将应用【行距】；当设置的位移值大于行距值时，则将位移值应用于文本。

勾选【使用自定基线网格】复选框，将【基线网格】选项激活，各选项介绍如下。

- 【开始】：在文本框中输入数值以从页面顶部、页面的上边距、框架顶部或框架的上内陷移动网格。
- 【相对于】：该选项中有以下参数可供选择，其中包括【页面顶部】、【上边距】、【框架顶部】和【上内边距】4 个选项。
- 【间隔】：在文本框中输入数值作为网格线之间的间距。在大多数情况下，输入的数值等于正文文本行距的数值，以便于文本行能恰好对齐网格。
- 【颜色】：为网格选择一种颜色，如图 9.45 所示。

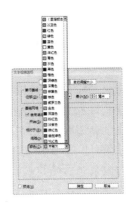

图 9.44　【位移】下拉列表　　　　　　　　图 9.45　【颜色】下拉列表

9.5.2　使用鼠标缩放文本框架

在 InDesign 中，用户可以根据需要对文本框架进行缩放，下面将介绍如何使用鼠标缩放文本框架，其具体操作步骤如下。

(1) 打开素材文件，使用【选择工具】 在文档窗口中选择如图 9.46 所示的对象。

(2) 将鼠标放置在任何一个控制点即可，当鼠标变为 形状时，拖动鼠标，即可更改文本框架的大小，而文本内容不会随之变化，如图 9.47 所示。

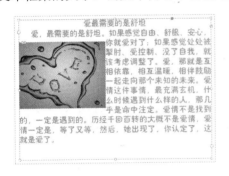

图 9.46　使用【选择工具】选择对象　　　　　图 9.47　调整文本框的大小

(3) 如果在按住 Ctrl 键的同时，再拖动文本框架，文本内容就会随着文本框架进行放大和缩小，如图 9.48 所示为缩小后的效果。

图 9.48　缩小后的效果

9.6 在主页上创建文本框架

在 InDesign 中，用户可以根据需要在主页上创建文本框架，默认情况下，在主页上创建的文本框架允许自动将文本排列到文档中。当创建一个新文档时，可以创建一个主页文本框，它将适应页边距并包含指定数量的分栏。

主页可以拥有以下多种文本框：

- 包含像杂志页眉这样的标准文本的文本框。
- 包含像图题或标题等元素的占位符文本的文本框。
- 用于在页面内排列文本的自动置入的文本框，自动置入的文本框被称为主页文本框并创建于【新建文档】对话框。

(1) 在菜单栏中选择【文件】|【新建】|【文档】命令，在弹出的对话框中勾选【主文本框架】复选框，如图 9.49 所示。

(2) 然后单击【边距和分栏】按钮，再在弹出的对话框中进行相应的设置，如图 9.50 所示。

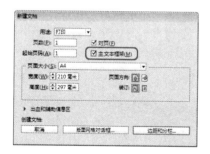

图 9.49　勾选【主文本框架】复选框

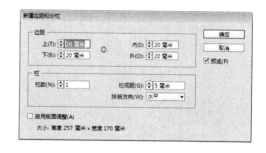

图 9.50　【新建边距和分栏】对话框

(3) 设置完成后，单击【确定】按钮，即可创建一个包含主页文本框的新文档。

9.7 串接文本框架

串接文本框架中的文本可独立于其他框架，也可在多个框架之间连续排文。要在多个框架之间连续排文，必须先连接这些框架。连接的框架可位于同一页或跨页，也可位于文档的其他页。在框架之间连接文本的过程称为串接文本。本节将对其进行简单介绍。

9.7.1 串接文本框架

在处理串接文本框架时，首先需要产生可以串接的文本框架，在此基础上才能进行串接、添加现有框架、并在串接框架序列中添加以及取消串接文本框架等操作。

串接文本框架可以将一个文本框架中的内容通过其他文本框架的链接而显示。每个文本框架都包含一个入口和一个出口，这些端口用来与其他文本框架进行链接。空的入口或出口分别表示文章的开头或结尾。端口中的箭头表示该框架链接到另一个框架。出口中的红色加号(+)表示该文章中有更多要置入的文本，但没有更多的文本框架可以放置文本。这剩余的不可见文本称为溢流文本，下面将介绍如何串接文本框架。

(1) 在菜单栏中选择【文件】|【打开】命令，在弹出的对话框中打开随书附带光盘中的 CDROM\素材\Cha09\素材\005.indd 文件，如图 9.51 所示。

图 9.51　打开素材文件

(2) 在工具箱中选择【选择工具】，在文本窗口中选择如图 9.52 所示的对象。

(3) 在文档窗口中单击文本框架右下角的田按钮，然后在文档窗口中单击鼠标，将会出现另外一个文本框，完成后的效果如图 9.53 所示。

图 9.52　选择对象

图 9.53　设置完成后的效果

9.7.2　剪切或删除串接文本框架

在剪切或删除串接文本框架时，并不会删除文本内容，其文本仍包含在串接中。剪切和删除串接文本框架的区别在于：剪切的框架将使用文本的副本，不会从原文章中移去任何文本。在一次剪切和粘贴一系列串接文本框架时，粘贴的框架将保持彼此之间的连接。但将失去与原文章中任何其他框架的链接；当删除串接中的文本框架时，文本将称为溢出文本，或排列到连续的下一框架中。

从串接中剪切框架就是使用文本的副本，将其粘贴到其他位置。使用【选择工具】选择一个或多个框架(按住 Shift 键并单击可选择多个对象)，在菜单栏中选择【编辑】|【剪切】命令，选中的框架将消失，其中包含的所有文本都排列到该文章内的下一个框架中。剪切文章的最后一个框架时，其中的文本存储为上一个框架的溢流文本。

从串接中删除框架就是将所选框架从页面中去掉，而文本将排列到连续的下一框架中。如果文本框架未连接到其他任何框架，则将框架和文本一起删除。使用【选择工具】选择所需删除的框架，按 Delete 键即可。

9.8　处理并合并数据

在实际工作中，经常会遇到需要处理的文件主要内容基本相同，只是具体数据有些变化，比如工作证、身份证、录取通知书等，这时就可以使用 InDesign 提供的数据合并功能。利用该功能只需建立两个文档：一个包括所有文件共有内容的目标文档和一个包括变化信息的数据源，然后使用【数据合并】功能在目标文档中插入变化的信息，方便预览或打印。下面将介绍如何合并数据，其具体操作步骤如下。

(1) 选择【开始】|【所有程序】|【附件】|【记事本】命令，在新建的记事本中输入如图 9.54 所示的内容。

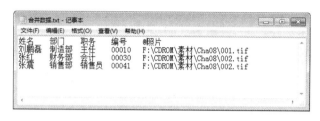

图 9.54　编辑数据源

(2) 按 Ctrl+S 组合键，在弹出的对话框中为文档指定保存位置，将其命名为【合并数据】，将【编码】更改为 Unicode，如图 9.55 所示。

(3) 设置完成后，单击【保存】按钮，然后打开随书附带光盘中的 CDROM\素材\Cha09\素材 006.indd 文件，如图 9.56 所示。

图 9.55　【另存为】对话框

图 9.56　打开的素材文件

(4) 在菜单栏中选择【窗口】|【实用程序】|【数据合并】命令，如图 9.57 所示。

(5) 执行该命令后，即可打开【数据合并】面板，在该面板中单击 ≣ 按钮，在弹出的下拉菜单中选择【选择数据源】命令，如图 9.58 所示。

(6) 在弹出的对话框中选择随书附带光盘中的 CDROM\素材\Cha09\合并数据.txt 文件，如图 9.59 所示。

(7) 单击【打开】按钮，【数据合并】面板如图 9.60 所示。

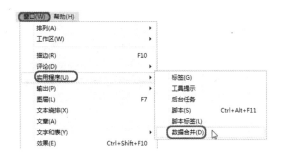

图 9.57　选择【数据合并】命令

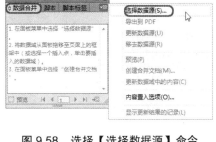

图 9.58　选择【选择数据源】命令

图 9.59　选择数据源

图 9.60　【数据合并】面板

(8) 在文档窗口中选择要合并数据的位置，然后再在【数据合并】面板中单击相应的数据，完成后的效果如图 9.61 所示。

(9) 在【数据合并】面板中勾选【预览】复选框，即可查看效果，使用【选择工具】调整图片的大小，效果如图 9.62 所示。

图 9.61　设置完成后的效果

图 9.62　预览效果

数据源文件通常由电子表格或数据库应用程序生成，也可以使用文本编辑器创建自己的数据源文件。数据源文件应当以逗号分隔的 CSV 文件或制表符分隔的 TXT 文本格式存储。

9.9 文字的设置

在 InDesign CC 中，包含很多种文字的编辑功能。用户可以根据需要对字体进行相应的设置，本节将对其进行简单的介绍。

9.9.1 修改文字大小

在 InDesign 中进行编辑时，难免会对文字的大小进行更改，然而合理有效地调整字体大小，能使整篇设计的文字构架更具可读性。下面将介绍如何对文字的大小进行修改，其具体操作步骤如下。

(1) 在菜单栏中选择【文件】|【打开】命令，在弹出的对话框中打开随书附带光盘中的 CDROM\素材\Cha09\素材\007.indd 文件，如图 9.63 所示。

(2) 在工具箱中选择【选择工具】 ，在文档窗口中选择要调整大小的文字，如图 9.64 所示。

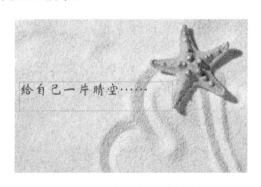

图 9.63　打开的素材文件

图 9.64　选择文字

(3) 在菜单栏中选择【文字】|【字符】命令，在弹出的【字符】面板中将字体大小设置为 16 点，如图 9.65 所示。

(4) 按 Enter 键确认，完成后的效果如图 9.66 所示。

图 9.65　【字符】面板

图 9.66　修改文字大小后的效果

9.9.2　基线偏移

在 InDesign CC 中，基线偏移是允许将突出显示的文本移动到其他基线的上面或下面的一种偏移方式。下面将对其进行简单的介绍，其具体操作步骤如下。

(1) 打开素材 007.indd，在文档窗口中选择要进行设置的文字，在菜单栏中选择【文字】|【字符】命令，弹出【字符】面板，如图 9.67 所示。

(2) 在弹出的【字符】面板中将基线偏移设置为 10 点，如图 9.68 所示。

图 9.67　【字符】面板

图 9.68　设置基线偏移

(3) 按 Enter 键确认，完成后的效果如图 9.69 所示。

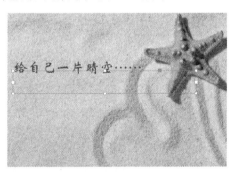

图 9.69　其线偏移后的效果

9.9.3　倾斜

在 InDesign CC 中，用户可以对文字进行倾斜，以便达到简单美化的效果。下面将对其进行简单的介绍，其具体操作步骤如下。

(1) 在菜单栏中选择【文件】|【打开】命令，在弹出的对话框中打开随书附带光盘中的 CDROM\素材\Cha09\素材 007.indd 文件，如图 9.70 所示。

(2) 在工具箱中选择【选择工具】，在文档窗口中选择如图 9.71 所示的文字。

(3) 按 Ctrl+T 组合键打开【字符】面板，在该面板中将【倾斜】设置为 40，并按 Enter 键确认，完成后的效果如图 9.72 所示。

图 9.70　打开的素材文件

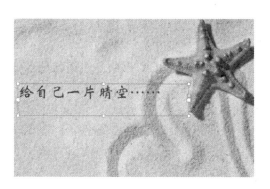

图 9.71　选择文字

图 9.72　倾斜后的效果

9.10　上机练习——制作入场券

本例将利用前面所学的知识制作入场券，效果如图 9.73 所示。读者可以通过本例巩固前面所学的知识。

图 9.73　入场券

(1) 启动软件后在菜单栏中选择【文件】|【新建】|【文档】命令，如图 9.74 所示。

(2) 在打开的【新建文档】对话框中将【页数】设置为 2，将【宽度】设置为 200，将【高度】设置为 80，然后单击【边距和分栏】按钮，如图 9.75 所示。

(3) 在打开的【新建边距和分栏】对话框中将【边距】选项组中的【上】、【下】、【内】、【外】均设置为 0，然后单击【确定】按钮，如图 9.76 所示。

(4) 新建文件后打开【页面】面板，在【页面】面板中单击▦按钮，在弹出的下拉菜单中取消【允许文档页面随机排布】命令的勾选，如图 9.77 所示。

图 9.74　选择【文档】命令

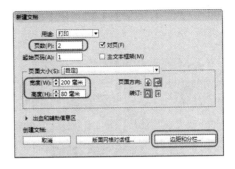

图 9.75　设置新建文档

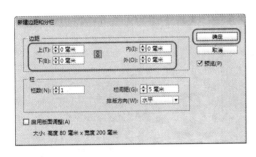

图 9.76　设置边距

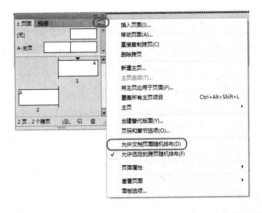

图 9.77　取消【允许文档页面随机排布】命令的勾选

5) 然后在【页面】面板中选中第 2 页跨页并将其拖动至第 1 页跨页旁，拖动后的效果如图 9.78 所示。

(6) 调整完成后，在工具栏中选择【矩形工具】，在文档中绘制一个矩形，绘制完成后确认该矩形处于选中状态，在工具栏中双击【渐变色板工具】，即可打开【渐变】面板，如图 9.79 所示。

图 9.78　调整跨页

图 9.79　【渐变】面板

（7）在该面板中单击，即可在渐变条上出现色标，在渐变条的下方单击即可添加色标，在这里使渐变条的下方显示 3 个色标即可，如图 9.80 所示。

（8）然后选中左侧的色标，在控制栏中双击【填色(拖动以应用)】按钮，即可打开【拾色器】对话框，在该对话框中将 RGB 值设置为 240、230、57，然后单击【确定】按钮，如图 9.81 所示。

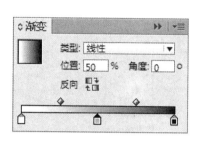

图 9.80　添加色标

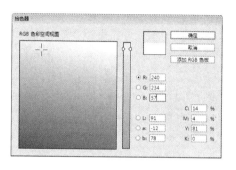

图 9.81　设置色标

（9）在【渐变】面板中将第 2 个色标的 RGB 值设置为 240、129、24，将第 3 个色标的 RGB 值设置为 228、0、127，如图 9.82 所示。

（10）然后在【渐变】面板中将【类型】设置为【径向】，选中第 2 个色标，将其【位置】设置为 32.14%，如图 9.83 所示。

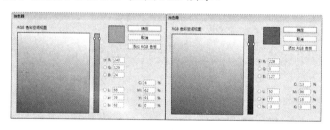

图 9.82　设置第 2 个与第 3 个色标

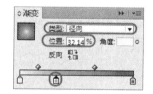

图 9.83　设置【类型】与【位置】

（11）设置完成后，在文档中拖动鼠标，即可拖出渐变，拖出后的效果如图 9.84 所示。

（12）设置完成后，在菜单栏中选择【文件】|【置入】命令，在打开的对话框中选择 CDROM\素材\Cha09\074.png、075.png，并单击【打开】按钮，如图 9.85 所示。

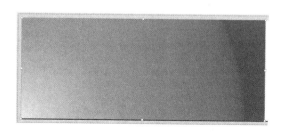

图 9.84　拖出渐变的效果

图 9.85　选择素材文件

(13) 然后在文档中分别绘制两个矩形框即可插入图片，将图片置入到文档中后，分别对它们的大小、位置进行调整，如图 9.86 所示。

(14) 调整完成后，使用【选择工具】![选择工具] 选中置入的图片并右击，在弹出的快捷菜单中选择【显示性能】|【高品质显示】命令，如图 9.87 所示。

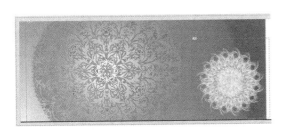

图 9.86　调整大小与位置后的效果

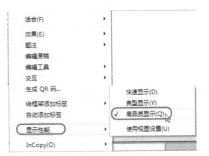

图 9.87　选择【高品质显示】命令

(15) 然后在文档中选择左侧的图片，在菜单栏中选择【窗口】|【效果】命令，即可打开【效果】面板，将【混合模式】设置为【滤色】，将【不透明度】设置为 35%，效果如图 9.88 所示。

(16) 然后在文档中选择右侧的图片，在【效果】面板中将【混合模式】设置为【变亮】，将【不透明度】设置为 50%，效果如图 9.89 所示。

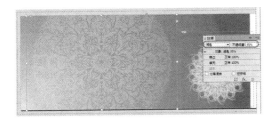

图 9.88　设置左侧的图片效果

图 9.89　设置右侧图片的效果

(17) 设置完成后，在工具栏中选择【文字工具】![文字工具]，在文档中绘制一个文本框，然后使用【选择工具】![选择工具]，选择绘制的文本框，如图 9.90 所示。

(18) 在菜单栏中选择【对象】|【角选项】命令，在打开的【角选项】对话框中将【转角大小及形状】分别设置为 3 毫米、【花式】，然后单击【确定】按钮，如图 9.91 所示。

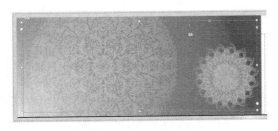

图 9.90　选择绘制的文本框

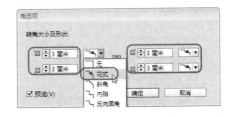

图 9.91　设置角选项

(19) 然后在【描边】面板中将【粗细】设置为 1，在【颜色】面板中将【描边】颜色设置为黄色，如图 9.92 所示。

(20) 执行以上操作后，按 W 键取消辅助线的显示，可以查看文档当前的效果，如图9.93所示。

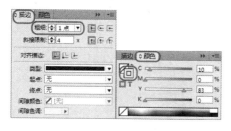

图9.92 设置描边及颜色

图9.93 查看文档效果

(21) 在工具栏中选择【直线工具】 ／ ，然后在文档中绘制一条垂直直线，确认选中该直线，在工具栏中双击【直线工具】 ／ ，打开【描边】面板，将【粗细】设置为 1，将【类型】设置为虚线(4 和 4)，如图9.94所示。

(22) 然后在工具栏中选择【文字工具】 T ，在文档中再次绘制文本框，输入文字并选中输入的文字，打开【字符】面板将字体设置为【华文隶书】，将字体大小分别设置为24、18，中文与英文的字体大小不同，如图9.95所示。然后将【行距】设置为18。

图9.94 设置直线的描边

图9.95 设置字体

(23) 确认文字处于选中状态，在【颜色】面板中将【填色】的 LAB 值设置为 21、21、-47，如图9.96所示。

(24) 然后使用相同的方法输入其他文字，在该文档中将"入场券"文字的大小设置为60，将字体设置为【华文新魏】，将"居住在风景中，生活在城市里"文字的大小设置为24，将字体设置为【隶书】，颜色与第一处文字的颜色相同，完成以上操作后的效果如图9.97所示。

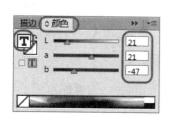

图9.96 设置文字颜色

图9.97 输入其他文字并进行设置

（25）在该文档的虚线右侧输入其他文字将"林秀公馆"文字的字体大小设置为 24，将字体设置为【隶书】，将"编号 NO.0001"文字的字体大小设置为 12，将字体设置为【黑体】，将"副券"的字体大小设置为 48，将字体设置为【隶书】。将以上文字的颜色均设置为白色，如图 9.98 所示。

（26）然后按 Ctrl+A 组合键选择全部对象，在选择的对象上，按住 Alt 键单击鼠标并拖动至合适的位置，释放鼠标，即可复制对象，如图 9.99 所示。

图 9.98　输入其他文字并进行设置

图 9.99　复制选择的对象

（27）然后在选中的对象上右击，在弹出的快捷菜单中选择【变换】|【水平翻转】命令，如图 9.100 所示。

（28）水平翻转对象后调整对象的位置，并删除多余文字，调整完成后的效果如图 9.101 所示。

图 9.100　选择【水平翻转】命令

图 9.101　调整并删除多余对象

（29）然后对文字再次进行翻转，翻转后将该跨页中的"林秀公馆"文字的颜色 RGB 值设置为 0、94、0，效果如图 9.102 所示。

（30）然后输入其他文字，将"入场须知"文字的字体大小设置为 24，字体设置为【黑体】，颜色的 RGB 值设置为 240、230、57。将其他文字的字体大小设置为 14，将字体设置为【黑体】。在菜单栏中选择【窗口】|【文字和表】|【段落】命令，在打开的【段落】面板中单击 按钮，在弹出的下拉列表中选择【项目符号和编号】命令，在打开的【项目符号和编号】对话框中将【列表类型】设置为【项目符号】，然后添加并选择一种项目符号，单击【确定】按钮，如图 9.103 所示。

（31）最后将场景文件进行保存。

图 9.102　设置文字

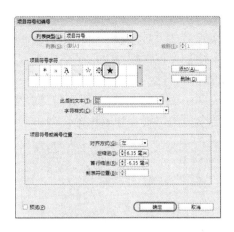

图 9.103　设置并选择项目符号

9.11　思　考　题

1. 添加文本的方式有哪些？
2. 对文本的编辑包括哪些？

第 10 章　段落属性的创建与处理

在排版过程中，InDesign CC 中的文字和段落功能发挥着重要的作用，尤其是段落属性在文字排版中应用最为广泛。当创建一个文本框并在该文本框架中输入文本内容时，每按一次 Enter 键，都会创建出一个段落。本章主要介绍了增加段落间距、设置首字下沉、添加项目符号和编号以及美化文本段落等方法和技巧，为以后的版式编排打下坚实的基础。

10.1　段　落　基　础

段落基础是设置段落属性的前提。在单个段落中只能应用相同的段落格式，而不能在一个段落中指定一行为左对齐，其余的行为左缩进。段落中的所有行都必须共享相同的对齐方式、缩进和制表行设置等段落格式。

在菜单栏中选择【窗口】|【文字和表】|【段落】命令，打开【段落】面板，如图 10.1 所示，单击【段落】面板右上角的 按钮，在弹出的下拉菜单中可以选择相应的命令，如图 10.2 所示。

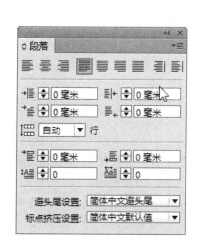

图 10.1　【段落】面板 　　　　　　　　　　　图 10.2　下拉菜单

在工具箱中选择【文字工具】T，然后单击【控制】面板中的【段落格式控制】按钮段，可以将【控制】面板切换到段落格式控制选项，在【控制】面板中也可以对段落格式选项进行设置，如图 10.3 所示。

图 10.3　【控制】面板

10.1.1 行距

行距就是指在段落中行与行之间的距离，在 InDesign CC 中可以使用【字符】面板或【控制】面板对其进行设置。

如果想使设置的行距对整个段落起作用，可以在菜单栏中选择【编辑】|【首选项】|【文字】命令，如图 10.4 所示。弹出【首选项】对话框，在左侧的列表中选择【文字】选项卡，然后在右侧的【文字选项】选项组中勾选【对整个段落应用行距】复选框，如图 10.5 所示。设置完成后单击【确定】按钮，即可使设置的行距对整个段落起作用。

图 10.4 选择【文字】命令

图 10.5 勾选【对整个段落应用行距】复选框

10.1.2 对齐

使用【段落】面板顶端或是将【控制】面板切换到段落格式控制选项，然后使用其左侧的对齐按钮，可以控制一个段落的对齐方式。

在菜单栏中选择【文件】|【打开】命令，在弹出的对话框中打开随书附带光盘中的 CDROM\素材\Cha10\001.indd 文档，使用工具箱中的【文字工具】 T 在需要设置的文本段落中单击或是拖动鼠标选择多个需要设置的文本段落，如图 10.6 所示。

- 【左对齐】按钮 ：单击该按钮，可以使文本向左页面边框对齐，在左对齐段落中，右页边框是不整齐的，因为每行右端剩余空间都是不一样的，所以产生右边框参差不齐的边缘，效果如图 10.7 所示。
- 【居中对齐】按钮 ：单击该按钮，可以使文本居中对齐，每行剩余的空间被分成两半，分别置于行的两端。在居中对齐的段落中，段落的左边缘和右边缘都不整齐，但文本相对于垂直轴是平衡的，效果如图 10.8 所示。
- 【右对齐】按钮 ：单击该按钮，可以使文本向右页面边框对齐，在右对齐段落中，左页边框是不整齐的，因为每行左端剩余空间都是不一样的，所以产生左边框参差不齐的边缘，效果如图 10.9 所示。
- 【双齐末行齐左】按钮 ：在双齐文本中，每一行的左右两端都充满页边框。单击该按钮，可以使段落中的文本两端对齐，最后一行左对齐，效果如图 10.10

所示。

图 10.6　选择多个文本段落

图 10.7　左对齐效果

图 10.8　居中对齐效果

图 10.9　右对齐效果

● 【双齐末行居中】按钮 ：单击该按钮，可以使段落中的文本两端对齐，最后一行居中对齐，效果如图 10.11 所示。

图 10.10　双齐末行齐左效果

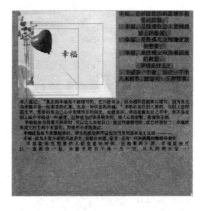

图 10.11　双齐末行居中效果

● 【全部强制双齐】按钮：单击该按钮，可以使段落中的文本强制所有行两端对齐，效果如图 10.12 所示。

图 10.12 全部强制双齐效果

- 【朝向书脊对齐】按钮▤：该按钮与【左对齐】或【右对齐】按钮功能相似，InDesign 将根据书脊在对页文档中的位置选择左对齐或右对齐。本质上，该对齐按钮会自动在左边页面上创建右对齐文本，在右边页面上创建左对齐文本。该素材文档的页面为右边页面，因此效果如图 10.13 所示。
- 【背向书脊对齐】按钮▤：单击该按钮与单击【朝向书脊对齐】按钮▤作用相同，但对齐的方向相反。在左边页面上的文本左对齐，在右边页面上的文本右对齐。该素材文档的页面为右边页面，因此效果如图 10.14 所示。

图 10.13 朝向书脊对齐效果

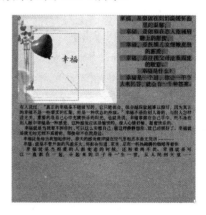

图 10.14 背向书脊对齐效果

10.1.3 缩进

在【段落】面板的缩进选项中可以设置段落的缩进。

- 【左缩进】：在该文本框中输入数值，可以设置选择的段落左边缘与左边框之间的距离。如果在【段落】面板的【左缩进】文本框中输入 8 毫米，如图 10.15 所示，则选择的段落文本效果如图 10.16 所示。
- 【右缩进】：在该文本框中输入数值，可以设置选择的段落右边缘与右边框之间的距离。如果在【段落】面板的【右缩进】文本框中输入 8 毫米，则选择的段落文本效果如图 10.17 所示。

图 10.15　输入【左缩进】数值　　　　　　图 10.16　左缩进效果

- 【首行左缩进】：在该文本框中输入数值，可以设置选择的段落首行左边缘与左边框之间的距离，如果在【段落】面板的【首行左缩进】文本框中输入 9 毫米，如图 10.18 所示，则选择的段落文本效果如图 10.19 所示。

图 10.17　右缩进效果　　　　　　　　图 10.18　输入【首行左缩进】数值

- 【末行右缩进】：在该文本框中输入数值，可以设置选择的段落末行右边缘与右边框之间的距离。如果在【段落】面板的【末行右缩进】文本框中输入 7 毫米，则选择的段落文本效果如图 10.20 所示。

图 10.19　首行左缩进效果　　　　　　　图 10.20　末行右缩进效果

10.2　增加段落间距

在 InDesign 中可以在选定的段落的前面或后面插入间距。

如果需要在选定的段落的前面插入间距，可以在【段落】面板或【控制】面板中的【段前间距】文本框中输入一个数值，例如输入 3 毫米，如图 10.21 所示。即可看到设置段前间距后的效果如图 10.22 所示。

图 10.21　输入【段前间距】数值　　　　图 10.22　设置段前间距后的效果

如果需要在选定的段落的后面插入间距，可以在【段落】面板或【控制】面板中的【段后间距】文本框中输入一个数值，例如输入 3 毫米，即可看到设置段后间距后的效果如图 10.23 所示。

图 10.23　设置段后间距后的效果

10.3　设置首字下沉

　　首字下沉效果经常用于装饰文章的第一章，从而可以避免文本的平淡、乏味，使段落更具吸引力。在【段落】面板或【控制】面板中可以设置首字下沉的数量及行数。

　　选择工具箱中的【文字工具】 T ，在需要设置首字下沉的段落中的任意位置单击，如图 10.24 所示。

图 10.24　在段落中单击

　　在【段落】面板或【控制】面板中的【首字下沉行数】文本框中输入数值，例如输入 3，如图 10.25 所示。设置首字下沉后的效果如图 10.26 所示。

图 10.25　在【首字下沉行数】文本框中输入数值　　　图 10.26　首字下沉效果

　　也可以在【首字下沉一个或多个字符】文本框中输入要设置首字下沉的字符个数，例如输入 2，如图 10.27 所示。即可下沉两个字符，效果如图 10.28 所示。

图 10.27　输入首字下沉的字符个数　　　　　　图 10.28　下沉两个字符的效果

10.4　添加项目符号和编号

在 InDesign CC 中可以使用项目符号和编号作为一个段落级格式。

单击【段落】面板右上角的 ▼▤ 按钮，在弹出的下拉菜单中选择【项目符号和编号】命令，如图 10.29 所示。弹出【项目符号和编号】对话框，在【列表类型】下拉列表框中选择需要设置的列表类型，如图 10.30 所示。

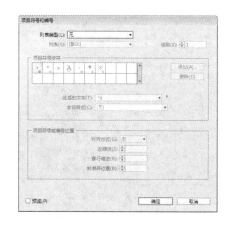

图 10.29　选择【项目符号和编号】命令　　　　图 10.30　【项目符号和编号】对话框

10.4.1　项目符号

在【项目符号和编号】对话框中的【列表类型】下拉列表框中选择【项目符号】选项，即可对项目符号的相关选项进行设置。下面介绍为段落文本添加项目符号的方法，其具体操作步骤如下。

(1) 在菜单栏中选择【文件】|【打开】命令，在弹出的对话框中打开随书附带光盘中的 CDROM\素材\Cha10\003.indd 文档，然后使用【文字工具】 T 选择需要添加项目符号的段落，如图 10.31 所示。

(2) 然后打开【项目符号和编号】对话框，在【列表类型】下拉列表框中选择【项目符号】选项，可以在【项目符号字符】列表框中单击选择一种项目符号，也可以单击其右侧的【添加】按钮，如图 10.32 所示。

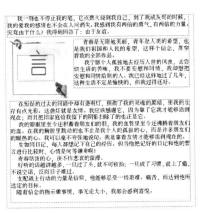

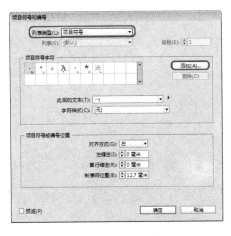

图 10.31　选择需要添加项目符号的段落　　　　图 10.32　单击【添加】按钮

(3) 弹出【添加项目符号】对话框，在该对话框中的列表框中单击选择一种项目符号，然后单击【确定】按钮，如图 10.33 所示。

(4) 返回到【项目符号和编号】对话框中，然后再次在【项目符号字符】列表框中单击选择刚才添加的项目符号，在【项目符号或编号位置】选项组中的【首行缩进】文本框中输入 8 毫米，在【制表符位置】文本框中输入 14 毫米，如图 10.34 所示。

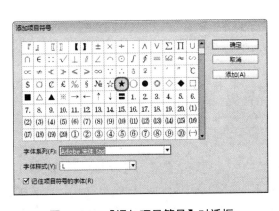

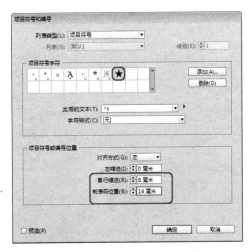

图 10.33　【添加项目符号】对话框　　　　图 10.34　选择并设置项目符号

(5) 单击【确定】按钮，即可为选择的段落添加项目符号，效果如图 10.35 所示。

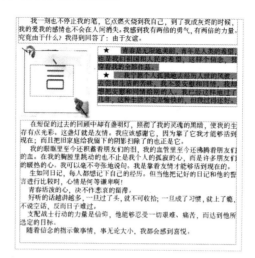

图 10.35　添加项目符号后的效果

10.4.2　编号

在【项目符号和编号】对话框中的【列表类型】下拉列表框中选择【编号】选项，即可对编号的相关选项进行设置。下面介绍为段落文本添加编号的方法，其具体操作步骤如下。

(1) 在菜单栏中选择【文件】|【打开】命令，在弹出的对话框中打开随书附带光盘中的 CDRO\素材\Cha9\003.indd 文档，然后使用【选择工具】选择如图 10.36 所示的文本框。

图 10.36　选择文本框

(2) 然后打开【项目符号和编号】对话框，在【列表类型】下拉列表框中选择【编号】选项，在【编号样式】选项组中的【格式】下拉列表中选择一种编号样式，在【项目符号或编号位置】选项组中的【首行缩进】文本框中输入 9 毫米，在【制表符位置】文本框中输入 16 毫米，如图 10.37 所示。

(3) 单击【确定】按钮，即可为选择的文本框中的所有段落添加编号，效果如图 10.38所示。

图 10.37　设置编号

图 10.38　添加编号后的效果

10.5　美化文本段落

在排版时，为了使排版的文本内容引人注意，通常会对文本段落进行美化设计，如设置文本颜色、反白文字和为文字添加下划线、删除线等。

10.5.1　设置文本颜色

通常为了美观和便于阅读，会为标题、通栏标题、副标题或引用设置不同的颜色，但是在正文中很少为文本设置颜色。为文本设置颜色的具体操作步骤如下。

提　示

应用于文本的颜色通常源于相关图形中的颜色，或者来自一个出版物传统的调色板。一般文字越小，文字的颜色应该越深，这样可以使文本更易阅读。

(1) 在菜单栏中选择【文件】|【打开】命令，在弹出的对话框中打开随书附带光盘中的 CDROM\素材\Cha10\004.indd 文档，然后使用【文字工具】T 选择需要设置颜色的文本，如图 10.39 所示。

(2) 在菜单栏中选择【窗口】|【颜色】|【色板】命令，打开【色板】面板，在【色板】面板中选择一种颜色，如图 10.40 所示。

图 10.39　选择文本

图 10.40　【色板】面板

(3) 在工具箱中单击【描边】图标，然后在【色板】面板中选择一种颜色，将其应用到文本的描边，如图 10.41 所示。

(4) 在菜单栏中选择【窗口】|【描边】命令，打开【描边】面板，在【描边】面板中的【粗细】下拉列表框中设置描边的粗细，如图 10.42 所示。

图 10.41　选择描边颜色　　　　　　　图 10.42　【描边】面板

(5) 为文本设置颜色后的效果如图 10.43 所示。

图 10.43　为文本设置颜色后的效果

10.5.2　反白文字

所谓的反白文字并不一定就是黑底白字，也可以是深色底浅色字。反白文字一般用较大的字号和粗体字样效果最好，因为这样可以引起读者注意，也不会使文本被背景吞没。制作反白文字效果的具体操作步骤如下。

(1) 继续上一小节的操作。选择工具箱中的【文字工具】，然后在文本框架中拖动光标选择文字，如图 10.44 所示。

(2) 双击工具箱中的【填色】图标，弹出【拾色

图 10.44　选择文字

器】对话框，在该对话框中为选择的文字设置一种浅颜色，如图 10.45 所示。

(3) 单击【确定】按钮，然后将光标移至刚刚设置颜色的文字后，在菜单栏中选择【窗口】|【文字和表】|【段落】命令，打开【段落】面板，单击【段落】面板右上角的按钮，在弹出的下拉菜单中选择【段落线】命令，如图 10.46 所示。

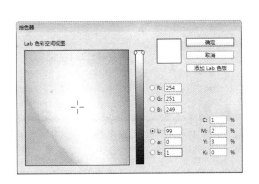

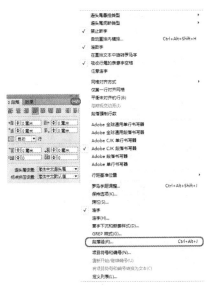

图 10.45　为选择的文字设置浅颜色　　　　图 10.46　选择【段落线】命令

(4) 弹出【段落线】对话框，在【段落线】对话框左上角的下拉列表框中选择【段后线】选项，勾选【启用段落线】复选框，在【粗细】下拉列表框中选择 30 点，在【颜色】下拉列表框中选择绿色，然后设置【位移】为-10 毫米，如图 10.47 所示。

(5) 单击【确定】按钮，完成反白文字效果的制作，如图 10.48 所示。

图 10.47　【段落线】对话框　　　　　图 10.48　反白文字效果

(6) 使用同样的制作方法，可以为文档中的其他文字制作反白文字效果，如图 10.49 所示。

图 10.49　为其他文字制作反白文字效果

10.5.3　下划线和删除线选项

在【字符】面板和【控制】面板的下拉菜单中都提供了【下划线选项】和【删除线选项】命令，用来自定义设置下划线和删除线。为文字添加下划线和删除线的具体操作步骤如下。

(1) 继续上一小节的操作。选择工具箱中的【文字工具】 T ，拖动光标选择需要添加下划线的文字，如图 10.50 所示。

(2) 在菜单栏中选择【窗口】|【文字和表】|【字符】命令，弹出【字符】面板，单击【字符】面板右上角的 按钮，在弹出的下拉菜单中选择【下划线选项】命令，如图 10.51 所示。

图 10.50　选择文字

图 10.51　选择【下划线选项】命令

(3) 弹出【下划线选项】对话框，勾选【启用下划线】复选框，然后将【粗细】设置为 2 点，将【位移】设置为 3 点，将【颜色】设置为绿色，如图 10.52 所示。

(4) 设置完成后单击【确定】按钮，为文字添加下划线后的效果如图 10.53 所示。

(5) 在工具箱中选择【文字工具】 T ，然后拖动光标选择需要添加删除线的文字，如图 10.54 所示。

图 10.52　【下划线选项】对话框

图 10.53　为文字添加下划线后的效果

图 10.54　选择文字

(6) 单击【字符】面板右上角的按钮，在弹出的下拉菜单中选择【删除线选项】命令，弹出【删除线选项】对话框，勾选【启用删除线】复选框，然后将【粗细】设置为 3 点，将【位移】设置为 4 点，将【颜色】设置为如图 10.55 所示的颜色。

(7) 设置完成后单击【确定】按钮，为文字添加删除线后的效果如图 10.56 所示。

图 10.55　【删除线选项】对话框

图 10.56　为文字添加删除线后的效果

10.6　缩　放　文　本

要修改文本的大小，一般都会使用【文字工具】T选中需要修改的文字，然后在【字符】面板或【控制】面板中设置新的字体大小，然后使用【选择工具】来调整文本框架的大小使文本不会溢出。

在 InDesign CC 中也可以同时调整文本框架及文本的大小，其具体操作步骤如下。

(1) 在菜单栏中选择【文件】|【打开】命令，在弹出的对话框中打开随书附带光盘中的 CDROM\素材\Cha10\005.indd 文档，然后使用【选择工具】选中需用进行调整的文本框架，如图 10.57 所示。

(2) 然后在按住 Ctrl+Shift 组合键的同时，单击并向任意方向拖动该框架边缘或手柄，即可对文本框架和文本同时进行缩放，效果如图 10.58 所示。

图 10.57　选中文本框架

图 10.58　调整文本框架和文本后的效果

10.7　旋 转 文 本

下面再来介绍一下旋转文本的方法，其具体操作步骤如下。

(1) 在菜单栏中选择【文件】|【打开】命令，在弹出的对话框中打开随书附带光盘中的 CDROM\素材\Cha10\005.indd 文档，然后使用【选择工具】选中需要进行旋转操作的文本框架，如图 10.59 所示。

(2) 将鼠标移至文本框架的任意一个角上，当鼠标变成样式后，单击并向任意方向拖动鼠标，即可旋转文本，效果如图 10.60 所示。

图 10.59　选中文本框架

图 10.60　旋转文本

提 示

使用【旋转工具】也可以旋转文本。

10.8　上机练习——制作室内装潢展板

下面介绍如何制作室内装潢展板，通过实例巩固本章所学习的基础知识，完成后的效果如图 10.61 所示。

图 10.61　室内装潢展板

(1) 启动软件后，在菜单栏中选择【文件】|【新建】|【文档】命令，弹出【新建文档】对话框，将【页数】设置为 2，将【宽度】、【高度】分别设置为 185、290，然后单击【边距和分栏】按钮，如图 10.62 所示。

(2) 弹出【新建边距和分栏】对话框，在【边距】选项组中将【上】、【下】、【内】、【外】均设置为 0，如图 10.63 所示。

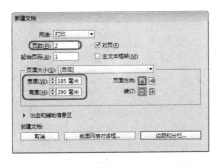

图 10.62　【新建文档】对话框

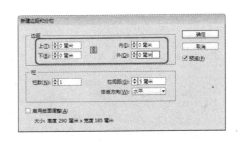

图 10.63　【新建边距和分栏】对话框

(3) 单击【确定】按钮，新建空白文档。打开【页面】面板，单击 按钮，在弹出的下拉菜单中取消勾选【允许文档页面随机排布】命令，如图 10.64 所示。

(4) 在【页面】面板中调整页面，调整前后的对比如图 10.65 所示。

(5) 在工具箱中选择【矩形工具】 ，打开【颜色】面板，将 CMYK 值设置为 55、92、100、42，将【描边】设置为无，在页面中绘制矩形，效果如图 10.66 所示。

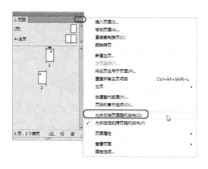
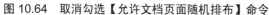

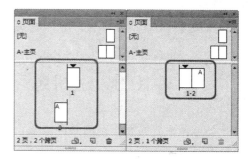

图 10.64 取消勾选【允许文档页面随机排布】命令

图 10.65 调整前后的对比

(6) 在菜单栏中选择【文件】|【置入】命令，弹出【置入】对话框，在该对话框中选择 "背景.jpg" 素材图片，单击【打开】按钮，如图 10.67 所示。

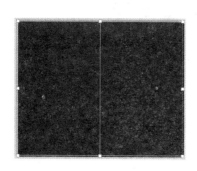

图 10.66 绘制矩形

图 10.67 选择并置入图片

(7) 确定图片处于选中状态，单击鼠标右键，在弹出的快捷菜单中选择【显示性能】|【高品质显示】命令，如图 10.68 所示。

(8) 打开【效果】面板，将【混合模式】设置为【叠加】，将【不透明度】设置为 10%，如图 10.69 所示。

图 10.68 选择【高品质显示】命令

图 10.69 【效果】面板

(9) 按 Ctrl+D 组合键，弹出【置入】对话框，在该对话框中选择 L10.png 素材图片，单击【打开】按钮，如图 10.70 所示。

(10) 在页面中拖动鼠标绘制矩形，然后使用【选择工具】进行调整，调整完成后，对其进行复制并调整其位置，完成后的效果如图 10.71 所示。

图 10.70　选择并置入图片

图 10.71　绘制矩形

(11) 使用【文字工具】，在页面中拖动鼠标绘制矩形并输入文字"华居豪厅装潢"，在【字符】面板中将字体设置为【华文新魏】，将字体大小设置为 24，如图 10.72 所示。

(12) 确定输入的文字处于选择状态，打开【颜色】面板，将 CMYK 值设置为 15、28、100、0，如图 10.73 所示。将描边的颜色 CMYK 值也设置为 15、28、100、0。

图 10.72　【字符】面板

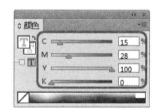

图 10.73　设置颜色

(13) 在菜单栏中选择【文件】|【置入】命令，弹出【置入】对话框，在该对话框中选择 L11.png，单击【打开】按钮，如图 10.74 所示。

(14) 然后在页面拖动鼠标绘制矩形，使用【选择工具】调整其位置及大小，完成后的效果如图 10.75 所示。

图 10.74　选择并置入图片

图 10.75　绘制矩形

(15) 使用同样的方法在页面中输入文本"时尚的设计,让您省心、放心、安心!",将字体设置为【华文新魏】,将字体大小设置为 16,将颜色设置为【纸色】,将描边设置为【纸色】,使用【选择工具】调整其位置,完成后的效果如图 10.76 所示。

(16) 使用【选择工具】选择文本及刚刚插入的图片,按 Ctrl+C 组合键进行复制,按 Ctrl+V 组合键进行粘贴,然后将其调整至下一页中相应的位置,调整完成后的效果如图 10.77 所示。

图 10.76 输入文字

图 10.77 复制对象

(17) 按 Ctrl+D 组合键,弹出【置入】对话框,在该对话框中选择 L1.jpg,单击【打开】按钮,如图 10.78 所示。

(18) 然后在页面中拖动鼠标绘制矩形,使用【选择工具】调整图片的大小及位置,将其设为【高品质显示】,完成后的效果如图 10.79 所示。

图 10.78 选择并插入素材图片

图 10.79 绘制矩形

(19) 确定图片处于选择状态,在菜单栏中选择【对象】|【角选项】命令,弹出【角选项】对话框,将【形状】设置为【花式】,【大小】使用默认设置,如图 10.80 所示。

(20) 单击【确定】按钮,将描边颜色的 CMYK 值设置为 15、0、100、0,打开【描边】面板,将【粗细】设置为 3 点,将【类型】设置为【实底】,如图 10.81 所示。

(21) 然后使用同样的方法插入其他图片,为图片设置描边及角样式,使用【选择工具】调整图片的位置,完成后的效果如图 10.82 所示。

(22) 使用【文字工具】在页面中输入文本,将填充颜色的 CMYK 值设置为 15、28、100、0,将【描边】颜色设置为【纸色】,将字体设置为【华文楷体】,将字体大小设置为 17 点,完成后的效果如图 10.83 所示。

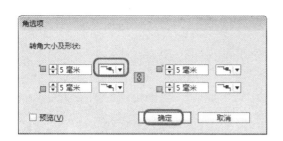

图 10.80　【角选项】对话框

图 10.81　设置描边

图 10.82　插入其他图片

图 10.83　添加文本后的效果

(23) 在页面中选择 L2.jpg，在控制面板中单击【沿定界框绕排】按钮 ⬚，文本就会沿 L2.jpg 图片边框绕排。选择如图 10.84 所示的文本，在菜单栏中选择【文字】|【段落】命令。

(24) 打开【段落】面板，单击 ⬚ 按钮，在弹出的下拉菜单中选择【项目符号和编号】命令，弹出【项目符号和编号】对话框，将【列表类型】设置为【项目符号】，单击【添加】按钮，如图 10.85 所示。

图 10.84　选择文本

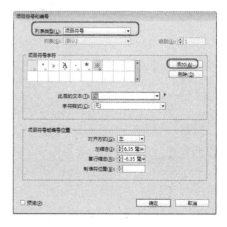

图 10.85　【项目符号和编号】对话框

(25) 弹出【添加项目符号】对话框，在该对话框中选择如图 10.86 所示的项目符号，将【字体系列】设置为【华文楷体】，如图 10.86 所示。

(26) 单击【确定】按钮，返回到【项目符号和编号】对话框，单击【确定】按钮即可为选中的文本添加项目符号，效果如图 10.87 所示。

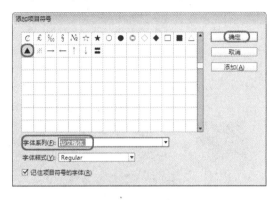

图 10.86　【添加项目符号】对话框　　　图 10.87　添加项目符号后的效果

(27) 使用【文字工具】，在页面底部输入文本，将字体设置为【华文新魏】，将大小设置为 20 点，将颜色的 CMYK 值设置为 15、28、100、0，描边颜色设置为【纸色】，使用【选择工具】调整其位置。使用同样的方法输入其他文本并调整其位置，效果如图 10.88 所示。

图 10.88　输入文本后的效果

(28) 将光标置入需要首字下沉的段落中的任意位置，打开【段落】面板中，将【首字下沉行数】设置为 2，完成后的效果如图 10.89 所示。使用相同的方法设置其他段落的首字下沉。

(29) 至此室内装潢展板就制作完成了，在菜单栏中选择【文件】|【导出】命令，弹出【导出】对话框，设置存储路径，将【文件名】设置为【室内效果装潢展板】，将【保存类型】设置为 JPEG，单击【保存】按钮，如图 10.90 所示。

(30) 弹出【导出 JPEG】对话框，在【导出】选项组中选中【全部】和【跨页】单选按钮，将【分辨率】设置为 300，然后单击【导出】按钮，导出完成后将场景进行保存。

图 10.89　首字下沉后的效果

图 10.90　【导出】对话框

10.9　思　考　题

1. 对段落的基础操作有哪些？
2. 如何避免文本的平淡、乏味，使段落更具吸引力？

第 11 章　图形的绘制

如果想要在 InDesign CC 中绘制一些复杂而精美的图形，就要对基本几何图形的绘制方法和技巧进行深入的学习和理解。本章将介绍如何通过路径绘制图形，使用户可以通过本章的学习了解如何运用路径工具绘制需要的任意图形。

11.1　图形的绘制和转换

使用 InDesign CC 的基本绘图工具可以创建基本的形状，如矩形、圆、椭圆、多边形等。下面将对其进行简单介绍。

11.1.1　绘制矩形

下面将介绍如何使用【矩形工具】绘制矩形，其具体操作步骤如下。

(1) 在菜单栏中选择【文件】|【打开】命令，在弹出的对话框中打开随书附带光盘中的 CDROM\素材\Cha11\001.indd 文件，如图 11.1 所示。

(2) 在工具箱中选择【矩形工具】 ，在文档窗口中按住鼠标并进行拖动，在合适的位置上释放鼠标，即可绘制一个矩形，效果如图 11.2 所示。

图 11.1　打开的素材文件

图 11.2　绘制矩形

(3) 确认绘制的矩形处于选中状态，在控制面板中单击【填色】右侧的按钮，在弹出的下拉菜单中选择如图 11.3 所示的颜色。

(4) 执行该命令后，即可为矩形填充颜色，完成后的效果如图 11.4 所示。

图 11.3　选择填充颜色　　　　　　　图 11.4　完成后的效果

11.1.2　绘制圆形

下面将介绍如何使用【椭圆工具】进行绘制，其具体操作步骤如下。

(1) 在菜单栏中选择【文件】|【打开】命令，在弹出的对话框中打开随书附带光盘中的 CDROM\素材\Cha11\002.indd 文件，如图 11.5 所示。

(2) 在工具箱中的【矩形工具】上右击，在弹出的菜单中选择【椭圆工具】，文档窗口中按 Shift 键并拖动鼠标，在合适的位置上释放鼠标，即可绘制一个正圆，效果如图 11.6 所示。

图 11.5　打开的素材文件　　　　　　图 11.6　绘制正圆

(3) 确定绘制的正圆处于选中的状态，在【控制】面板中单击【描边】右侧的按钮，在弹出的下拉菜单中选择如图 11.7 所示的颜色。

(4) 按 F10 键打开【描边】面板，在该面板中单击【粗细】右侧的下三角按钮，在弹出的快捷菜单中选择【2 点】选项，如图 11.8 所示。

(5) 执行该命令后，即可完成对正圆的设置，使用同样的方法再创建其他圆，完成后的效果如图 11.9 所示。

图 11.7 选择描边颜色

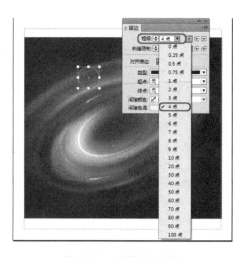

图 11.8 【描边】面板

图 11.9 完成后的效果

11.1.3 绘制多边形

下面将介绍如何绘制多边形，其具体操作步骤如下。

(1) 继续上面的操作，在工具箱中选择【多边形工具】█，在文档窗口中按住 Shift 键绘制一个多边形，绘制后的效果如图 11.10 所示。

(2) 在【控制】面板中将多边形的【填色】设置为【纸色】，将【描边】设置为【无】，完成后的效果如图 11.11 所示。

(3) 按 Shift+Ctrl+F10 组合键打开【效果】面板，在该面板中将【不透明度】设置为 15%，在文档窗口中调整其位置及大小，并使用同样的方法创建其他多边形，完成后的效果如图 11.12 所示。

图 11.10 绘制多边形

图 11.11　设置填色及描边

图 11.12　完成后的效果

11.1.4　绘制星形

下面将介绍如何使用【多边形工具】绘制星形，其具体操作步骤如下。

(1) 继续上面的操作，在工具箱中选择【多边形工具】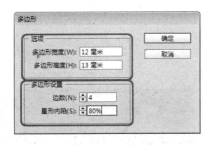，在文档窗口中单击，在弹出的对话框中设置如图 11.13 所示的参数。

(2) 设置完成后单击【确定】按钮，在【控制】面板中将【填色】设置为【纸色】，将【描边】设置为【无】，效果如图 11.14 所示。

图 11.13　【多边形】对话框

图 11.14　设置填色及描边

(3) 按 Shift+Ctrl+F10 组合键打开【效果】面板，在该面板中单击【向选定的目标添加对象效果】按钮 *fx.*，在弹出的下拉菜单中选择【基本羽化】命令，如图 11.15 所示。

(4) 在弹出的对话框中将【羽化宽度】设置为 2，如图 11.16 所示。

(5) 设置完成后，单击【确定】按钮，在文档窗口中调整其位置，使用同样的方法再创建其他星形，完成后的效果如图 11.17 所示。

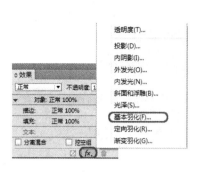

图 11.15 选择【基本羽化】命令

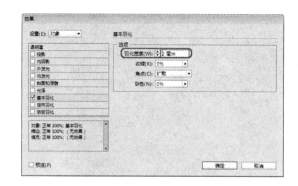

图 11.16 【效果】对话框

图 11.17 完成后的效果

11.1.5 转换形状

在 InDesign CC 中，用户可以将图片、图形等转换为不同的形状，其具体操作步骤如下。

(1) 在菜单栏中选择【文件】|【打开】命令，在弹出的对话框中打开随书附带光盘中的 CDROM\素材\Cha11\003.indd 文件，如图 11.18 所示。

(2) 在工具箱中选择【选择工具】 ，在文档窗口中选择如图 11.19 所示的对象。

(3) 在菜单栏中选择【对象】|【转换形状】|【斜角矩形】命令，如图 11.20 所示。

(4) 再在菜单栏中选择【对象】|【角选项】命令，如图 11.21 所示。

(5) 在弹出的对话框中将转角大小设置为25，将形状设置为【花式】，如图 11.22 所示。

(6) 设置完成后，单击【确定】按钮，完成后的效果如图 11.23 所示。

图 11.18 打开的素材文件

图 11.19　选择对象

图 11.20　选择【斜角矩形】命令

图 11.21　选择【角选项】命令

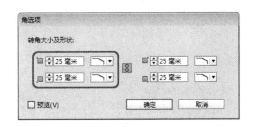

图 11.22　【角选项】对话框

提示

除了以上所说的方法，还可以在菜单栏中选择【窗口】|【对象和版面】|【路径查找器】命令，打开【路径查找器】面板，在该面板中单击【转换形状】选项组中的按钮，如图 11.24 所示，也可以在各种形状之间进行互相转换。

图 11.23　完成后的效果

图 11.24　【路径查找器】面板

11.2　路径的认识和操作

如何绘制基本图形在前面已经进行了简单的介绍，在 InDesign CC 中除了可以绘制这些基本图形外，还可以绘制一些非基本形状的图形，下面将对其进行简单介绍。

11.2.1　路径

在 InDesign CC 中，路径类型可以分为简单路径、复合路径和复合形状 3 种类型。

- 简单路径：简单路径是复合路径和形状的基本构造块。简单路径由一条开放或闭合路径(可能是交叉的)组成，简单路径如图 11.25 所示。
- 复合路径：复合路径是由多个简单路径相互截断或相互交叉所组成，组合到复合路径中的各个路径作为一个对象发挥作用并具有相同的属性(例如，颜色或描边样式等)，复合路径如图 11.26 所示。
- 复合形状：复合形状由两个或多个路径、复合路径、组、混合体、文本轮廓、文本框架或彼此相交和截断以创建新的可编辑形状的其他形状组成，复合形状如图 11.27 所示。

图 11.25　简单路径　　　　图 11.26　复合路径　　　　图 11.27　复合形状

路径分别具有开放、闭合、描边、填充和内容 5 种特性，并通过编辑可以改变路径特性。

- 开放路径：路径又可以分为开放式路径和闭合式路径形式。开放式路径与闭合式路径非常容易区分，开放式路径的两个端点没有连接在一起，如图 11.28 所示。将其添加填充颜色效果，如图 11.29 所示。

图 11.28　开放式路径　　　　　　　图 11.29　填充颜色后的效果

- 闭合路径：闭合路径为一条完整的没有间断的路径，如图 11.30 所示。将其添加填充颜色效果，如图 11.31 所示。

图 11.30　闭合路径　　　　　　　　　图 11.31　填充颜色后的效果

- 描边：通过【描边】可以设置路径的颜色、宽度和样式，如图 11.32 所示。

图 11.32　不同的描边效果

- 填充：可以设置路径的填充颜色、填充色调和渐变填充。
- 内容：可以为路径添加图形对象、图像对象和文本对象，将对象置入路径中之后，该路径就会自动转换为框架。

11.2.2　直线工具

在工具箱中选择【直线工具】 ，当鼠标的光标变为 形状时，按住鼠标进行拖动，在合适的位置上释放鼠标，即可绘制一条直线，如图 11.33 所示。在直线以外的空白处单击，即可取消选取状态，如图 11.34 所示。

图 11.33　绘制直线　　　　　　　　　图 11.34　取消选取状态

在拖动鼠标绘制直线的同时按住 Shift 键，可以绘制水平、垂直或 45° 角及其倍数的直线，如图 11.35 所示。

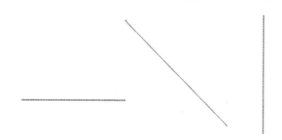

图 11.35　按住 Shift 键所绘制的效果

11.2.3　铅笔工具

【铅笔工具】通常用来进行快速素描或创建手绘外观，就像使用铅笔在纸张上进行绘制一样。选择【铅笔工具】创建路径时不能设置锚点的位置及方向线，可以在绘制完成后再进行修改。

1．绘制开放路径

在工具箱中选择【铅笔工具】 ，当光标显示为 图标时，在页面中拖动鼠标绘制路径，如图 11.36 所示。

图 11.36　使用铅笔工具进行绘制

2．绘制封闭路径

在工具箱中选择【铅笔工具】 ，在页面中拖动鼠标，同时按住 Alt 键，当光标显示为 时，可以绘制封闭路径，如图 11.37 所示。释放鼠标，可绘制出封闭的路径，效果如图 11.38 所示。

图 11.37　按住 Alt 键进行绘制

图 11.38　封闭路径

11.2.4　平滑工具

使用平滑工具可删除现有路径或路径某一部分中的多余尖角。平滑工具尽可能地保留路径的原始形状。平滑后的路径通常具有较少的点。

在工具箱中选择【直接选择工具】，在文档窗口中选择要进行平滑处理的路径，如图 11.39 所示。再在工具箱中选择【平滑工具】，在文档窗口中沿着要进行平滑处理的路径线拖动，如图 11.40 所示。直到路径达到所需要的平滑度，效果如图 11.41 所示。

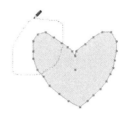

图 11.39　选择要进行平滑处理的路径　　图 11.40　沿路径进行拖动　　图 11.41　平滑后的效果

11.2.5　抹除工具

在 InDesign CC 中，用户可以使用【抹除工具】移去现有路径或描边的一部分。

在文档窗口中选择要抹除的路径，在工具箱中选择【抹除工具】，沿着需要抹除的路径进行拖动，如图 11.42 所示，释放鼠标后，即可对其进行抹除，完成后的效果如图 11.43 所示。

图 11.42　拖动鼠标　　　　　　　　图 11.43　抹除后的效果

11.3　使用【钢笔工具】绘制线条

在 InDesign CC 中【钢笔工具】是具有最高精度的绘图工具，它可以绘制任意直线和平滑曲线，可以创建任意线条或闭合路径，所创建的任意形状可以用做独立的图形元素，或者用做文本或图形的框架。

11.3.1 直线和锯齿线条

最简单的路径是只有一条线段的直线，可以用【直线工具】或者【钢笔工具】创建，但是【钢笔工具】比【直线工具】功能强大，原因是【钢笔工具】还可以绘制具有多条直线段的锯齿状线、曲线以及包含直线和曲线段的线条。下面将介绍如何使用【钢笔工具】绘制直线，其具体操作步骤如下。

(1) 在工具箱中选择【钢笔工具】，在文档窗口中单击鼠标，确定第一个锚点，然后再在相应的位置上单击，确定第二个锚点，绘制一条直线，如图 11.44 所示。

(2) 再继续在其他位置上单击，即可继续绘制直线，绘制后的效果如图 11.45 所示。

提 示

创建路径时，可以移动任意一个锚点、方向线控制手柄或整个路径，只要按下 Ctrl 键，然后按住并拖动所要移动的元素即可，如图 11.46 所示移动某个锚点后的效果。

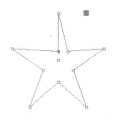

图 11.44　绘制一条直线　　　　图 11.45　绘制后的效果　　　　图 11.46　移动锚点后的效果

11.3.2 曲线

下面将介绍如何创建曲线，其具体操作步骤如下。

(1) 在工具箱中选择【钢笔工具】，在文档窗口中单击鼠标，确定第一个锚点，再在其他位置上单击并按住鼠标进行拖动，即可创建一条曲线，效果如图 11.47 所示。

(2) 将光标放置在曲线尾端的锚点上，当光标变为形状时，单击鼠标，曲线路径将变为如图 11.48 所示的效果。

(3) 然后继续进行绘制，并为绘制的形状填充颜色，完成后的效果如图 11.49 所示。

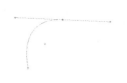

图 11.47　绘制曲线　　　　图 11.48　调整曲线　　　　图 11.49　完成后的效果

11.4　使用复合路径

复合路径是由两个或多个开放或闭合路径组成的。在选择多条路径时，可以在菜单栏中选择【对象】|【路径】|【建立复合路径】命令，把多个路径转换成一个对象，【建立复合路径】命令与【编组】命令有些相似，它们之间的区别在于：在编组状态下组中的每个对象仍然保持其原来的属性，如描边的颜色和宽度、填充颜色或渐变色等；相反，在建立复合路径时，最后一条路径的属性将被应用于所有其他的路径上。

使用复合路径不但可以在路径内创建透明区域，还可以应用单一的背景色或者将渐变色载入到复合路径中。除此之外，它还能够快速地创建出【钢笔工具】难以创建的复杂形状。

11.4.1　创建复合路径

无论是开放路径和封闭路径以及文本和图形框架，都可以创建复合路径，在创建复合路径时，所有的原路径成为复合形状的子路径，并应用最后的路径的填充和描边设置，创建复合路径后，可以修改或移动任意的子路径。

在执行【建立复合路径】命令后，如果选择包含文本或图形的框架，那么最后得到的复合路径将保留叠放顺序最底层的框架内容。如果最底层的框架内没有内容，则复合路径将保留最底层上面的框架内容，而内容被保留的框架上层的所有框架的内容将被移去。

(1) 在菜单栏中选择【文件】|【打开】命令，在弹出的对话框中打开随书附带光盘中的 CDROM\素材\Cha11\004.indd 文件，如图 11.50 所示。

(2) 在文档中选择要创建复合路径的对象，在菜单栏中选择【对象】|【路径】|【建立复合路径】命令，如图 11.51 所示。

图 11.50　打开的素材文件　　　　图 11.51　选择【建立复合路径】命令

(3) 执行该命令后，即可完成复合路径，完成后的效果如图 11.52 所示。

图 11.52 复合路径

如果执行【建立复合路径】命令后结果和预期的不一样，则可以撤销操作，修改路径的叠放顺序，再次执行【建立复合路径】命令。

11.4.2 编辑复合路径

在建立复合路径后，可以使用【直接选择工具】在任意的子路径上单击，拖动其锚点或方向手柄可以改变其形状，还可以使用【钢笔工具】、【添加锚点工具】、【删除锚点工具】和【转换方向点工具】根据自己需要来修改子路径的形状。

在编辑复合路径时，同样可以使用【描边】面板、【色板】面板、【颜色】面板、【变换】面板以及【控制】面板对复合路径的外观进行编辑，所做的修改都应用于所有的子路径。

在移动子路径时，不是只移动一个子路径，而是会将所有子路径一起移动。如果只需移动一个子路径，就必须单独移动该子路径的每个锚点，在这种情况下会比较麻烦，此时可以释放复合路径，再单独调整路径，调整完成后再次将其创建为复合路径。

如果需要删除路径，必须使用【删除锚点工具】删除其选择的锚点，如果删除的是封闭路径的一个锚点，该路径将转换为开放路径。

11.4.3 分解复合路径

在 InDesign CC 中，除了可以创建复合路径外，还可以对其进行分解。如果决定要分解复合路径，在文档窗口中选择要分解的复合路径，然后在菜单栏中选择【对象】|【路径】|【释放复合路径】命令，如图 11.53 所示，最终得到的路径保存了复合路径时的属性。

如果所选择的复合路径中包含文本，或者所选择的复合路径嵌套在一个框架内，则【释放复合路径】命令不可用。

图 11.53　选择【释放复合路径】命令

11.5　复　合　形　状

复合形状可由简单路径或复合路径、文本框架、文本轮廓或其他形状组成。复合形状的外观取决于用户所选择的路径查找器按钮或命令，下面将对其进行简单介绍。

11.5.1　减去

【减去】是从最底层的对象中减去最前方的对象，被剪后的对象保留其填充和描边的属性。

在文档窗口中选择要进行减去的形状，如图 11.54 所示，在菜单栏中选择【对象】|【路径查找器】|【减去】命令，如图 11.55 所示。执行该命令后，即可将选中的图形进行修剪，完成后的效果如图 11.56 所示。

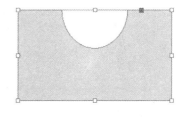

图 11.54　选择形状　　　　图 11.55　选择【减去】命令　　　　图 11.56　减去后的效果

11.5.2　添加

【添加】是将几个图形结合成一个图形，被添加图形的边界将组成新的图形轮廓，交叉线自动消失。

在文档窗口中选择要进行添加的对象，如图 11.57 所示。在菜单栏中选择【对象】|【路径查找器】|【添加】命令，如图 11.58 所示。在打开的面板中单击【相加】按钮，完成后的效果如图 11.59 所示。

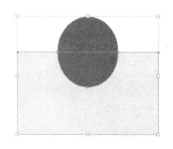

图 11.57　选择对象

图 11.58　选择【添加】命令

图 11.59　添加后的效果

11.5.3　排除重叠

【排除重叠】是减去前面图形的重叠部分，将不重叠的部分创建成图形。

在文档窗口中选择要进行操作的对象，在菜单栏中选择【对象】|【路径查找器】|【排除重叠】命令，如图 11.60 所示，执行该命令后，即可完成对选中对象的操作，效果如图 11.61 所示。

图 11.60　选择【排除重叠】命令

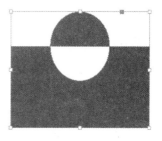

图 11.61　排除重叠后的效果

11.5.4　减去后方对象

【减去后方对象】是减去后面的图形，将减去前后图形的重叠部分，保留前面图形的剩余部分。

在文档窗口中选择要进行操作的对象，在菜单栏中选择【对象】|【路径查找器】|【减去后方对象】命令，如图 11.62 所示。执行该命令后，即可完成对选中对象的操作，效果如图 11.63 所示。

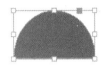

图 11.62　选择【减去后方对象】命令　　　　图 11.63　减去后方对象后的效果

11.6　上机练习

11.6.1　制作酒店宣传页

本节将利用前面所学的知识制作一个酒店宣传页，其效果如图 11.64 所示。读者可以通过本例的学习从而对前面所学的知识有所巩固。其具体操作步骤如下。

图 11.64　酒店宣传页

(1) 运行 InDesign CC 软件后，在菜单栏中选择【文件】|【新建】|【文档】命令，在弹出的【新建文档】对话框中，将【页面大小】设置为 A3，将【页面方向】设置为横向 ，如图 11.65 所示。

(2) 单击【边距和分栏】按钮，在弹出的【新建边距和分栏】对话框中，将【上】、【下】均设置为 0 毫米，单击【确定】按钮，如图 11.66 所示。

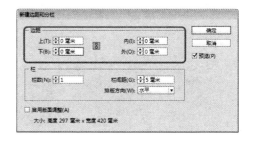

图 11.65　【新建文档】对话框　　　　　　图 11.66　【新建边距和分栏】对话框

(3) 设置完成后，单击【确定】按钮，在工具箱中选择【矩形工具】，在文档窗口空白处单击，在弹出的【矩形】对话框中，将【宽度】和【高度】分别设置为 420 毫米和 297 毫米，如图 11.67 所示。

(4) 单击【确定】按钮，在工具箱中选择【选择工具】，选择绘制的矩形，在控制面板中将参考点设置为左上角，将 X、Y 值设置为 0，如图 11.68 所示。

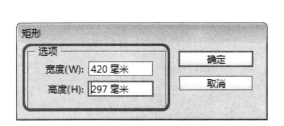

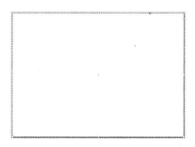

图 11.67　【矩形】对话框　　　　　　图 11.68　调整矩形位置

(5) 继续选择该矩形，按 F6 键打开【颜色】面板，将填充颜色的 CMYK 值设置为 69、75、78、45，如图 11.69 所示。

(6) 为了后面的操作更加方便，选择该矩形，然后单击鼠标右键，在弹出的快捷菜单中选择【锁定】命令，如图 11.70 所示。

(7) 在工具箱中，在【矩形工具】按钮处单击鼠标右键，在下拉列表中选择【多边形工具】，在文档空白处单击，在弹出的【多边形】对话框中，将【边数】设置为 8。按住 Shift 键拖动鼠标，在场景中绘制一个八边形，如图 11.71 所示。

(8) 在工具箱中选择【选择工具】，选择绘制的八边形，按 Ctrl+D 组合键，打开【置入】对话框，选择随书附带光盘中的 CDROM\素材\Cha11\练习\红酒.jpg 文件，如图 11.72 所示。

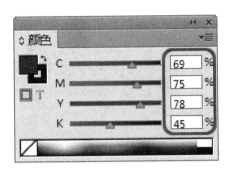

图 11.69　【颜色】面板

图 11.70　选择【锁定】命令

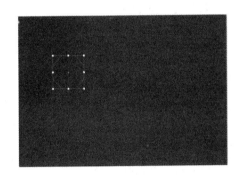

图 11.71　绘制八边形

图 11.72　选择素材文件

(9) 单击【打开】按钮，在工具箱中选择【直接选择工具】，选择置入的图片，按住 Shift 键对图片进行等比例缩放，调整至合适的大小和位置，如图 11.73 所示。

(10) 在工具箱中选择【选择工具】，在文档窗口空白处单击，然后选择绘制的八边形，按 F10 键，打开【描边】面板，将【粗细】设置为 10 点，【类型】设置为【粗-细-粗】，如图 11.74 所示。

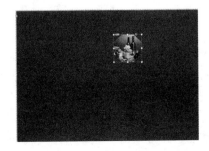

图 11.73　调整图片位置和大小

图 11.74　【描边】面板

(11) 按 F5 键，打开【色板】面板，将描边颜色设置为【黄色】，如图 11.75 所示。

(12) 在工具箱中选择【椭圆工具】 ，在场景中按 Shift 键拖动鼠标，在文档窗口中绘制两个圆形，如图 11.76 所示。

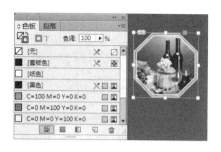

图 11.75　【色板】面板

图 11.76　绘制两个圆形

(13) 在工具箱中选择【选择工具】 ，选择绘制的两个圆形，然后在菜单栏中选择【窗口】|【对象和版面】|【路径查找器】，打开【路径查找器】面板，如图 11.77 所示。

(14) 在【路径查找器】面板中，单击【相加】按钮 ，两个圆形路径合并为一个路径，如图 11.78 所示。

图 11.77　选择【路径查找器】命令

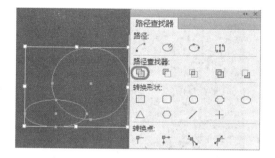

图 11.78　把两个圆形相加

(15) 确认路径处于选中状态，按 Ctrl+D 组合键，打开【置入】对话框，选择随书附带光盘中的 CDROM\素材\Cha11\练习\大厅.jpg 文件，如图 11.79 所示。

(16) 单击【打开】按钮，在工具箱中选择【直接选择工具】 ，选择置入的素材图片，按住 Shift 键对图片进行等比例缩放，调整至合适的大小和位置，如图 11.80 所示。

图 11.79　选择素材文件

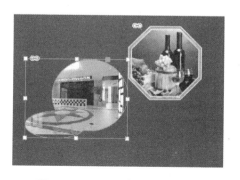

图 11.80　调整图片大小及位置

(17) 在工具箱中选择【选择工具】 ，在文档窗口空白处单击，然后选择路径，打开【色板】面板，将描边颜色设置为【黄色】。按 F10 键，打开【描边】面板，将【粗细】设置为 10 点，【类型】设置为【粗-细-粗】，如图 11.81 所示。

(18) 使用相同的方法，绘制由矩形和八边形组成的图形，然后置入随书附带光盘中的 CDROM\素材\Cha11\练习|走廊.jpg 图片并添加描边命令，效果如图 11.82 所示。

(19) 在工具箱中选择【椭圆工具】 ，在场景中按住 Shift 键拖动鼠标，绘制 4 个不同大小的圆形，然后使用选择【选择工具】 ，选择绘制的圆形并调整位置和大小，调整完成后的效果如图 11.83 所示。

(20) 使用【选择工具】 选择绘制的 4 个圆形，然后在菜单栏中选择【窗口】|【对象和版面】|【路径查找器】命令，打开【路径查找器】面板，单击【相加】按钮 ，如图 11.84 所示。

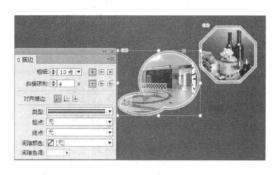

图 11.81　设置描边

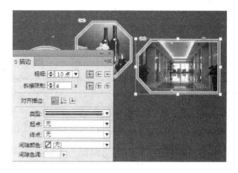

图 11.82　绘制图形

图 11.83　绘制圆形

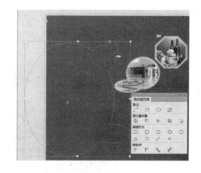

图 11.84　将圆形相加

(21) 确认路径处于选中状态，按 F5 键打开【色板】面板，将填充颜色设置为【纸色】，如图 11.85 所示。

(22) 继续选择该路径，在菜单栏中选择【对象】|【效果】|【内阴影】命令，如图 11.86 所示。

(23) 弹出【效果】对话框，勾选【预览】复选框，将【位置】选项组下的【距离】设置为 2 毫米，【角度】设置为 110°；将【选项】选项组下的【大小】设置为 3 毫米，如图 11.87 所示。

(24) 单击【确定】按钮，继续选择该路径，单击鼠标右键，在弹出的快捷菜单中选择【锁定】命令，效果如图 11.88 所示。

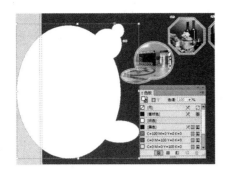

图 11.85　设置填充颜色

图 11.86　添加【内阴影】命令

图 11.87　设置【内阴影】

图 11.88　路径效果

(25) 在工具箱中选择【椭圆工具】 ，在文档窗口中绘制一个椭圆形，如图 11.89 所示。

(26) 确认该椭圆处于选中状态，按 Ctrl+D 组合键，打开【置入】对话框，选择随书附带光盘中的 CDROM\素材\Cha11\练习\大堂.jpg 文件，如图 11.90 所示。

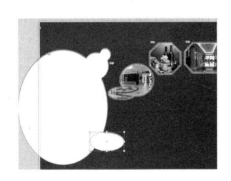

图 11.89　绘制椭圆

图 11.90　选择素材文件

(27) 单击【打开】按钮，在工具箱中选择【直接选择工具】 ，选择置入的素材图片，按住 Shift 键对图片进行等比例缩放，调整至合适的大小和位置，如图 11.91 所示。

(28) 按 W 键预览效果，在工具箱中选择【文字工具】 ，在文档窗口中按住鼠标进行拖动，绘制出一个文本框，打开随书附带光盘中的 CDROM\素材\Cha11\练习\酒店设施.txt 文件，将文字选中复制粘贴至文本框中；选中文字后在【控制】面板中，将字体设置为【华文楷体】，将文字大小设置为 18，如图 11.92 所示。

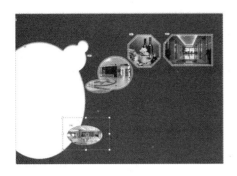

图 11.91　调整图片大小及位置

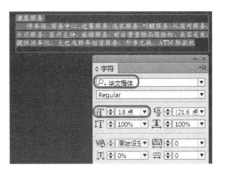

图 11.92　粘贴并设置文字

(29) 使用【文字工具】T.，在【色板】中将文字调整为纸色，选中"酒店服务"文字，为其添加一种项目符号，然后在控制面板中将字体设置为【华文楷体】，将字体大小设置为 30，如图 11.93 所示。

(30) 使用【矩形工具】▢在"酒店服务"4 个字处绘制一个矩形并将其填充为蓝色，然后将其置于"酒店服务"4 个字的下面，如图 11.94 所示。

图 11.93　设置文字

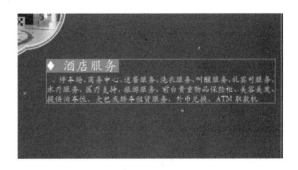

图 11.94　绘制矩形

(31) 使用相同的方法，制作其他文本效果，如图 11.95 所示。

(32) 使用相同的方法，制作文本，然后将文字大小设置为 18，设计师可以根据排版要求设置其他文字样式和颜色，如图 11.96 所示。

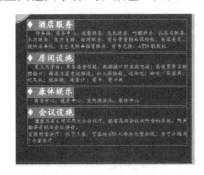

图 11.95　其他制作文本

图 11.96　制作文本

(33) 在工具箱中选择【文字工具】T.，在文档窗口中按住鼠标进行拖动，绘制出一个文本框，输入文字"皇冠假日商务酒店"，选中文字，在【控制】面板中将字体设置为

【华文琥珀】，将字体大小设置为 60，在色板中将字体颜色设为黄色，如图 11.97 所示。

(34) 在工具箱中选择【选择工具】，选择刚刚制作的文本，在菜单栏中选择【对象】|【效果】|【投影】命令，在【效果】对话框中，将【位置】选项组下的【距离】设置为 2 毫米，【角度】设置为 135°，将【选项】选项组下的【大小】设置为 1 毫米，如图 11.98 所示。

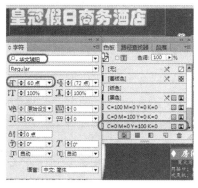
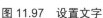

图 11.97　设置文字

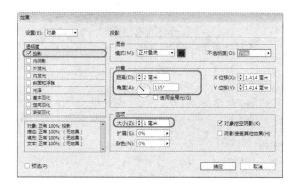

图 11.98　【效果】对话框

(35) 使用相同的方法，制作左上角"娱乐餐饮一体化"文字的文字效果。

(36) 在工具箱中选择【直接选择工具】，选择文档框，按住 Shift 键对文档进行等比例缩放，调整至合适的大小和位置，如图 11.99 所示。

(37) 在工具箱中选择【矩形工具】，按住 Shift 键拖动鼠标，在场景中绘制一个正方形，按 Ctrl+D 组合键，打开【置入】对话框，打开随书附带光盘中的 CDROM\素材\Cha11\练习\皇冠.png 文件，并调整至合适的大小与位置，如图 11.100 所示。

图 11.99　调整后的文字效果

图 11.100　插入皇冠图片

(38) 场景制作完成后，按 Ctrl+E 组合键，打开【导出】对话框，在该对话框中为其指定导出的路径，为其命名并将其【保存类型】设置为 JPEG 格式，如图 11.101 所示。

(39) 单击【保存】按钮，在弹出的【导出 JPEG】对话框中，使用其默认值，如图 11.102 所示。

(40) 单击【导出】按钮，在菜单栏中选择【文件】|【存储为】命令，为其指定名称并将【保存类型】设置为【InDesign CC 文档】，单击【保存】按钮，如图 11.103 所示。

图 11.101　【导出】对话框　　　　图 11.102　【导出 JPEG】对话框

图 11.103　【存储为】对话框

11.6.2　制作请柬

下面介绍如何制作请柬，完成后的效果如图 11.104 所示。

图 11.104　请柬

(1) 启动软件后，在菜单栏中选择【文件】|【新建】|【文档】命令，弹出【新建文档】对话框，将【宽度】、【高度】分别设置为 150、120，单击【边距和分栏】按钮，如图 11.105 所示。

(2) 弹出【新建边距和分栏】对话框，在该对话框中的【边距】选项组中将【上】、【下】、【内】、【外】均设置为 0，单击【确定】按钮，如图 11.106 所示。

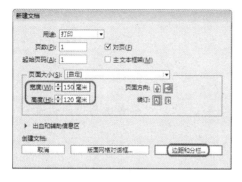

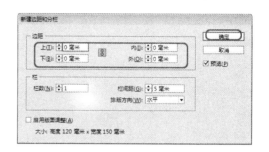

图 11.105　【新建文档】对话框　　　　　图 11.106　【新建边距和分栏】对话框

(3) 在工具箱中选择【矩形工具】，将【描边】设置为无，将【填色】的 CMYK 值设置为 26、94、92、0，在页面中绘制矩形，效果如图 11.107 所示。

(4) 按 Ctrl+D 组合键，弹出【置入】对话框，在该对话框中选择随书附带光盘中的 CDROM\素材\Cha11\P1.jpg 素材图片，单击【打开】按钮，如图 11.108 所示。

图 11.107　绘制矩形的效果　　　　　图 11.108　【置入】对话框

(5) 在页面中拖动鼠标绘制矩形，将整个页面覆盖。打开【效果】面板，将【混合模式】设置为【柔光】，将【不透明度】设置为 65%，如图 11.109 所示。

(6) 按 Ctrl+D 组合键，弹出【置入】对话框，在该对话框中选择随书附带光盘中的 CDROM\素材\Cha11\P2.png，单击【打开】按钮，如图 11.110 所示。

(7) 在页面的适当位置绘制矩形插入图片，选择刚刚插入的图片，单击鼠标右键，在弹出的快捷菜单中选择【显示性能】|【高品质显示】命令，如图 11.111 所示。

(8) 确定图片处于选择状态，按 Ctrl+C 组合键，再按 Ctrl+V 组合键，将复制的图形旋转 180°，然后使用【选择工具】将其移动至适当的位置，效果如图 11.112 所示。

(9) 在工具箱中选择【文字工具】，在页面中绘制矩形，然后输入文本"婚宴"，打开【颜色】面板，将 CMYK 值设置为 15、0、100、0，单击【颜色】面板中的 ▤ 按钮，在弹出的下拉菜单中选择【添加到色板】命令，如图 11.113 所示。

图 11.109 【效果】面板

图 11.110 选择素材图片

图 11.111 选择【高品质显示】命令

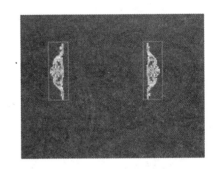

图 11.112 调整完成后的效果

(10) 在控制栏中单击【填色】右侧的 ▶ 按钮，在弹出的下拉列表中选择刚刚创建的颜色，打开【描边】面板，将【粗细】设置为 0.5 点，打开【字符】面板，将字体设置为【华文新魏】，将字体大小设置为 24 点，完成后的效果如图 11.114 所示。

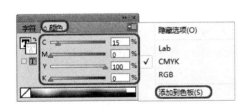

图 11.113 选择【添加到色板】命令

图 11.114 设置文字

(11) 在菜单栏中选择【文件】|【置入】命令，弹出【置入】对话框，在弹出的对话框中选择素材图片 P3.png，单击【打开】按钮，在适当的位置绘制矩形插入图片，并调整图片的【显示性能】为【高清显示】，完成后的效果如图 11.115 所示。

(12) 使用同样的方法使用【文字工具】在页面中输入文本，将其字体设置为【华文楷体】，将字体大小设置为 12 点，将【填色】的 CMYK 值设置为 15、0、100、0，将【描边】的 CMYK 值设置为 15、0、100、0，在【描边】面板中将【粗细】设置为 0.25 点，在【字符】面板中将【字符间距】设置为 250，设置完成后的效果如图 11.116 所示。

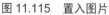

图 11.115 置入图片

图 11.116 输入文本并设置

(13) 使用【文本工具】在页面中输入文本，选中输入的文本，在【字符】面板中将字体设置为【华文楷体】，将字体大小设置为 72 点。在控制栏中单击【填色】右侧的▶按钮，在弹出的下拉列表中选择【纸色】，单击【描边】右侧的▶按钮，在弹出的下拉列表中选择 C=15,M=0,Y=100,K=0，在【描边】面板中将【粗细】设置为 0.25 点，设置完成后的效果如图 11.117 所示。

(14) 使用【直线工具】在页面中按住 Shift 键绘制线条，在控制栏中，将【粗细】设置为 2 点，将【填色】的 CMYK 值设置为 15、0、100、0，将【描边】的 CMYK 值设置为 15、0、100、0，设置完成后的效果如图 11.118 所示。

图 11.117 输入文本

图 11.118 绘制线条

(15) 将按 Ctrl+D 组合键在弹出的对话框中选择随书附带光盘中的 CDROM\素材\Cha11\P5.png，单击【打开】按钮，在页面中绘制矩形插入图片，效果如图 11.119 所示。

(16) 按 Ctrl+D 组合键，在弹出的对话框中选择 P4.tif 素材图片，单击【打开】按钮，在页面中插入图片，完成后的效果如图 11.120 所示。

图 11.119 插入 P5.png 图片

图 11.120 插入 P4.tif 图片

(17) 在工具箱中选择【钢笔工具】，将【描边】设置为无，将【填色】设置为无。打开【色板】面板，单击 按钮，在弹出的下拉菜单中选择【新建渐变色板】命令，弹出【新建渐变色板】对话框，将【色板名称】设置为【渐变】，将【类型】设置为【径向】，选择左侧的色标，将【青色】、【洋红色】、【黄色】、【黑色】分别设置为 16、0、100、0，如图 11.121 所示。

(18) 选择右侧的色标，将【青色】、【洋红色】、【黄色】、【黑色】分别设置为 0、84、100、25，如图 11.122 所示。

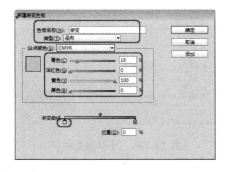

图 11.121　【新建渐变色板】对话框

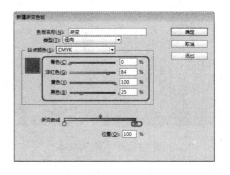

图 11.122　设置颜色

(19) 设置完成后单击【确定】按钮，使用【钢笔工具】绘制如图 11.123 所示的图形。

(20) 确定绘制的图形处于选择状态，在控制栏中单击【填色】右侧的 按钮，在弹出的下拉列表中选择【渐变】选项，即可为绘制的图形填充颜色，完成后的效果如图 11.124 所示。

图 11.123　绘制的图形

图 11.124　填充颜色后的效果

(21) 确定绘制的图形处于选择状态，按 Ctrl+C 组合键进行复制，再按 Ctrl+V 组合键进行粘贴，然后将其旋转，使用【选择工具】调整其位置，调整完成后的效果如图 11.125 所示。

(22) 使用同样的方法创建其他图形，设置完成后的效果如图 11.126 所示。

图 11.125　复制并调整图片

图 11.126　设置完成后的效果

(23) 使用同样的方法，在页面中输入文本并进行调整，效果如图 11.127 所示。

(24) 至此，请柬就制作完成了，在菜单栏中选择【文件】|【导出】命令，弹出【导出】对话框，设置存储路径并设置【文件名】为"请柬"，将【保存类型】设置为 JPEG，单击【保存】按钮，如图 11.128 所示。

图 11.127　输入文本　　　　　　　图 11.128　【导出】对话框

(25) 弹出【导出 JPEG】对话框，将【分辨率】设置为 300，单击【导出】按钮，即可将图片导出。图片导出完成后将场景进行保存。

11.7　思　考　题

1. 在 InDesign CC 中，选择矩形工具绘图时，怎样才能绘制出一个正方形？

2. 在创建路径时，如何移动任意一个锚点、方向键控制手柄或整个路径？

3. 在 InDesign CC 中使用图形工具，可以创建几种图形？分别是哪些？

第 12 章　颜色的定义与图文混排

InDesign CC 是一款针对艺术排版的软件，而在排版中颜色是其中至关重要的一部分，只有定义好颜色，才能得到理想的版面和效果。

本章将主要介绍使用【色板】面板、【颜色】面板、【渐变】面板等创建颜色的方法。

本章还介绍了在 InDesign CC 中实现图文绕排和图文排版中的一些基本操作，包括文本绕排方式、剪切路径、复合路径、设置脚注等。

12.1　了解专色和印刷色

可以将颜色类型指定为专色或印刷色，这两种颜色类型与商业印刷中使用的两种主要的油墨类型相对应。

12.1.1　关于专色

专色是一种预先混合的特殊油墨，是 CMYK 四色印刷油墨之外的另一种油墨，用于替代 CMYK 四色印刷油墨，它在印刷时需要使用专门的印版。当指定少量颜色并且颜色准确度很关键时请使用专色。专色油墨可以准确地重现印刷色色域以外的颜色。但是，印刷专色的确切外观由印刷商所混合的油墨和所用纸张共同决定，而不是由用户指定的颜色值或色彩管理决定的。当用户指定专色值时，只是在为显示器和复合打印机描述该颜色的模拟外观(受这些设备的色域限制的影响)。指定专色时，需要记住以下原则。

- 要在打印的文档中实现最佳效果，请指定印刷商所支持的颜色匹配系统中的专色。本软件提供了一些颜色匹配系统库。
- 尽量减少使用的专色数量。用户创建的每个专色都将为印刷机生成额外的专色印版，从而增加印刷成本。如果需要 4 种以上的颜色，请考虑采用四色印刷。
- 如果某个对象包含专色并与另一个包含透明度的对象重叠，在导出为 EPS 格式时，使用【打印】对话框将专色转换为印刷色，或者在 InDesign 以外的应用程序中创建分色时，可能会产生不希望出现的结果。要获得最佳效果，请在打印之前使用【拼合预览】或【分色预览】对拼合透明度的效果进行软校样。此外，在打印或导出之前，还可以使用 InDesign 中的【油墨管理器】将专色转换为印刷色。

12.1.2　关于印刷色

印刷色是使用 4 种标准印刷油墨的组合印刷的，包括青色、洋红色、黄色和黑色(CMYK)。当作业需要的颜色较多而导致使用单独的专色油墨成本很高或者不可行时(例如，印刷彩色照片时)，需要使用印刷色。指定印刷色时，需要记住以下原则。

- 要使高品质印刷文档呈现最佳效果，请参考印刷在四色色谱(印刷商可能会提供)

中的 CMYK 值来设定颜色。

- 由于印刷色的最终颜色值是它的 CMYK 值，因此，如果使用 RGB 或 LAB 指定印刷色，在分色时，系统会将这些颜色值转换为 CMYK 值。
- 除非用户已经正确设置了颜色管理系统，并且了解它在颜色预览方面的限制，否则，请不要根据显示器上的显示来指定印刷色。
- 因为 CMYK 的色域比普通显示器的色域小，所以应避免在只供联机查看的文档中使用印刷色。

12.1.3　同时使用专色和印刷色

有时，在同一作业中同时使用印刷油墨和专色油墨是可行的。例如，在年度报告的相同页面上，可以使用一种专色油墨来印刷公司徽标的精确颜色，而使用印刷色重现照片。还可以使用一个专色印版，在印刷色作业区域中应用上光色。在这两种情况下，打印作业共使用 5 种油墨：4 种印刷色油墨和 1 种专色油墨或上光色。

在 InDesign 中，可以将印刷色和专色相混合以创建混合油墨颜色。

12.2　创　建　颜　色

在 InDesign 中提供了一些预设的颜色，如纸色、黑色、洋红与绿色等。如果需要应用预设颜色以外的其他颜色，可以根据需要自定义设置。

12.2.1　使用【色板】面板创建颜色

在 InDesign CC 中创建新颜色的最常用方法就是使用【色板】面板创建。在该面板中，每一种颜色后面都列有该颜色的详细数值。使用【色板】面板创建颜色的具体操作步骤如下。

(1) 在菜单栏中选择【窗口】|【颜色】|【色板】命令，打开【色板】面板，如图 12.1 所示。

(2) 单击【色板】面板右上角的 按钮，在弹出的下拉菜单中选择【新建颜色色板】命令，如图 12.2 所示。

图 12.1　【色板】面板

图 12.2　选择【新建颜色色板】命令

(3) 弹出【新建颜色色板】对话框，在该对话框中将【颜色类型】和【颜色模式】使用默认的设置，然后通过拖动滑块或输入数值来设置一种颜色，如图 12.3 所示。

(4) 然后单击【确定】按钮，即可在【色板】面板中显示出新创建的颜色，如图 12.4 所示。

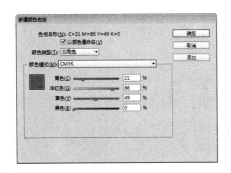

图 12.3　【新建颜色色板】对话框　　　　　　　图 12.4　新创建的颜色

【新建颜色色板】对话框中的各选项功能说明如下。

- 　【以颜色值命名(V)】：勾选该复选框，会将新创建的颜色以该颜色的颜色值来命名，如果取消勾选该复选框，在【色板名称】后面会出现一个文本框，在文本框中输入新创建的颜色的名称即可，如图 12.5 所示。

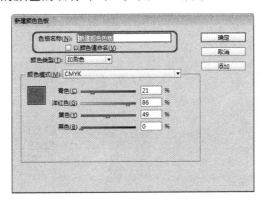

图 12.5　输入新创建的颜色名称

- 　【颜色类型】：在该下拉列表中有【印刷色】和【专色】两种选项，选择【印刷色】选项，会将编辑的颜色定义为印刷色，而选择【专色】选项，则会将编辑的颜色定义为专色。
- 　【颜色模式】：在该下拉列表中选择要用于定义颜色的模式。

12.2.2　使用【拾色器】对话框创建颜色

使用【拾色器】对话框可以从色域中选择颜色，或以数字方式指定颜色。可以使用 RGB、Lab 或 CMYK 颜色模式来定义颜色。使用【拾色器】对话框来创建颜色的操作步骤如下。

(1) 在工具箱中双击【填色】图标，弹出【拾色器】对话框，如图 12.6 所示。

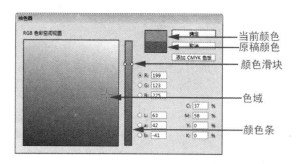

图 12.6 【拾色器】对话框

(2) 然后在该对话框中设置一种需要的颜色，可以执行下列操作之一：

● 在色域内单击或拖动鼠标，十字准线指示颜色在色域中的位置。

● 沿颜色条拖动颜色滑块，或者在颜色条内直接单击。

● 在任意一种颜色模式文本框中输入数值。

(3) 设置完成后单击【确定】按钮即可。如果要将该颜色添加到色板中，可以用鼠标右击工具箱中的【填色】图标，在弹出的快捷菜单中选择【添加到色板】命令，如图 12.7 所示。

(4) 即可将设置的颜色添加到【色板】面板中，如图 12.8 所示。

图 12.7 选择【添加到色板】命令

图 12.8 将颜色添加到【色板】面板中

12.2.3 使用【颜色】面板创建颜色

在 InDesign CC 中，使用【颜色】面板也可以创建颜色，其具体操作步骤如下。

(1) 在菜单栏中选择【窗口】|【颜色】|【颜色】命令，打开【颜色】面板，如图 12.9 所示。

(2) 单击【颜色】面板右上角的 按钮，在弹出的下拉菜单中选择一种颜色模式，在这里选择 CMYK，如图 12.10 所示。

(3) 然后在【颜色】面板中设置一种颜色，如图 12.11 所示。

图 12.9 【颜色】面板

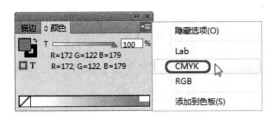

图 12.10　选择 CMYK 颜色模式

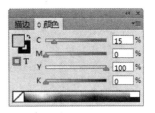

图 12.11　设置颜色

(4) 如果要将设置的颜色添加到色板中，可以单击【颜色】面板右上角的 按钮，在弹出的下拉菜单中选择【添加到色板】命令，如图 12.12 所示。

(5) 即可将设置的颜色添加到【色板】面板中，如图 12.13 所示。

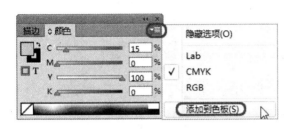

图 12.12　选择【添加到色板】命令

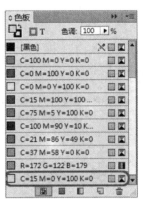

图 12.13　将颜色添加到【色板】面板中

12.3　创 建 色 调

色调是经过加网而变得较浅的一种颜色版本，是一种给专色带来不同颜色深浅变化的较经济的方法，不必支付额外专色油墨的费用。色调也是创建较浅印刷色的快速方法，但它并不会减少四色印刷的成本。与普通颜色一样，最好在【色板】面板中命名和存储色调，以便可以在文档中轻松编辑应用该色调的所有实例。

(1) 在菜单栏中选择【窗口】|【颜色】|【色板】命令，打开【色板】面板，在【色板】面板中选择一种要创建色调的颜色色板，如图 12.14 所示。

(2) 然后单击【色板】面板右上角的 按钮，在弹出的下拉菜单中选择【新建色调色板】命令，如图 12.15 所示。

(3) 弹出【新建色调色板】对话框，通过拖动【色调】颜色条上的滑块或在右侧的文本框中输入数值，可以调整色调的颜色深浅，如图 12.16 所示。

(4) 然后单击【确定】按钮，完成色调的创建，效果如图 12.17 所示。

图 12.14　选择颜色

图 12.15　选择【新建色调色板】命令

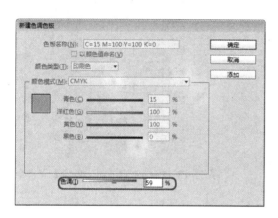

图 12.16　【新建色调色板】对话框

图 12.17　创建的色调

12.4　创建混合油墨

当需要使用最少数量的油墨获得最大数量的印刷颜色时，可以通过混合两种专色油墨或将一种专色油墨与一种或多种印刷色油墨混合来创建新的油墨色板。使用混合油墨颜色，可以增加可用颜色的数量，而不会增加用于印刷文档的分色的数量。

可以创建单个混合油墨色板，也可以使用【新建混合油墨组】命令一次生成多个色板。混合油墨组包含一系列由百分比不断递增的不同印刷色油墨和专色油墨创建的颜色。例如，将青色的 4 个色调(20%、40%、60%和 80%)与一种专色的 5 个色调(10%、20%、30%、40%和 50%)相混合，将生成包含 20 个不同色板的混合油墨组。创建单个混合油墨色板的操作步骤如下。

(1) 在【色板】面板中按住 Ctrl 键选择一种专色和一种印刷色(如果【色板】面板中没有专色，可以根据前面介绍的方法先创建一种专色)，如图 12.18 所示。

(2) 然后单击【色板】面板右上角的按钮，在弹出的下拉菜单中选择【新建混合油墨色板】命令，如图 12.19 所示。

图 12.18　选择专色和印刷色

图 12.19　选择【新建混合油墨色板】命令

(3) 弹出【新建混合油墨色板】对话框，在【名称】文本框中输入混合油墨色板的名称，然后在颜色名称左侧的空白框处通过单击可以添加需要混合的颜色，当空白框变成样式后表示该颜色已被添加，如图 12.20 所示。

(4) 通过拖动颜色名称右侧的颜色条上的滑块，可以调整该颜色需要混合的百分比，如图 12.21 所示。

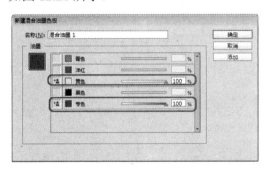

图 12.20　【新建混合油墨色板】对话框

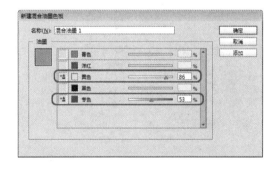

图 12.21　调整颜色混合的百分比

(5) 然后单击【确定】按钮，完成混合油墨的创建，效果如图 12.22 所示。

图 12.22　创建的混合油墨

12.5 复制和删除色板

颜色色板创建完成后，可以根据需要对创建的颜色色板进行复制或删除操作。

12.5.1 复制色板

复制色板的具体操作步骤如下。

(1) 在【色板】面板中选择需要复制的颜色色板，如图 12.23 所示。

(2) 然后单击【色板】面板右上角的 按钮，在弹出的下拉菜单中选择【复制色板】命令，如图 12.24 所示。

(3) 即可将选择的色板进行复制，复制出的新色板会自动排列在其他颜色色板的下方，如图 12.25 所示。

图 12.23 选择颜色色板

图 12.24 选择【复制色板】命令

图 12.25 复制的色板

> **提示**
>
> 选中需要复制的色板，然后按住鼠标左键，将其拖动到【新建色板】按钮上，也可以复制色板。

12.5.2 删除色板

删除色板的具体操作步骤如下。

(1) 在【色板】面板中选择需要删除的颜色色板，然后单击面板右上角的 按钮，在弹出的下拉菜单中选择【删除色板】命令，如图 12.26 所示。

(2) 即可将选择的色板删除，效果如图 12.27 所示。

图 12.26　选择【删除色板】命令

图 12.27　删除色板后的效果

提　示

选中需要删除的色板，然后单击【色板】面板底部的【删除色板】按钮 ，或者将选中的色板拖动到【删除色板】按钮 上，也可以删除色板。

12.6　设置【色板】面板的显示模式

单击【色板】面板右上角的 按钮，在弹出的下拉菜单中有 4 种显示模式，即【名称】、【小字号名称】、【小色板】和【大色板】，如图 12.28 所示。在 InDesign 中，默认的显示模式为【名称】。

如果要更改【色板】面板的显示模式，可以在下拉菜单中单击选择一种显示模式即可，如图 12.29 所示为【大色板】显示模式。

图 12.28　4 种显示模式

图 12.29　【大色板】显示模式

12.7　编　辑　描　边

描边是指一个图形对象的边缘或路径。在 InDesign CC 中可以设置描边的粗细、类型与颜色。

12.7.1　设置描边粗细

通过使用【描边】面板中的【粗细】选项可以设置描边的粗细，具体操作步骤如下。

(1) 在菜单栏中选择【文件】|【打开】命令，在弹出的对话框中打开随书附带光盘中的 CDROM\素材\Cha12\素材 001.indd 文档，然后使用【选择工具】选择心形对象，如图 12.30 所示。

(2) 在菜单栏中选择【窗口】|【描边】命令，打开【描边】面板，在【描边】面板中的【粗细】下拉列表中选择 4 点，如图 12.31 所示。

图 12.30　选择对象

图 12.31　选择 4 点

(3) 即可设置描边的粗细，效果如图 12.32 所示。

图 12.32　设置描边粗细后的效果

12.7.2　设置描边类型

在【描边】面板中还可以对描边的类型进行设置，具体操作步骤如下。

(1) 继续上一小节的操作。在【描边】面板中的【类型】下拉列表中选择一种描边类型，如图 12.33 所示。

(2) 即可设置描边的类型，效果如图 12.34 所示。

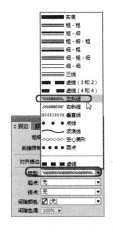

图 12.33　选择一种描边类型　　　　图 12.34　设置描边类型后的效果

12.7.3　设置描边颜色

在工具箱中单击【描边】图标，然后即可在【控制】面板、【色板】面板、【颜色】面板或【渐变】面板中对描边的颜色进行设置，也可以在工具箱中双击【描边】图标，在弹出的【拾色器】对话框中对描边的颜色进行设置。

12.8　处理彩色图片

在 InDesign 中，可以根据不同的作品需求使用导入的各种图像，这就需要用户对各种图像的格式、颜色模式以及分辨率有所了解。

12.8.1　处理 EPS 文件

InDesign 会自动从 EPS 文件中导入定义颜色，因此 EPS 文件的任何专色都会显示在 InDesign 的【色板】面板中。

在图表程序中创建 EPS 文件，颜色可能会发生以下 3 种印刷问题。

- 每种颜色都在其自身的调色板上印刷，即使将其定义为一种印刷色也一样。
- 一种专色被颜色分离为 CMYK 印刷色后，即使在源程序或 InDesign 中都将其定义为一种专色，也会被分离。
- 仅有一种颜色用于黑色印刷。

12.8.2　处理 TIFF 文件

在处理 TIFF 文件时不会出现像处理 EPS 文件时遇到的问题，因为创建 TIFF 文件不会使用专色，而是会被划分为 RGB 或 CMYK 颜色模式。InDesign 能对 RGB TIFF 文件与 CMYK TIFF 文件进行颜色分离。

12.8.3　处理 PDF 文件

InDesign 能精确导入任何用于 PDF 文件的颜色。即使 InDesign 不支持 Hexachrome 颜色，它仍会在 PDF 文件中保留它们，直到将 InDesign 文件导出为 PDF，用于输出为止。另外，Hexachrome 颜色在印刷或从 InDesign 生成 PostScript 文件时就被转换为 CMYK。很多 Hexachrome 颜色在被转换为 CMYK 时都不能正确印刷，因此应该始终使用 Hexachrome PDF 图片将 InDesign 文件导出为 PDF。

12.9　处 理 渐 变

渐变是两种或多种颜色之间或同一颜色的两个色调之间的逐渐混合。渐变是通过渐变条中的一系列色标定义的。在默认情况下，渐变以两种颜色开始，中点在 50%。

12.9.1　使用【色板】面板创建渐变

在 InDesign 中使用【色板】面板也可以创建渐变，其具体操作步骤如下。

(1) 在菜单栏中选择【窗口】|【颜色】|【色板】命令，打开【色板】面板，单击【色板】面板右上角的 按钮，在弹出的下拉菜单中选择【新建渐变色板】命令，如图 12.35 所示。

(2) 弹出【新建渐变色板】对话框，如图 12.36 所示。

图 12.35　选择【新建渐变色板】命令

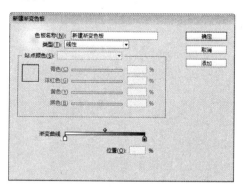

图 12.36　【新建渐变色板】对话框

- 【色板名称】：在该文本框中为新创建的渐变命名。
- 【类型】：在该下拉列表中有两个选项，分别为【线性】和【径向】，可以设置新建渐变的类型。

- 【站点颜色】：在该下拉列表中可以选择渐变的模式，共有 4 个选项，分别为 Lab、CMYK、RGB 和【色板】。若要选择【色板】中已有的颜色，可以在该下拉列表中选择【色板】选项，即可选择色板中已有的颜色。若要为渐变混合一个新的未命名颜色，请选择一种颜色模式，然后输入颜色值。
- 【渐变曲线】：设置渐变混合颜色的色值。

提 示

单击【渐变曲线】渐变颜色条上的色标，可以激活【站点颜色】设置区。

(3) 渐变颜色由渐变颜色条上的一系列色标决定。色标是渐变从一种颜色到另一种颜色的转换点，增加或减少色标，可以增加和减少渐变颜色的数量。要增加渐变色标，可以在【渐变曲线】渐变颜色条下单击，如图 12.37 所示。

(4) 如果要删除色标则可以将色标向下拖动，使其脱离渐变曲线即可，如图 12.38 所示。

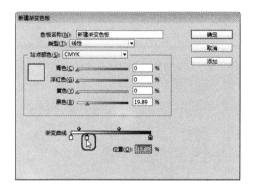

图 12.37　添加色标

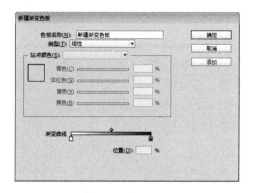

图 12.38　删除色标

(5) 单击选择左侧的色标，然后在【站点颜色】设置区中输入数值或拖动滑块，设置色标的颜色，如图 12.39 所示。

(6) 通过拖动【渐变曲线】渐变颜色条上的色标可以调整颜色的位置，如图 12.40 所示。

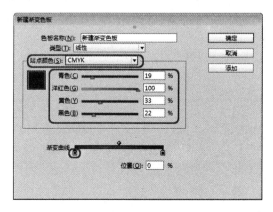

图 12.39　设置色标的颜色

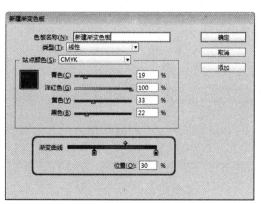

图 12.40　调整色标的位置

(7) 然后单击选择右侧的色标，此时可以看到系统自动在【站点颜色】下拉列表中选择了【色板】选项，这是因为在默认的情况下，最后的色标应用的是【色板】上的黑色，如图 12.41 所示。

(8) 在【站点颜色】设置区中选择一种其他颜色，即可更改右侧色标的颜色，如图 12.42 所示。

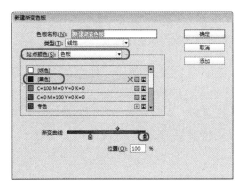

图 12.41　单击选择右侧的色标

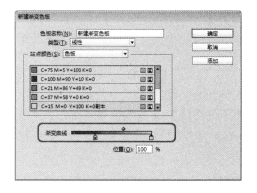

图 12.42　设置右侧色标的颜色

(9) 在渐变颜色条上，每两个色标的中间都有一个菱形的中点标记，移动中点标记可以改变该点两侧色标颜色的混合位置，如图 12.43 所示。

(10) 设置完成后单击【确定】按钮，即可将新创建的渐变添加到【色板】面板中，效果如图 12.44 所示。

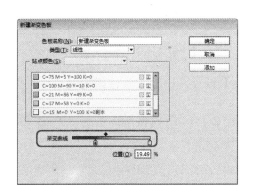

图 12.43　调整颜色的混合位置

图 12.44　新建的渐变

12.9.2　使用【渐变】面板创建渐变

下面来介绍一下通过使用【渐变】面板来创建渐变的方法，其具体操作步骤如下。

(1) 在菜单栏中选择【窗口】|【颜色】|【渐变】命令，打开【渐变】面板，如图 12.45 所示。

(2) 在【渐变】面板中的渐变颜色条上单击，然后选择第一个色标，再在菜单栏中选择【窗口】|【颜色】|【颜色】命令，打开【颜色】面板，如图 12.46 所示。

(3) 然后在【颜色】面板中设置一种颜色，如图 12.47 所示。

图 12.45　【渐变】面板

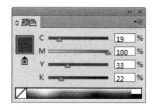
图 12.46　【颜色】面板

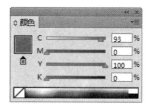
图 12.47　使用【颜色】面板设置颜色

(4) 即可将【渐变】面板中的第一个色标的颜色改变成刚才在【颜色】面板中设置的颜色，如图 12.48 所示。

(5) 使用同样的方法，为另一个色标设置颜色。然后右击渐变颜色条，在弹出的快捷菜单中选择【添加到色板】命令，如图 12.49 所示。

(6) 即可将设置的渐变颜色添加到【色板】面板中，效果如图 12.50 所示。

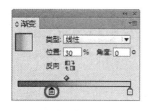
图 12.48　改变色标的颜色

图 12.49　选择【添加到色板】命令

图 12.50　新创建的渐变

12.9.3　编辑渐变

创建完渐变后，还可以根据需要对色标的颜色模式与颜色进行修改，其具体操作步骤如下。

(1) 在【色板】面板中选择需要编辑的渐变色板，如图 12.51 所示。

(2) 单击【色板】面板右上角的 按钮，在弹出的下拉菜单中选择【色板选项】命令，如图 12.52 所示。

图 12.51　选择要编辑的渐变色板

图 12.52　选择【色板选项】命令

（3）弹出【渐变选项】对话框，在【渐变选项】对话框中选中色标，然后对色标的颜色模式与颜色进行修改，如图 12.53 所示。

（4）修改完成后单击【确定】按钮，即可将修改完成的渐变色板保存，效果如图 12.54 所示。

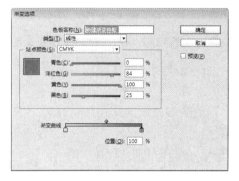

图 12.53　【渐变选项】对话框　　　　　　图 12.54　修改渐变后的效果

> **提 示**
>
> 双击需要编辑的渐变色板，或右击需要编辑的渐变色板，在弹出的快捷菜单中选择【渐变选项】命令，也可以弹出【渐变选项】对话框。

12.10　文 本 绕 排

使用文本绕排效果可以使设计的杂志或报刊更加生动美观，在 InDesign CC 中提供了多种文本绕排的形式，如沿定界框绕排、沿对象形状绕排、上下型绕排或下型绕排。

在菜单栏中选择【文件】|【打开】命令，在弹出的对话框中打开随书附带光盘中的 CDROM\素材\Cha12\002.indd 文档，然后使用【选择工具】 选择需要应用文本绕排的图形对象，如图 12.55 所示。在菜单栏中选择【窗口】|【文本绕排】命令，打开【文本绕排】面板，如图 12.56 所示。

图 12.55　选择对象　　　　　　　　　图 12.56　【文本绕排】面板

在【文本绕排】面板中单击【沿定界框绕排】按钮，文档效果如图 12.57 所示。在【文本绕排】面板中单击【沿对象形状绕排】按钮，将【轮廓选项】选项组中的【类型】设置为【检测边缘】，文档效果如图 12.58 所示。

图 12.57　沿定界框绕排后的效果　　　　　图 12.58　沿对象形状绕排

在【文本绕排】面板中单击【上下型绕排】按钮，文档效果如图 12.59 所示。在【文本绕排】面板中单击【下型绕排】按钮，文档效果如图 12.60 所示。

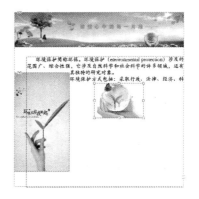

图 12.59　上下型绕排　　　　　　　　　图 12.60　下型绕排

如果要使用图形分布文本，可在【文本绕排】面板中勾选【反转】复选框即可，绕排效果如图 12.61 所示。

图 12.61　勾选【反转】复选框后的效果

如果需要设置图形与文本的间距,可以通过在【上位移】、【下位移】、【左位移】和【右位移】文本框中输入数值来调整。如图 12.62 所示为设置各个位移数值为 0 毫米时的效果。如图 12.63 所示为设置各个位移数值为 10 毫米时的效果。

图 12.62　设置位移为 0 毫米时的效果

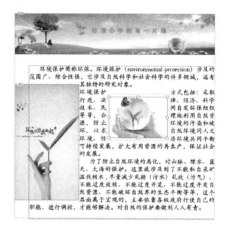

图 12.63　设置位移为 10 毫米时的效果

在【绕排选项】下的【绕排至】下拉列表中,可以指定绕排是应用于书脊的特定一侧、朝向书脊还是背向书脊。其中包括【右侧】、【左侧】、【左侧和右侧】、【朝向书脊侧】、【背向书脊侧】和【最大区域】6 个选项,如图 12.64 所示。【左侧和右侧】为默认选项。

当选择【沿对象形状绕排】时,【轮廓选项】选项被激活,在面板中可以对绕排轮廓进行设置,这种绕排形式通常是针对导入的图像。

在【类型】下拉列表中可以设置图形或文本的绕排方式,其中包括【定界框】、【检测边缘】、【Alpha 通道】、【Photoshop 路径】、【图形框架】、【与剪切路径相同】和【用户修改的路径】7 个选项,如图 12.65 所示。

图 12.64　【绕排至】下拉列表

图 12.65　【类型】下拉列表

- 【定界框】:将文本绕排至由图像的高度和宽度构成的矩形。
- 【检测边缘】:使用自动边缘检测生成边界。

- 【Alpha 通道】：用随图像存储的 Alpha 通道生成边界。如果此选项不可用，则说明没有随该图像存储任何 Alpha 通道。
- 【Photoshop 路径】：用随图像存储的路径生成边界。选择【Photoshop 路径】选项，然后从【路径】菜单中选择一个路径，如果【Photoshop 路径】选项不可用，则说明没有随该图像存储任何已命名的路径。
- 【图形框架】：使用框架的边界绕排。
- 【与剪切路径相同】：用导入图像的剪切路径生成边界。
- 【用户修改的路径】：用修改的路径生成边界。

通过勾选【包含内边缘】复选框，可以将文本绕排在图形中内部的任何空白区域。

12.11　使用剪切路径

剪切路径通常用来隐藏图形的一部分并显示其他部分。在 InDesign 中提供了以下 3 种使用剪切路径隐藏图形的方法。

- 使用图形文件内置的剪切路径。
- 创建一个不规则形状作为 InDesign 的蒙版，然后将图形载入到该形状中。
- 在菜单栏中选择【对象】|【剪切路径】|【选项】命令或按 Alt+Shift+Ctrl+K 组合键，可以创建剪切路径。

12.12.1　用不规则的形状剪切图形

在 InDesign 中提供了不规则形状编辑工具，可以通过使用形状编辑工具绘制形状，再利用形状编辑文本绕排边界。下面介绍两种方法。

- 使用【钢笔工具】 创建不规则形状，如图 12.66 所示。使用【选择工具】 选择新绘制的形状，然后在菜单栏中选择【文件】|【置入】命令，在弹出的对话框中选择随书附带光盘中的 CDROM\素材\Cha12\ 003.jpg 图片，然后单击【打开】按钮，即可将图片置入到形状中，如图 12.67 所示。

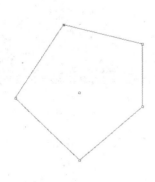

图 12.66　绘制的图形

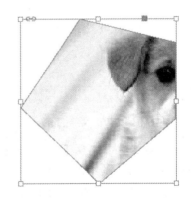

图 12.67　将图片置入形状中

- 先将图片置入到文档窗口中，然后使用【钢笔工具】 在图片上所要显示的部

分创建不规则形状，如图 12.68 所示。选择置入的图片，在菜单栏中选择【编辑】|【复制】命令，然后选择刚绘制的不规则形状，在菜单栏中选择【编辑】|【贴入内部】命令，即可将图片粘贴到绘制的不规则形状中，然后将置入的图片按 Delete 键将其删除，如图 12.69 所示。

图 12.68　创建不规则形状

图 12.69　将图片粘贴到形状中

12.12.2　使用【剪切路径】命令

下面来介绍一下使用【剪切路径】命令来设置剪切路径的方法，其具体操作步骤如下。

(1) 使用工具箱中的【矩形工具】绘制一个矩形，如图 12.70 所示。

(2) 在菜单栏中选择【文件】|【置入】命令，在弹出的对话框中选择随书附带光盘中的 CDROM\素材\Cha12\004.jpg 图片，然后单击【打开】按钮，将图片置入到形状中，如图 12.71 所示。

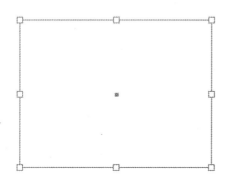

图 12.70　绘制矩形

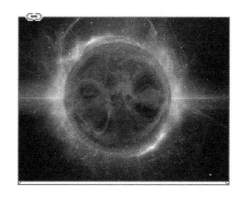

图 12.71　将图片置入形状中

(3) 在菜单栏中选择【对象】|【剪切路径】|【选项】命令，弹出【剪切路径】对话框，如图 12.72 所示。

(4) 在【类型】下拉列表中有 5 个选项可供选择，分别是【无】、【检测边缘】、【Alpha 通道】、【Photoshop 路径】和【用户修改的路径】选项，在该下拉列表中选择【检测边缘】选项，如图 12.73 所示，即可将相应的选项激活，各选项功能介绍如下。

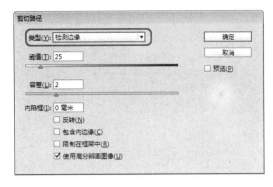

图 12.72　【剪切路径】对话框　　　　图 12.73　选择【检测边缘】选项

- 【阈值】：定义生成的剪切路径最暗的像素值。从 0 开始增大像素值可以使得更多的像素变得透明。

- 【容差】：指定在像素被剪切路径隐藏以前，像素的亮度值与【阈值】的接近程度。增加【容差】值有利于删除由孤立像素所造成的不需要的凹凸部分，这些像素比其他像素暗，但接近【阈值】中的亮度值。通过增大包括孤立的较暗像素在内的【容差】值附近的值范围，通常会创建一个更平滑、更松散的剪切路径。降低【容差】值会通过使值具有更小的变化来收紧剪切路径。

- 【内陷框】：相对于由【阈值】和【容差】值定义的剪切路径收缩生成的剪切路径，与【阈值】和【容差】不同，【内陷框】值不考虑亮度值，而是均匀地收缩剪切路径的形状。稍微调整【内陷框】值可以帮助隐藏使用【阈值】和【容差】值无法消除的孤立像素。输入负值可使生成的剪切路径比由【阈值】和【容差】值定义的剪切路径大。

- 【反转】：通过将最暗色调作为剪切路径的开始，来切换可见和隐藏区域。

- 包含内边缘：使存在于原始剪切路径内部的区域变得透明。默认情况下，【剪切路径】命令只使外面的区域变为透明，因此使用【包含内边缘】选项可以正确表现图形中的空洞。当希望其透明区域的亮度级别与必须可见的所有区域均不匹配时，该选项的效果最佳。

- 【限制在框架中】：创建终止于图形可见边缘的剪切路径。当使用图形的框架裁剪图形时，使用【限制在框架中】选项可以生成更简单的路径。

- 【使用高分辨率图像】：为了获得最大的精确度，应使用实际文件计算透明区域。取消勾选【使用高分辨率图像】复选框，系统将根据屏幕显示分辨率来计算透明度，这样会使速度更快但精确度较低。

(5) 在该对话框中将【阈值】设置为 150，将【容差】设置为 7，然后勾选【限制在框架中】复选框，如图 12.74 所示。

(6) 设置完成后单击【确定】按钮，完成对剪切路径的设置，效果如图 12.75 所示。

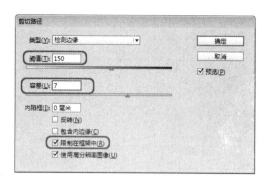

图 12.74 设置参数

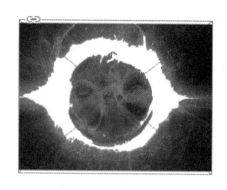

图 12.75 设置完成后的效果

12.12 将文本字符作为图形框架

在 InDesign 中通过使用【创建轮廓】命令可以将选中的文本转换为可编辑的轮廓线，然后即可将图形置入到字符形状中。

(1) 新建一个空白文档，使用工具箱中的【文字工具】T在文档中拖出一个矩形文本框架并在文本框架中输入文字，然后在【字符】面板中将字体设置为【华文中宋】，将字体大小设置为 24 点，如图 12.76 所示。

(2) 在菜单栏中选择【文字】|【创建轮廓】命令，如图 12.77 所示。

图 12.76 输入文本并进行设置

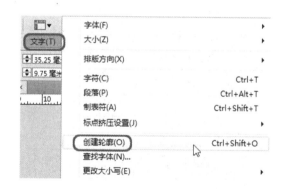

图 12.77 选择【创建轮廓】命令

(3) 即可将文本转换为可编辑的轮廓线，选择该轮廓线，然后在菜单栏中选择【文件】|【置入】命令，在弹出的对话框中选择随书附带光盘中的 CDROM\素材\Cha12\素材图片\005.jpg 图片，单击【打开】按钮，即可将图片置入到轮廓线中，效果如图 12.78 所示。

(4) 使用【直接选择工具】可以调整导入的图片的位置，也可以调整轮廓线的形状，效果如图 12.79 所示。

图 12.78　将图片置入到轮廓线中　　　　　　　图 12.79　调整轮廓线

12.13　将复合形状作为图形框架

将多个路径组合为单个对象，此对象称为复合路径。在创建复合路径时，可以用两个或更多个开放或封闭路径创建复合路径。

(1) 新建一个空白文档，在菜单栏中选择【文件】|【置入】命令，在弹出的对话框中选择随书附带光盘中的 CDROM\素材\Cha12\ 006.jpg 图片，单击【打开】按钮，将图片置入文档中，如图 12.80 所示。

(2) 再次在菜单栏中选择【文件】|【置入】命令，在弹出的对话框中选择随书附带光盘中的 CDROM\素材\Cha12\ 007.jpg 图片，单击【打开】按钮，将图片置入文档中，然后调整其位置，如图 12.81 所示。

图 12.80　置入图片 006　　　　　　　　图 12.81　置入图片 007

(3) 选择工具箱中的【钢笔工具】，在【控制】面板中将【描边】颜色设置为【无】，然后在文档窗口中绘制一个路径，如图 12.82 所示。

(4) 选择工具箱中的【选择工具】，在按住 Shift 键的同时，单击选择新绘制的路径和导入的图片 007.jpg，如图 12.83 所示。

(5) 在菜单栏中选择【对象】|【路径】|【建立复合路径】命令，如图 12.84 所示。

(6) 创建复合路径后的图形效果如图 12.85 所示。

图 12.82 绘制路径

图 12.83 选择对象

图 12.84 选择【建立复合路径】命令

图 12.85 创建复合路径后的效果

12.14 使用剪刀工具

在 InDesign 中，通过使用工具箱中的【剪刀工具】✂，可以将对象切成两半。该工具允许在任何锚点处或沿任何路径段拆分路径、图形框架或空白文本框架。

(1) 新建一个空白文档，在菜单栏中选择【文件】|【置入】命令，在弹出的对话框中选择随书附带光盘中的 CDROM\素材\Cha12\ 007.jpg 图片，单击【打开】按钮，将图片置入文档中，如图 12.86 所示。

(2) 在工具箱中选择【剪刀工具】✂，将鼠标指针放到图形边框上，当鼠标指针变成❖形状后，在图形边框上单击，效果如图 12.87 所示。

图 12.86 将图片置入文档中

图 12.87 在边框上单击

(3) 然后再次在图形边框的其他位置上单击，效果如图 12.88 所示。

(4) 使用工具箱中的【选择工具】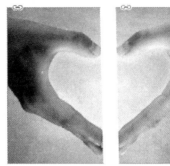选择文档中的图形，可以看到图形已经被切成两半，然后移动选择的图形，效果如图 12.89 所示。

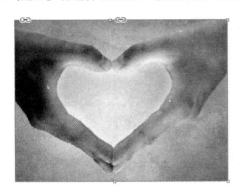

图 12.88　在其他边框上单击

图 12.89　剪切图片后的效果

提　示

如果使用【剪刀工具】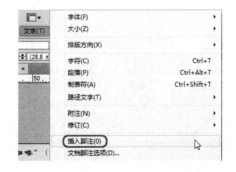切开的是设置了描边的框架，则产生的新边不包含描边。

12.15　脚　注

脚注是由显示在文本中的脚注引用编号和显示在栏底部的脚注文本两个链接部分组成。

12.15.1　创建脚注

下面先来介绍一下创建脚注的方法，其具体操作步骤如下。

(1) 在菜单栏中选择【文件】|【打开】命令，在弹出的对话框中打开随书附带光盘中的 CDROM\素材\Cha12\素材 003.indd 文档，使用【文字工具】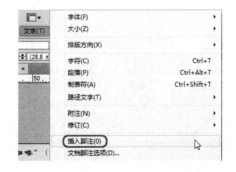在需要插入脚注的位置单击插入光标，如图 12.90 所示。

(2) 在菜单栏中选择【文字】|【插入脚注】命令，如图 12.91 所示。

图 12.90　插入光标

图 12.91　选择【插入脚注】命令

(3) 即可在光标处插入脚注的引用编号，然后在栏底输入脚注文本即可，效果如图 12.92

所示。

图 12.92　输入脚注文本

12.15.2　编辑脚注

脚注创建完成后，还可以对脚注的样式、位置和外观等进行设置。

(1) 继续上一小节的操作。在工具箱中选择【文字工具】 T ，然后在要编辑的脚注引用编号的后面插入光标，如图 12.93 所示。

(2) 在菜单栏中选择【文字】|【文档脚注选项】命令，弹出【脚注选项】对话框，在【样式】下拉列表中选择一种新的样式，如图 12.94 所示。

图 12.93　插入光标

(3) 然后勾选左下角的【预览】复选框，预览的效果如图 12.95 所示。

图 12.94　选择新样式

图 12.95　设置样式后的预览效果

(4) 勾选【显示前缀 / 后缀于】复选框，即可激活【前缀】和【后缀】选项，单击【前缀】右侧的 按钮，在弹出的下拉菜单中选择【注】选项，如图 12.96 所示。

(5) 即可为脚注引用编号添加前缀，预览效果如图 12.97 所示。

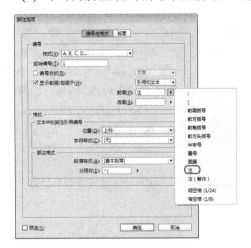

图 12.96　选择【注】选项　　　　　　　　图 12.97　预览效果

(6) 在【文本中的脚注引用编号】选项组中的【位置】下拉列表框中选择【下标】选项，如图 12.98 所示。

(7) 即可改变文本中的脚注引用编号的位置，预览效果如图 12.99 所示。

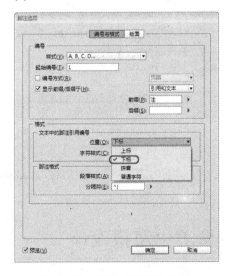

图 12.98　选择【下标】选项　　　　　　　　图 12.99　选择下标后预览效果

(8) 单击【版面】选项卡，在【位置选项】选项组中勾选【脚注紧随文章结尾】复选框，如图 12.100 所示。

(9) 即可使脚注文本紧随文章的结尾，预览效果如图 12.101 所示。

(10) 在【脚注线】选项组中将【粗细】设置为 3 点，将【颜色】设置为红色，如图 12.102 所示。

(11) 设置脚注线后的预览效果如图 12.103 所示。用户还可以根据需要对其他选项进行设置，全部设置完成后，单击【确定】按钮即可。

图 12.100　勾选【脚注紧随文章结尾】复选框

图 12.101　脚注文本紧随文章的结尾

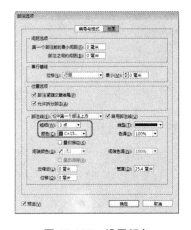

图 12.102　设置颜色

图 12.103　设置完成后的效果

12.15.3　删除脚注

如果要删除脚注，可以使用【文字工具】T选择脚注的引用编号，然后按 Backspace 键或按 Delete 键即可。

12.16　上机练习——美食养生海报设计

本例将介绍美食养生海报的制作。该例的制作比较简单，主要是置入图片，然后输入文字，效果如图 12.104 所示，其具体操作步骤如下。

(1) 在菜单栏中选择【文件】|【新建】|【文档】命令，在弹出的【新建文档】对话框中将【宽度】和【高度】设置为 350 毫米和 300 毫米，如图 12-105 所示。

(2) 单击【边距和分栏】按钮，在弹出的【新建边距和分栏】对话框中将【边距】区域中的【上】、【下】、【内】和【外】边距都设置为 0 毫米，如图 12-106 所示。

图 12.104　美食养生海报

图 12.105　【新建文档】对话框

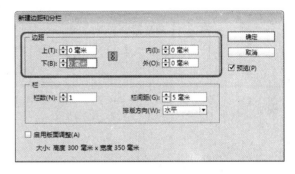

图 12.106　【新建边距和分栏】对话框

(3) 设置完成后单击【确定】按钮，在菜单栏中选择【文件】|【置入】命令，在弹出的对话框中选择随书附带光盘中的 CDROM\素材\Cha12 \背景.jpg 图片，如图 12.107 所示。

(4) 单击【打开】按钮，在文档窗口中单击，置入图片，然后调整图片的位置，如图 12.108 所示。

图 12.107　选择图片

图 12.108　置入并调整图片

(5) 为了后面的操作更加方便，选择背景，然后单击鼠标右键，在弹出的快捷菜单中，选择【锁定】命令，如图 12.109 所示。

(6) 使用【文字工具】T在文档窗口中绘制文本框并输入文字，然后选择输入的文字，在【字符】面板中将字体设置为【华文新魏】，将字体大小设置为 95 点，如图 12.110 所示。

图 12.109 选择【锁定】命令

图 12.110 输入并设置文字

(7) 在选中文字的状态下，选择菜单栏中的【窗口】|【描边】和【窗口】|【颜色】|【色板】，将文字调成如图 12.111 所示。其中，描边的粗细设置为 3，颜色设置为白色。

(8) 使用【文字工具】⊤在文档窗口中绘制文本框并输入文字，然后选择输入的文字，在【字符】面板中将字体设置为【华文新魏】，将字体大小设置为 24 点，如图 12.112 所示。

图 12.111 调整文字颜色并描边

图 12.112 输入并设置文字

(9) 在菜单栏中选择【窗口】|【颜色】|【颜色】命令，打开【颜色】面板并单击【填色】。在菜单栏中选择【窗口】|【颜色】|【渐变】命令，打开【渐变】面板，在【类型】下拉列表中选择【线性】，在【角度】文本框中输入-90，如图 12.113 所示。

(10) 在【渐变】面板中的渐变颜色条上选择第一个色标，再在【颜色】面板中将 CMYK 值分别设置为 0、100、82、25，如图 12.114 所示。

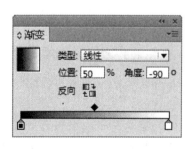

图 12.113 【渐变】面板

图 12.114 设置颜色

(11) 使用同样的方法，根据需要为其他文字设置填色，效果如图 12.115 所示。

(12) 在菜单栏中选择【文件】|【置入】命令，在弹出的对话框中选择随书附带光盘中的 CDROM\素材\Cha12\胡萝卜.png 图片，如图 12.116 所示。

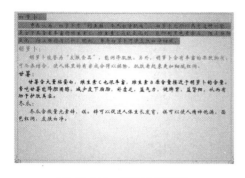

图 12.115　调整文字颜色

图 12.116　选择图片

(13) 单击【打开】按钮，在文档窗口中单击，置入图片，然后在按住 Ctrl+Shift 键的同时拖动图片调整其大小，并用【菜单栏】最右面的【沿定界框绕排】按钮⊞调整其位置，如图 12.117 所示。

(14) 在选中图片的状态下，单击鼠标右键，选择【效果】|【渐变羽化】，将【渐变色标】下的【不透明度】调成 71%，【位置】调成 57%，【类型】调成【径向】，效果如图 12.118 所示。

图 12.117　调整图片大小及位置

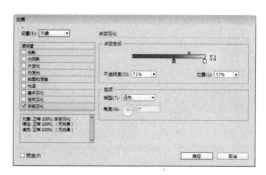

图 12.118　设置【渐变羽化】

(15) 使用同样的方法，根据需要将另一个图片进行同样的设置，效果如图 12.119 所示。

图 12.119　调整图片大小及位置

(16) 场景制作完成后，按 Ctrl+E 组合键，打开【导出】对话框，在该对话框中为其指定导出的路径，为其命名并将其【保存类型】设置为 JPEG 格式，如图 12.120 所示。

(17) 单击【保存】按钮，在弹出的【导出 JPEG】对话框中，使用其默认值，如图 12.121 所示。

图 12.120　【导出】对话框

图 12.121　【导出 JPEG】对话框

12.17　思　考　题

1. 在 InDesign CC 中，如何给选取框填充颜色？

2. 印前处理印刷色与专色的区别？

3. 在 InDesign CC 中，如何删除脚注？

第 13 章　设置制表符和表

InDesign CC 不仅具有强大的绘图功能，而且还具有强大的表格编辑功能，如果想要快速地创建简单的表，可以使用制表符，如果需要得到复杂的表，就需要使用表编辑器。另外，还可以在表中添加图形、为单元格添加对角线、设置表中文本的对齐方式和设置表的描边、填色等。

13.1　使用制表符

制表符可以将文本定位在文本框中特定的水平位置，制表符对整个段落起作用，可以设置左对齐、居中对齐、右对齐、小数点对齐或特殊字符对齐等制表符。

13.1.1　使用【制表符】面板

在菜单栏中选择【文字】|【制表符】命令，打开【制表符】面板，如图 13.1 所示。

下面来介绍一下【制表符】面板的使用方法。

(1) 在菜单栏中选择【文件】|【打开】命令，在弹出的对话框中打开随书附带光盘中的 CDROM\素材\Cha13\001.indd 素材文件，如图 13.2 所示。

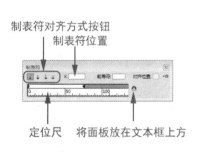

图 13.1　【制表符】面板　　　　　　图 13.2　打开的素材文件

(2) 选择工具栏中的【选择工具】，然后在文档窗口中选择文本框，如图 13.3 所示。

(3) 在菜单栏中选择【文字】|【制表符】命令，打开【制表符】面板，单击面板中的【将面板放在文本框上方】按钮，即可将【制表符】面板与选中的文本框对齐，如图 13.4 所示。

图 13.3　选择文本框

图 13.4　单击【将面板放在文本框上方】按钮

（4）在定位标尺上单击，即可添加制表符，在这里添加 7 个制表符即可，然后单击并拖动制表符，即可调整制表符的位置，如图 13.5 所示。

（5）选择工具栏中的【文字工具】 T ，将光标插入到"星"字的前面，如图 13.6 所示。

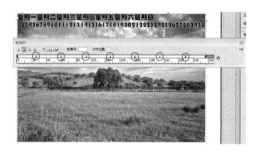

图 13.5　添加制表符

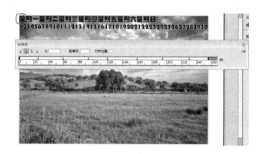

图 13.6　插入光标

（6）然后按 Tab 键一次，并将光标插入到"一"字后面再次按 Tab 键，"星"后面的文字将自动向后移动，效果如图 13.7 所示。

（7）使用同样的方法，可以对文本框中的其他文字进行调整，如图 13.8 所示。调整完成后，单击【制表符】面板右上角的【关闭】按钮 ✕ ，将【制表符】面板关闭即可。

图 13.7　调整文字位置

图 13.8　调整其他文字位置

13.1.2　制表符的对齐方式

在【制表符】面板中有 4 种设置制表符的对齐方式的功能按钮，分别是【左对齐制表符】按钮 ↓ 、【居中对齐制表符】按钮 ↓ 、【右对齐制表符】按钮 ↓ 和【对齐小数位(或其他指定字符)制表符】按钮 ↓ 。

如果需要设置制表符的对齐方式，可以在【制表符】面板中选中需要设置的制表符，如图 13.9 所示。然后在【制表符】面板中单击相应的对齐方式按钮即可。

- 【左对齐制表符】按钮：单击该按钮后，制表符停止点为文本的左侧，是默认的制表符对齐方式。
- 【居中对齐制表符】按钮：单击该按钮后，制表符停止点为文本的中心，效果如图 13.10 所示。

图 13.9　左对齐制表符　　　　　　　　图 13.10　居中对齐制表符

- 【右对齐制表符】按钮：单击该按钮后，制表符停止点为文本的右侧，效果如图 13.11 所示。
- 【对齐小数位(或其他指定字符)制表符】按钮：单击该按钮后，制表符停止点为文本的小数点位置，如果文本中没有小数点，InDesign 会假设小数点在文本的最后面，效果如图 13.12 所示。

图 13.11　右对齐制表符　　　　　　　　图 13.12　对齐小数位制表符

13.1.3　制表符位置文本框

在【制表符】面板中的 X 文本框(制表符位置文本框)中可以精确地调整选中的制表符的位置。

在【制表符】面板中选中一个需要调整的制表符，如图 13.13 所示。然后在 X 文本框中输入数值，并按 Enter 键确认，即可将选中的制表符调整到指定的位置，如图 13.14 所示。

图 13.13　选中制表符　　　　　　　　图 13.14　在 X 文本框中输入数值

13.1.4 【前导符】文本框

在【前导符】文本框中输入字符后，可以将输入的字符填充到每个制表符之间的空白处，在该文本框中最多可以输入 8 个字符作为填充，不可以输入特殊类型的空格，如窄空格或细空格等。

打开素材文件，在【制表符】面板中选中一个制表符，如图 13.15 所示。然后在【前导符】文本框中输入字符，并按 Enter 键确认，即可在空白处填充输入的字符，效果如图 13.16 所示。

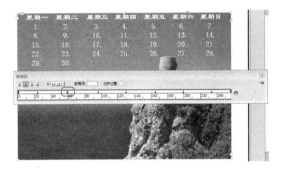
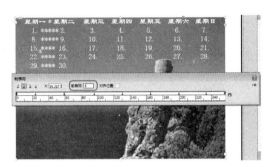

图 13.15 选中制表符 　　　　　　　　　　图 13.16 填充字符

13.1.5 【对齐位置】文本框

当在【制表符】面板中单击【对齐小数位(或其他指定字符)制表符】按钮后，可以在【对齐位置】文本框中设置对齐的对象，默认为 "."。

在【制表符】面板中选中一个制表符，如图 13.17 所示。然后单击【对齐小数位(或其他指定字符)制表符】按钮，并在【对齐位置】文本框中输入字符作为对齐的对象，例如输入 "."，输入完成后按 Enter 键确认，效果如图 13.18 所示。如果在文本中没有发现所输入的字符时，将会假设该字符是每个文本对象的最后一个字符。

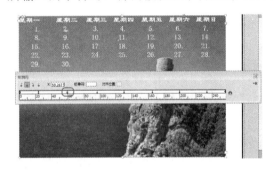
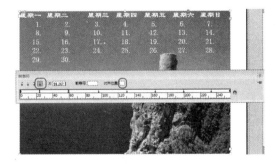

图 13.17 选中制表符 　　　　　　　　　　图 13.18 对齐 "." 字符

13.1.6 定位标尺

定位标尺中的三角形缩进块可以显示和控制选定文本的首行、左右缩进，左侧是由两个三角形组成的缩进块，拖动上面的三角形可以调整首行缩进位置，下面的三角形可以调整左侧的缩进距离，右侧的三角形可以调整右侧的缩进距离，如图 13.19 所示。

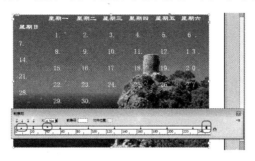

图 13.19　定位标尺

13.1.7　【制表符】面板菜单

单击【制表符】面板右上角的 按钮，在弹出的下拉菜单中可以选择需要应用的命令，包括【清除全部】、【删除制表符】、【重复制表符】和【重置缩进】，如图 13.20 所示。

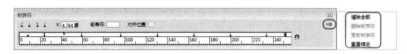

图 13.20　【制表符】面板菜单

- 【清除全部】：选择该命令后，可以删除所有已经创建的制表符，所有使用制表符放置的文本全部恢复到最初的位置。
- 【删除制表符】：选择该命令后，可以将选中的制表符删除。
- 【重复制表符】：选择该命令后，可以自动测量选中的制表符与左边距之间的距离，并将被选中的制表符之后的所有制表符全部替换成选中的制表符。
- 【重置缩进】：选择该命令后，可以将文本框中的缩进设置全部恢复成默认设置。

13.2　创　建　表

表是由成行和成列的单元格组成的。单元格类似于文本框，可在其中添加文本、随文图或其他表格。当创建一个表时，新表的宽度会与作为容器的文本框的宽度一致。表也会随周围的文本一起流动。

通过在菜单栏中选择【表】|【插入表】命令，可以弹出【插入表】对话框，然后在该对话框中可以对要创建的表的尺寸和样式进行设置。

(1) 在工具栏中选择【文字工具】，然后在需要创建表的位置处绘制一个文本框，如图 13.21 所示，也可以在要创建表的文本框中单击插入光标。

(2) 在菜单栏中选择【表】|【插入表】命令，弹出【插入表】对话框，如图 13.22 所示。

图 13.21　绘制文本框

图 13.22　【插入表】对话框

(3) 在【正文行】文本框中设置水平单元格数，在【列】文本框中设置垂直单元格数，如果创建的表将跨多个列或多个框架，可以在【表头行】和【表尾行】文本框中指定要在其中重复信息的表头行或表尾行的数量，设置完成后单击【确定】按钮，如图 13.23 所示。

(4) 即可创建表格，效果如图 13.24 所示。

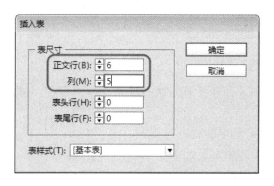

图 13.23　输入数值

图 13.24　创建的表格

13.3　文本和表之间的转换

在 InDesign 中，可以方便地进行文本和表之间的相互转换。

13.3.1　将文本转换为表

在 InDesign 中可以将用制表符、逗号、段落或其他字符隔开的文本转换为表，其具体操作步骤如下。

(1) 在菜单栏中选择【文件】|【打开】命令，在弹出的对话框中打开随书附带光盘中的 CDROM\素材\Cha13\素材 2.indd 素材文件，如图 13.25 所示。

(2) 在工具栏中选择【文字工具】 T，然后单击并拖动鼠标选择需要转换为表的文本，如图 13.26 所示。

图 13.25　打开的素材文件

图 13.26　选择文本

(3) 在菜单栏中选择【表】|【将文本转换为表】命令，弹出【将文本转换为表】对话框，在这里使用默认设置即可，如图 13.27 所示。

(4) 然后单击【确定】按钮，即可将文本转换为表，效果如图 13.28 所示。

图 13.27　【将文本转换为表】对话框

图 13.28　将文本转换为表

提　示

在【列分隔符】和【行分隔符】下拉列表框中可以选择作为分隔符的字符，也可以输入要作为分隔符的字符。

13.3.2　将表转换为文本

使用 InDesign 中提供的【将表转换为文本】命令可以将表中的内容转换为普通的文本段落，其具体操作步骤如下。

(1) 继续上一小节的操作。使用【文字工具】在表中的任意一个单元格中单击插入光标，如图 13.29 所示。

(2) 在菜单栏中选择【表】|【将表转换为文本】命令，如图 13.30 所示。

(3) 弹出【将表转换为文本】对话框，在该对话框中指定行和列要使用的分隔符，在这里使用默认设置即可，如图 13.31 所示。

(4) 然后单击【确定】按钮，将表转换为文本后的效果如图 13.32 所示。

图 13.29　插入光标

图 13.30　选择【将表转换为文本】命令

图 13.31　【将表转换为文本】对话框

图 13.32　将表转换为文本

13.4　在表中添加文本和图形

表创建完成后，需要为创建的表添加文本，也可以向表中添加图形，使创建的表更加美观。

13.4.1　添加文本

添加文本的具体操作步骤如下。

(1) 在菜单栏中选择【文件】|【打开】命令，在弹出的对话框中打开随书附带光盘中的 CDROM\素材\Cha13\素材 3.indd 素材文件，如图 13.33 所示。

(2) 选择【文字工具】 T ，在需要添加文本的单元格中单击插入光标，然后输入需要的文本即可，如图 13.34 所示。

> **提示**
>
> 也可以先使用【文字工具】 T 选择需要的文本内容，然后按 Ctrl+X 组合键剪切或按 Ctrl+C 组合键复制选择的文本内容，在需要添加文本的单元格中插入光标，并按 Ctrl+V 组合键即可将文本粘贴到该单元格中。

图 13.33　打开的素材文件　　　　　　　　图 13.34　输入文本

13.4.2　添加图形

继续上一小节的操作。选择【文字工具】$\boxed{T}$ ，在需要添加图形的单元格中单击插入光标，如图 13.35 所示。在菜单栏中选择【文件】|【置入】命令，弹出【置入】对话框，在该对话框中选择随书附带光盘中的 CDROM\素材\Cha13\010.png 图形，单击【打开】按钮，即可将选择的图形置入到单元格中，效果如图 13.36 所示。

图 13.35　插入光标

图 13.36　向单元格中置入图形

13.5　修　改　表

表创建完成后，用户可以根据需要，使用 InDesign 中提供的多种方法来修改创建的表。例如，为单元格添加对角线，调整行、列或表的大小，合并与拆分单元格，插入行或列，删除行、列或表等。

13.5.1　选择表、单元格、行和列

如果要对表或单元格进行修改，首先要选择表或单元格，然后才能对其进行修改。下面介绍选择表、单元格、行和列的方法。

1. 选择单元格

使用【文字工具】T在要选择的单元格内单击，如图 13.37 所示。然后在菜单栏中选择【表】|【选择】|【单元格】命令，即可将单元格选中，如图 13.38 所示。

星期一	星期二	星期三	星期四	星期五
语文	数学	英语	历史	地理
物理	化学	政治	音乐	体育
英语	物理	历史	语文	地理
化学	政治	数学	物理	地理

图 13.37 在单元格内单击

星期一	星期二	星期三	星期四	星期五
语文	数学	英语	历史	地理
物理	化学	政治	音乐	体育
英语	物理	历史	语文	地理
化学	政治	数学	物理	地理

图 13.38 选中单元格

2. 选择整行或整列

使用【文字工具】T在单元格内单击，或选择单元格中的文本，在菜单栏中选择【表】|【选择】|【行】命令或【列】命令，即可选中单元格所在的整行或整列。

选择【文字工具】T，将鼠标移到要选择的行的左边缘，当鼠标变为➡形状时，单击鼠标左键，即可选中整行，效果如图 13.39 所示。

选择【文字工具】T，将鼠标移到要选择的列的上边缘，当鼠标变为⬇形状时，单击鼠标左键，即可选中整列，效果如图 13.40 所示。

星期一	星期二	星期三	星期四	星期五
语文	数学	英语	历史	地理
物理	化学	政治	音乐	体育
英语	物理	历史	语文	地理
化学	政治	数学	物理	地理

图 13.39 选择整行

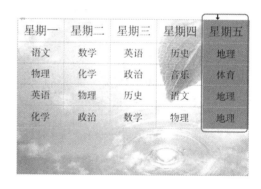

图 13.40 选择整列

3. 选择整个表

使用【文字工具】T在任意一个单元格内单击，或选择单元格中的文本，在菜单栏中选择【表】|【选择】|【表】命令，即可选中整个表。

选择【文字工具】T，将鼠标移到表的左上角，当指针变为↘形状时，单击鼠标左键，即可选中整个表，效果如图 13.41 所示。

4. 选择所有表头行、表尾行或正文行

使用【文字工具】T在任意一个单元格内单击，或选择单元格中的文本，在菜单栏中

选择【表】|【选择】|【表头行】命令，如图 13.42 所示。即可选中所有表头行，如图 13.43
所示。

　　如果在菜单栏中选择【表】|【选择】|【表尾行】命令，即可选中所有表尾行，如图 13.44
所示。

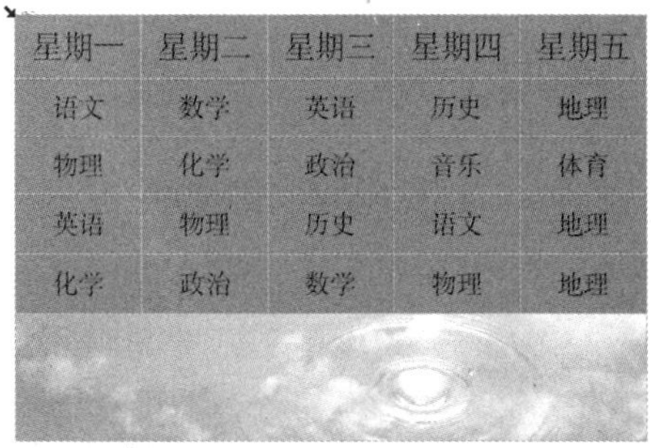

图 13.41　选择表　　　　　　　　　　　　图 13.42　选择【表头行】命令

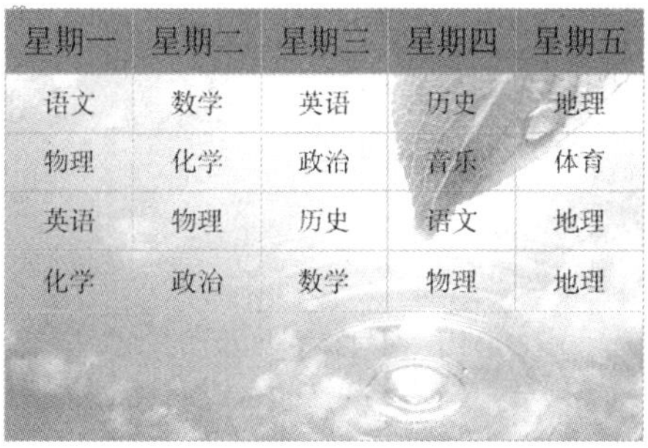

图 13.43　选择表头行 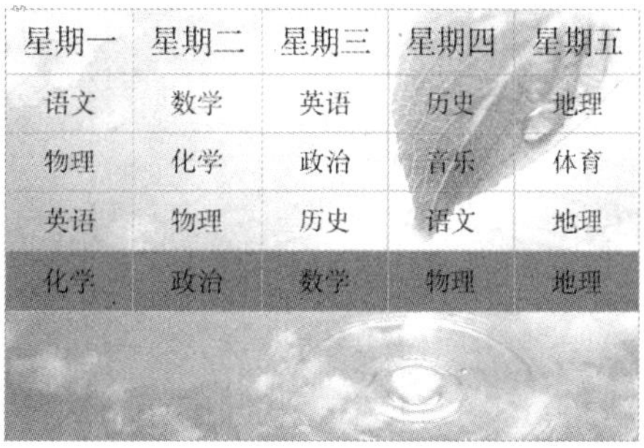　　　　　　　　　　　　图 13.44　选择表尾行

　　如果在菜单栏中选择【表】|【选择】|【正文行】命令，即可选中所有正文行，如图 13.45
所示。

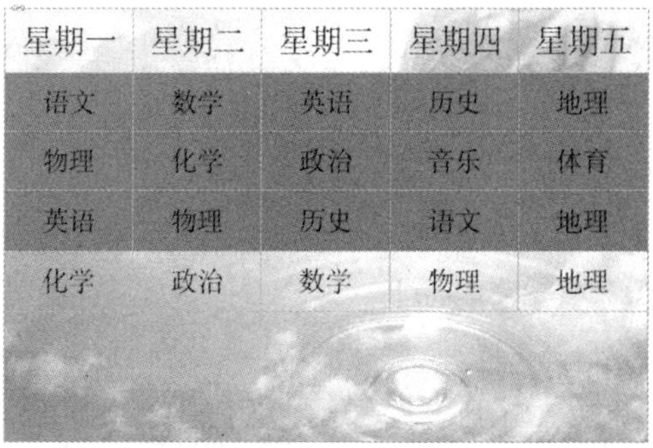

图 13.45　选择正文行

13.5.2　为单元格添加对角线

　　在 InDesign 中，也可以为单元格添加对角线，其具体操作步骤如下。

（1）使用【文字工具】T在需要添加对角线的单元格中单击插入光标，如图 13.46 所示。

（2）在菜单栏中选择【表】|【单元格选项】|【对角线】命令，弹出【单元格选项】对话框，在该对话框中单击【从左上角到右下角的对角线】按钮，然后在【线条描边】选项组中将【粗细】设置为 1 点，其他参数使用默认设置，如图 13.47 所示。

（3）设置完成后单击【确定】按钮，添加对角线后的效果如图 13.48 所示。

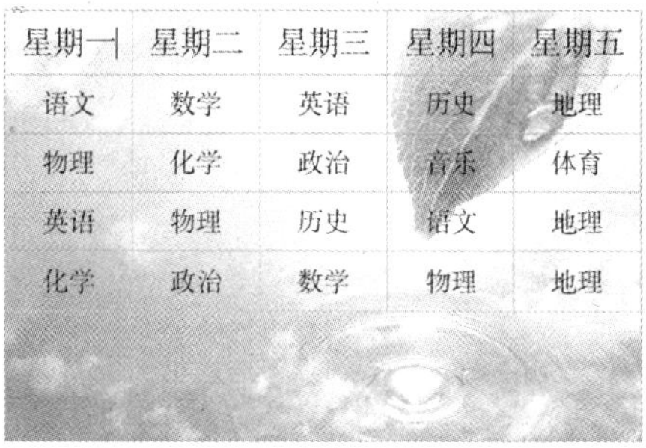

图 13.46　插入光标

图 13.47　【单元格选项】对话框

图 13.48　添加对角线后的效果

【单元格选项】对话框中的选项功能介绍如下。

- 对角线类型按钮：通过单击对角线类型按钮可以设置单元格中的对角线的类型，包括【无对角线】按钮、【从左上角到右下角的对角线】按钮、【从右上角到左下角的对角线】按钮和【交叉对角线】按钮。
- 在【线条描边】选项组中可以指定所需对角线的粗细、类型、颜色和间隙颜色等，指定【色调】百分比和【叠印描边】选项。
- 【绘制】选项：在下拉列表中选择【对角线置于最前】选项，可以将对角线放置在单元格内容的前面；选择【内容置于最前】选项，可以将对角线放置在单元格内容的后面。

13.5.3　调整行、列或表的大小

在 InDesign 中可以根据需要对行、列或表的大小进行调整。

1. 调整行和列的大小

（1）使用【文字工具】T在单元格内单击，如图 13.49 所示。

（2）在菜单栏中选择【表】|【单元格选项】|【行和列】命令，弹出【单元格选项】对话框，如图 13.50 所示。

图 13.49　在单元格内单击　　　　图 13.50　【单元格选项】对话框

（3）然后在【行高】和【列宽】文本框中输入需要的行高和列宽，如图 13.51 所示。

（4）输入完成后单击【确定】按钮，即可调整单元格所在的行的高度和列的宽度，效果如图 13.52 所示。

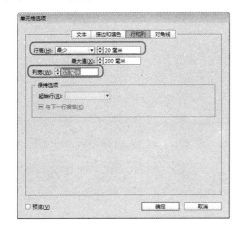

图 13.51　输入数值　　　　　　　图 13.52　调整后的效果

2. 调整表的大小

选择【文字工具】T，将鼠标放置在表的右下角，当鼠标变为↖样式时，单击并向下或向上拖动鼠标，即可增大或减小表的大小，如图 13.53 所示。

提示

如果在按住 Shift 键的同时向下或向上拖动鼠标，可以等比例增大或减小整个表。

3. 均匀分布行和列

使用【文字工具】T拖动鼠标选择需要均匀分布的行，如图 13.54 所示。在菜单栏中选择【表】|【均匀分布行】命令，如图 13.55 所示。即可均匀分布选择的行，效果如图 13.56 所示。

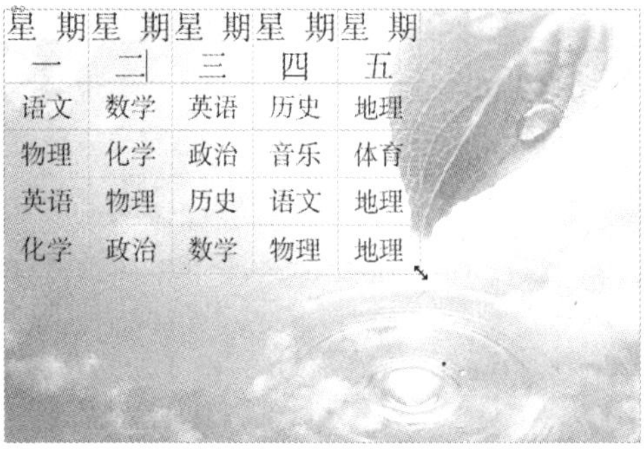

星 期星 期星 期星 期星 期
一 二 三 四 五
语文 数学 英语 历史 地理
物理 化学 政治 音乐 体育
英语 物理 历史 语文 地理
化学 政治 数学 物理 地理

图 13.53 调整表的大小

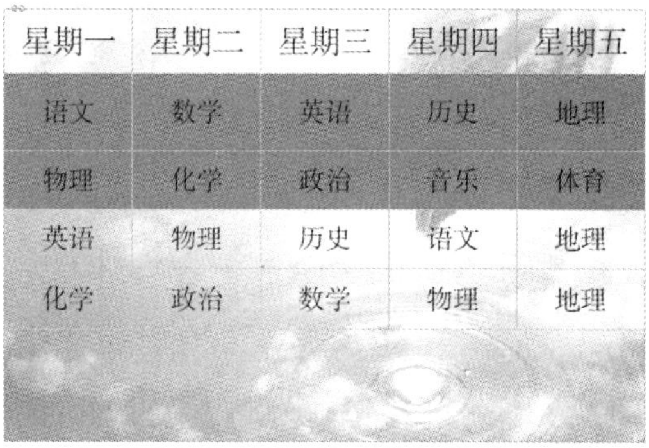

星期一 星期二 星期三 星期四 星期五
语文 数学 英语 历史 地理
物理 化学 政治 音乐 体育
英语 物理 历史 语文 地理
化学 政治 数学 物理 地理

图 13.54 选择行

表(A) 视图(V) 窗口(W) 帮助(H)
插入表(T)... Ctrl+Alt+Shift+T
将文本转换为表(C)...
将表转换为文本(N)...
表选项(O)
单元格选项(P)
插入(I)
删除(D)
选择(S)
合并单元格(M)
取消合并单元格(U)
水平拆分单元格(Z)
垂直拆分单元格(V)
转换行(W)
均匀分布行(R)
均匀分布列(E)
转至行(G)...
编辑表头(H)
编辑表尾(F)

图 13.55 选择【均匀分布行】命令

星期一 星期二 星期三 星期四 星期五
语文 数学 英语 历史 地理
物理 化学 政治 音乐 体育
英语 物理 历史 语文 地理
化学 政治 数学 物理 地理

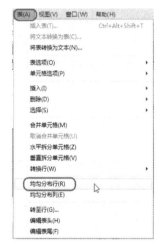

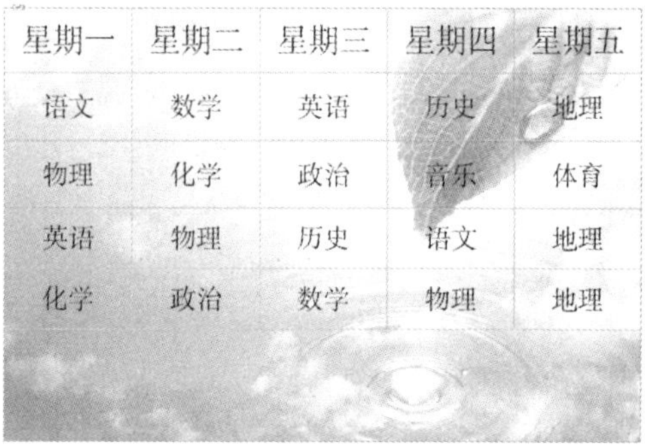

图 13.56 均匀分布行

使用【文字工具】T拖动鼠标选择需要均匀分布的列，在菜单栏中选择【表】|【均匀分布列】命令，即可均匀分布选择的列。

13.5.4 合并和拆分单元格

合并就是指把两个或多个单元格合并为一个单元格，而拆分刚好相反，是把一个单元格拆分为两个单元格。

1. 合并单元格

选择【文字工具】T，拖动鼠标将需要合并的单元格选中，如图 13.57 所示。在菜单栏中选择【表】|【合并单元格】命令，即可将选中的单元格合并，如图 13.58 所示。

提 示

如果想取消合并单元格，将光标插入到合并后的单元格中，在菜单栏中选择【表】|【取消合并单元格】命令，即可取消单元格的合并。

星期一	星期二	星期三	星期四	星期五
语文	数学	英语	历史	地理
物理	化学	政治	音乐	体育
英语	物理	历史	语文	地理
化学	政治	数学	物理	地理

图 13.57　选择单元格

星期一 星期二		星期三	星期四	星期五
语文	数学	英语	历史	地理
物理	化学	政治	音乐	体育
英语	物理	历史	语文	地理
化学	政治	数学	物理	地理

图 13.58　合并单元格

2. 拆分单元格

使用【文字工具】T选择需要拆分的单元格，如图 13.59 所示。在菜单栏中选择【表】|【垂直拆分单元格】命令，如图 13.60 所示。

星期一 星期二		星期三	星期四	星期五
语文	数学	英语	历史	地理
物理	化学	政治	音乐	体育
英语	物理	历史	语文	地理
化学	政治	数学	物理	地理

图 13.59　选择单元格

图 13.60　选择【垂直拆分单元格】命令

垂直拆分单元格后的效果如图 13.61 所示。

在菜单栏中选择【表】|【水平拆分单元格】命令，即可水平拆分选中的单元格，效果如图 13.62 所示。

星期一 星期二		星期三	星期四	星期五
语文	数学	英语	历史	地理
物理	化学	政治	音乐	体育
英语	物理	历史	语文	地理
化学	政治	数学	物理	地理

图 13.61　垂直拆分单元格

星期一 星期二		星期三	星期四	星期五
语文	数学	英语	历史	地理
物理	化学	政治	音乐	体育
英语	物理	历史	语文	地理
化学	政治	数学	物理	地理

图 13.62　水平拆分单元格

13.5.5 插入行和列

在使用表的过程中，可以根据需要在表内插入行和列。在 InDesign 中可以一次插入一行或一列，也可以同时插入多行或多列。

1. 插入行

使用【文字工具】T在单元格中单击插入光标，如图 13.63 所示。

在菜单栏中选择【表】|【插入】|【行】命令，弹出【插入行】对话框，在该对话框中【行数】数值框用于设置需要插入的行数，【上】和【下】单选按钮用于指定新行将显示在选择的单元格所在的行的上面还是下面，在这里使用默认设置，如图 13.64 所示。然后单击【确定】按钮，插入行后的效果如图 13.65 所示。

图 13.63 单击插入光标

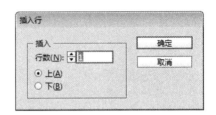

图 13.64 【插入行】对话框

图 13.65 插入行

2. 插入列

使用【文字工具】T在单元格中单击插入光标，如图 13.66 所示。在菜单栏中选择【表】|【插入】|【列】命令，弹出【插入列】对话框，在该对话框中【列数】数值框用于设置需要插入的列数，【左】和【右】单选按钮用于指定新列将显示在选择的单元格所在的列的左边还是右边，在这里使用默认设置，如图 13.67 所示。然后单击【确定】按钮，插入列后的效果如图 13.68 所示。

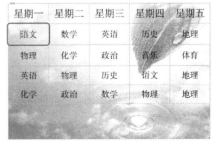

图 13.66 单击插入光标

图 13.67　【插入列】对话框

图 13.68　插入列

3. 插入多行和多列

使用【文字工具】⊞在单元格中单击插入光标，如图 13.69 所示。在菜单栏中选择【表】|【表选项】|【表设置】命令，如图 13.70 所示。

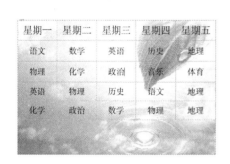

图 13.69　单击插入光标

图 13.70　选择【表设置】命令

弹出【表选项】对话框，在该对话框中将【正文行】设置为 5，将【列】设置为 7，如图 13.71 所示。设置完成后单击【确定】按钮，即可插入多行和多列，效果如图 13.72 所示。

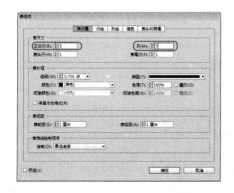

图 13.71　【表选项】对话框

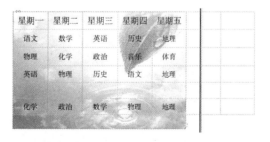

图 13.72　插入多行和多列

13.5.6　删除行、列或表

使用【文字工具】⊞在需要删除的行的任意一个单元格中单击插入光标，在菜单栏中选择【表】|【删除】|【行】命令，即可将单元格所在的行删除；使用【文字工具】⊞

在需要删除的列的任意一个单元格中单击插入光标，在菜单栏中选择【表】|【删除】|【列】命令，即可将单元格所在的列删除；使用【文字工具】T在任意一个单元格中单击插入光标，在菜单栏中选择【表】|【删除】|【表】命令，即可将表删除。

13.6　设置表的格式

在 InDesign 中，可以对整个表、单元格或单元格中的文字的格式进行设置。

13.6.1　更改单元格的内边距

下面来介绍一下更改单元格的内边距的方法，其具体操作步骤如下。

(1) 选择【文字工具】T，拖动鼠标选择需要更改内边距的单元格，如图 13.73 所示。

(2) 在菜单栏中选择【表】|【单元格选项】|【文本】命令，如图 13.74 所示。

图 13.73　选择单元格

图 13.74　选择【文本】命令

(3) 弹出【单元格选项】对话框，在【单元格内边距】选项组中单击【将所有设置设为相同】按钮，单击后该按钮会变成样式，然后将【上】设置为 4 毫米，将【左】设置为 6 毫米，如图 13.75 所示。

(4) 设置完成后单击【确定】按钮，效果如图 13.76 所示。

图 13.75　【单元格选项】对话框

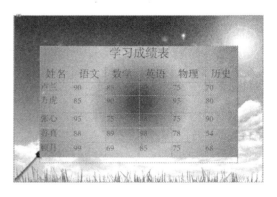

图 13.76　设置内边距后的效果

13.6.2　更改表中文本的对齐方式

选择【文字工具】⊤，拖动鼠标选择需要更改对齐方式的文本。在菜单栏中选择【表】|【单元格选项】|【文本】命令，弹出【单元格选项】对话框，在【垂直对齐】选项组中的【对齐】下拉列表中提供了 4 种不同的对齐方式，如图 13.77 所示。在该下拉列表中选择一种需要的对齐方式，然后单击【确定】按钮即可。

13.6.3　旋转单元格中的文本

要旋转单元格中的文本，先使用【文字工具】⊤选择需要进行旋转的文本，如图 13.78 所示。然后在菜单栏中选择【表】|【单元格选项】|【文本】命令，弹出【单元格选项】对话框，在【文本旋转】选项组中的【旋转】下拉列表框中选择需要的旋转角度，如图 13.79 所示，选择完成后单击【确定】按钮即可。如图 13.80 所示为设置旋转角度为 90°时的效果。

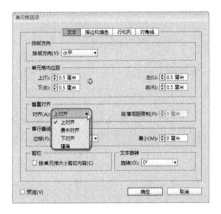

图 13.77　对齐方式

图 13.78　选择文本

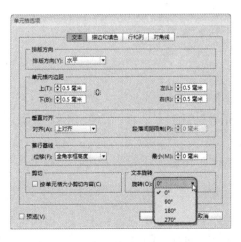

图 13.79　【旋转】下拉列表

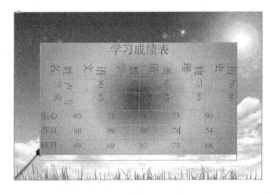

图 13.80　将文本旋转 90°

13.6.4 更改排版方向

使用【文字工具】T选择要更改排版方向的单元格，如图 13.81 所示。在菜单栏中选择【表】|【单元格选项】|【文本】命令，弹出【单元格选项】对话框，在【排版方向】下拉列表框中选择需要的排版方向，然后单击【确定】按钮即可。如图 13.82 所示为选择【垂直】排版方向后的效果。

图 13.81　选择单元格

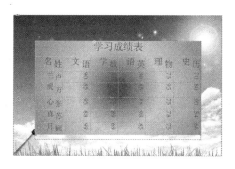

图 13.82　垂直排版方向

13.7　添加表头和表尾

除了在创建表时可以添加表头行和表尾行外，还可以将正文行转换为表头行或表尾行。也可以使用【表选项】对话框来添加表头行和表尾行并更改它们在表中的显示方式。

13.7.1　将现有行转换为表头行或表尾行

选择【文字工具】T，在第一行中的任意一个单元格中单击插入光标，然后在菜单栏中选择【表】|【转换行】|【到表头】命令，即可将现有行转换为表头行。

选择【文字工具】T，在最后一行中的任意一个单元格中单击插入光标．然后在菜单栏中选择【表】|【转换行】|【到表尾】命令，即可将现有行转换为表尾行。

13.7.2　更改表头行或表尾行选项

使用【文字工具】T在表中的任意一个单元格中单击插入光标，然后在菜单栏中选择【表】|【表选项】|【表头和表尾】命令，弹出【表选项】对话框，如图 13.83 所示。

(1)【表尺寸】选项组

在该选项组中的【表头行】和【表尾行】文本框中指定表头行或表尾行的数量，可以在表的顶部或底部添加空行。

(2)【表头】和【表尾】选项组

在这两个选项组中的【重复表头】和【重复表尾】文本框中指定表头或表尾中的信息是显示在每个文本栏中，还是每个文本框显示一次，或是每页只显示一次。

若不希望表头信息显示在表的每一行中，则勾选【跳过最前】复选框；若不希望表尾信息显示在表的最后一行中，则勾选【跳过最后】复选框。

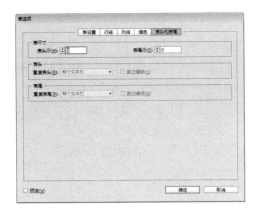

图 13.83　【表选项】对话框

13.8　表的描边和填色

可以通过多种方式将描边(即表格线)和填色添加到表中。使用【表选项】对话框可以更改表边框的描边，并向列和行中添加交替描边和填色。如果要更改个别单元格或表头/表尾单元格的描边和填色，可以使用【单元格选项】对话框，或者使用【色板】面板、【描边】面板和【颜色】面板等。

13.8.1　更改表边框的描边和填色

下面介绍使用【表选项】对话框来更改表边框的描边和填色的方法，其具体操作步骤如下。

(1) 使用【文字工具】 T 在任意一个单元格中单击插入光标，如图 13.84 所示。

(2) 在菜单栏中选择【表】|【表选项】|【表设置】命令，弹出【表选项】对话框，如图 13.85 所示。其中，【表外框】选项组用于指定所需的表框粗细、类型、颜色、色调和间隙颜色等。在【表格线绘制顺序】选项组中的【绘制】下拉列表框中，有以下几项参数。

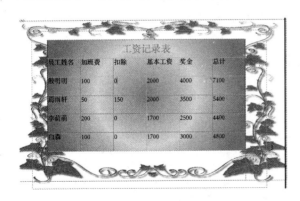

图 13.84　插入光标

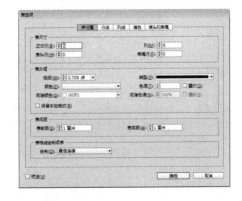

图 13.85　【表选项】对话框

● 【最佳连接】：在不同颜色的描边交叉处行线将显示在上面。当描边(如双线)交叉时，描边会连接在一起，并且交叉点也会连接在一起。

- 【行线在上】：行线会显示在上面
- 【列线在上】：列线会显示在上面
- 【InDesign2.0 兼容性】：行线会显示在上面。当多条描边(如双线)交叉时，它们会连接在一起，而仅在多条描边呈 T 形交叉时，多个交叉点才会连接在一起。

(3) 在【表外框】选项组中将【粗细】设置为 5 点，将【颜色】设置为红色，并在【类型】下拉列表框中选择一种边框样式，如图 13.86 所示。

(4) 设置完成后单击【确定】按钮，效果如图 13.87 所示。

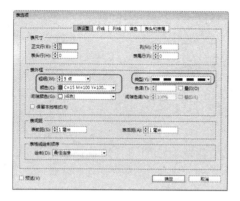

图 13.86　设置参数

图 13.87　设置表边框后的效果

13.8.2　为单元格设置描边和填色

在 InDesign 中可以使用【单元格选项】对话框、【描边】面板、【色板】面板或【渐变】面板为单元格设置描边和填色。

1. 使用【单元格选项】对话框设置描边和填色

其具体操作步骤如下。

(1) 使用【文字工具】Ｔ选择需要添加描边和填色的单元格，如图 13.88 所示。

(2) 在菜单栏中选择【表】|【单元格选项】|【描边和填色】命令，弹出【单元格选项】对话框，如图 13.89 所示。在【单元格描边】选项组的预览区域中，单击蓝色线条后，线条呈灰色状态，此时将不能对其进行描边。在其他选项中可以指定所需线条的粗细、类型、颜色和色调等。在【单元格填色】选项组中可以指定所需要的颜色和色调。

图 13.88　选择单元格

图 13.89　【单元格选项】对话框

(3) 在【单元格描边】选项组中将【粗细】设置为 5 点，将【颜色】设置为洋红色，然后在【类型】下拉列表框中选择一种描边类型，在【单元格填色】选项组中将【颜色】设置为黄色，如图 13.90 所示。

(4) 设置完成后单击【确定】按钮，效果如图 13.91 所示。

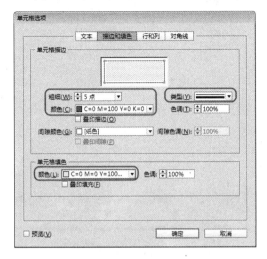

图 13.90　设置参数

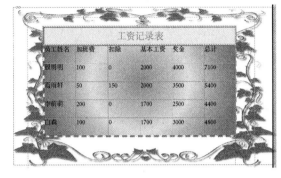

图 13.91　设置填色和描边后的效果

2. 使用【描边】面板设置描边

其具体操作步骤如下。

(1) 使用【文字工具】T选择需要描边的单元格，如图 13.92 所示。

(2) 在菜单栏中选择【窗口】|【描边】命令，打开【描边】面板，在预览区域中单击不需要添加描边的线条，然后将【粗细】设置为 5 点，在【类型】下拉列表中选择一种描边类型，并将【间隙颜色】设置为洋红色，如图 13.93 所示。

图 13.92　选择单元格

图 13.93　在【描边】面板中设置

(3) 设置完成后按 Enter 键确认，效果如图 13.94 所示。

3. 为单元格填色

(1) 使用【文字工具】T选择需要填色的单元格，如图 13.95 所示。

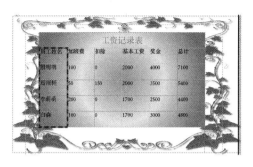

图 13.94　设置描边后的效果

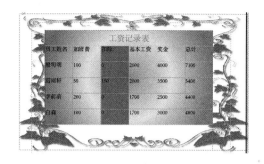

图 13.95　选择单元格

（2）在菜单栏中选择【窗口】|【颜色】|【色板】命令，打开【色板】面板，在该面板中选择一种颜色，如图 13.96 所示。

（3）即可为选择的单元格填充颜色，效果如图 13.97 所示。

图 13.96　选择颜色

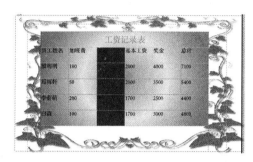

图 13.97　为单元格填充颜色

4．为单元格填充渐变

（1）使用【文字工具】T 选择需要填色的单元格，如图 13.98 所示。

（2）在菜单栏中选择【窗口】|【颜色】|【渐变】命令，打开【渐变】面板，在该面板中设置一种渐变颜色，如图 13.99 所示。

（3）即可为选择的单元格填充渐变，效果如图 13.100 所示。

图 13.98　选择单元格

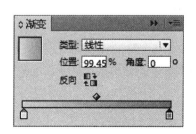

图 13.99　设置渐变颜色

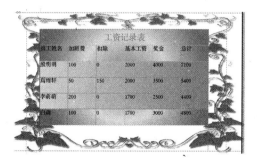

图 13.100　为单元格填充渐变

13.8.3　为表设置交替描边

使用【文字工具】在表中的任意一个单元格中单击插入光标，如图 13.101 所示。在菜单栏中选择【表】|【表选项】|【交替行线】命令，弹出【表选项】对话框，如图 13.102 所示。

图 13.101　插入光标

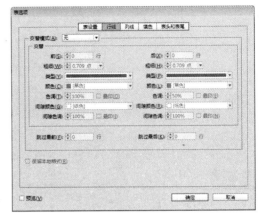

图 13.102　【表选项】对话框

在【交替模式】下拉列表中选择【每隔一行】选项，然后对其他参数进行设置，如图 13.103 所示。设置完成后单击【确定】按钮，效果如图 13.104 所示。

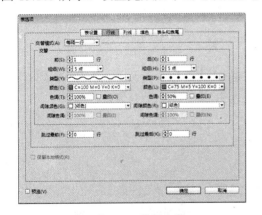

图 13.103　设置参数

图 13.104　设置交替描边后的效果

> **提示**
>
> 在菜单栏中选择【表】|【表选项】|【交替列线】命令，在弹出的【表选项】对话框中可以对列线进行设置。

13.8.4　为表设置交替填色

使用【文字工具】在表中的任意一个单元格中单击插入光标，在菜单栏中选择【表】|【表选项】|【交替填色】命令，弹出【表选项】对话框，在【交替模式】下拉列表

框中选择【每隔一行】选项，然后对其他参数进行设置，如图 13.105 所示。设置完成后单击【确定】按钮，效果如图 13.106 所示。

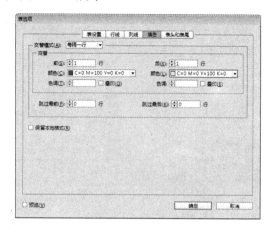

图 13.105 设置参数

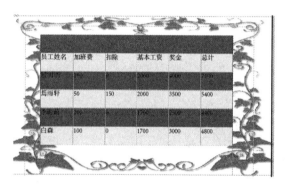

图 13.106 设置交替填色后的效果

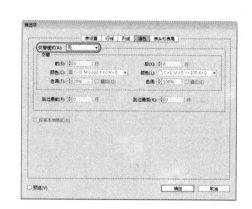

图 13.107 选择【无】选项

13.9 上机练习——制作台历

本例将介绍如何制作台历，通过本例可以使读者对以前所学的内容进行巩固，其效果如图 13.108 所示。

(1) 启动 InDesign CC，按 Ctrl+N 组合键打开【新建文档】对话框，将【页数】设置为 1，将【宽度】和【高度】分别设置为 100、55，【页面方向】设置为横向，然后单击【边距和分栏】按钮，如图 13.109 所示。

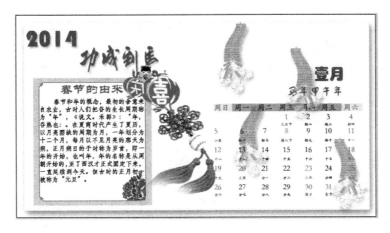

图 13.108　台历

(2) 在该对话框中单击【边距和分栏】按钮，再在弹出的对话框中将【上】、【下】、【左】、【右】都设置为 0，如图 13.110 所示。

图 13.109　【新建文档】对话框

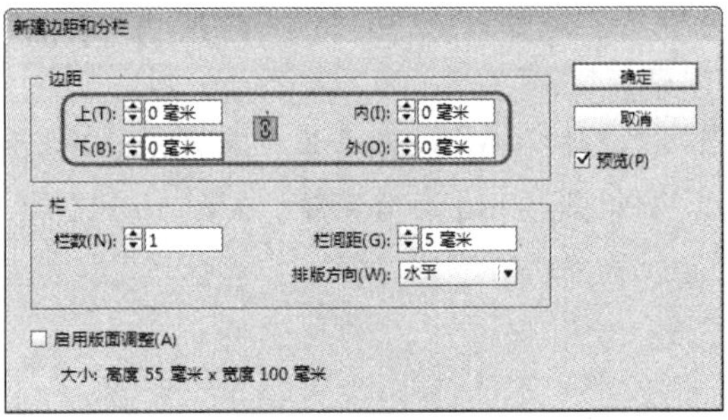

图 13.110　设置边距

(3) 设置完成后，单击【确定】按钮，即可创建一个新的文档，如图 13.111 所示。

(4) 在工具栏中单击【矩形工具】，在文档窗口中绘制一个矩形，并将其颜色设置为纸色，将其描边设置为【无】，如图 13.112 所示。

图 13.111　新建的文档

图 13.112　绘制矩形

(5) 确认该图形处于选中状态，按 Ctrl+Shift+F10 组合键，打开【效果】面板，在该面板中单击【向选定的目标添加对象效果】按钮，在弹出的下拉列表中选择【投影】命令，如图 13.113 所示。

(6) 在弹出的对话框中将【不透明度】设置为 50，将【距离】设置为 1，勾选【使用全局光】复选框，将【X 位移】设置为 0.5，将【Y 位移】设置为 0.866，如图 13.114 所示。

图 13.113　选择【投影】命令

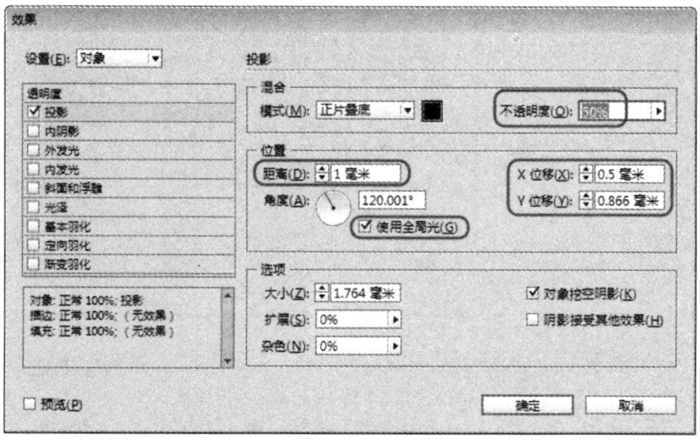

图 13.114　设置投影参数

(7) 设置完成后，单击【确定】按钮，即可为选中的对象添加投影，效果如图 13.115 所示。

(8) 按 Ctrl+D 组合键，在弹出的对话框中选择随书附带光盘中的 CDROM\素材\第 13 章\背景图案.psd 素材文件，如图 13.116 所示。

图 13.115　添加投影后的效果

图 13.116　选择素材文件

(9) 选择完成后，单击【打开】按钮，将该素材置入到文档窗口中，并调整其大小及位置，在该图片上右击，在弹出的快捷菜单中选择【显示性能】|【高品质显示】命令，调整后的效果如图 13.117 所示。

(10) 在工具栏中单击【文字工具】T，在文档窗口中绘制一个文本框，并输入文字，选中所有的文字，在【控制】面板中将字体设置为【华文楷体】，将所有的数字和"周一至周日"的【字体大小】设置为 6，将其他文字的【字体大小】设置为 3，如图 13.118 所示。

(11) 使用【选择工具】将其选中，在菜单栏中选择【文字】|【制表符】命令，如图 13.119 所示。

(12) 打开【制表符】面板，单击面板中的【将面板放在文本框上方】按钮，即可将

【制表符】面板与选中的文本框对齐。单击【居中对齐制表符】按钮 ↓，然后添加 6 个制表符，将制表符分成如图 13.120 所示的 7 个部分。

图 13.117 置入素材

图 13.118 输入文字

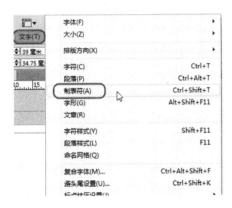

图 13.119 选择【制表符】命令

图 13.120 设置制表符

(13) 将光标插入到"周一"文字的前面，按 Tab 键。然后将光标插入到"周二"文字的前面，按 Tab 键，如图 13.121 所示。

(14) 使用同样的方法，将光标置入不同的位置，对文本框中的其他文字进行调整，调整完成后的效果如图 13.122 所示。

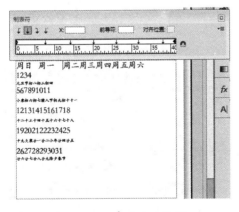

图 13.121 调整文字位置

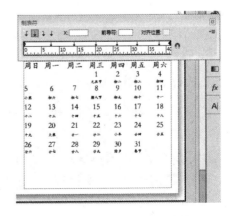

图 13.122 调整完成后的效果

(15) 将【制表符】面板关闭，使用【文字工具】 T 选择数字 4，在【控制】面板中将其【填色】设置为红色，如图 13.123 所示。

(16) 使用同样的方法为其他文字设置颜色，设置后的效果如图 13.124 所示。

图 13.123　设置文字颜色　　　　　　　图 13.124　设置后的效果

(17) 在工具栏中单击【矩形工具】 ，在文档窗口中绘制一个矩形，在【控制】面板中将【填色】设置为黄色，将【描边】设置为【无】，如图 13.125 所示。

(18) 然后在该矩形上右击，在弹出的快捷菜单中选择【排列】|【后移一层】命令，如图 13.126 所示。

图 13.125　绘制矩形

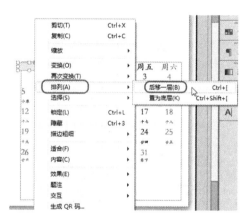

图 13.126　使矩形后移一层

(19) 使用同样方法，绘制矩形，填充颜色，并调整矩形的位置，效果如图 13.127 所示。

(20) 按 Ctrl+D 组合键，在弹出的对话框中选择随书附带光盘中的 CDROM\素材\第 13 章\002.psd 图片，如图 13.128 所示。

(21) 选择完成后，单击【打开】按钮，将选中的素材文件置入到文档窗口中，并调整其大小及位置，调整后的效果如图 13.129 所示。

图 13.127　绘制其他矩形并调整

图 13.128　选择素材文件　　　　　　图 13.129　置入素材文件

（22）选择工具栏中的【矩形工具】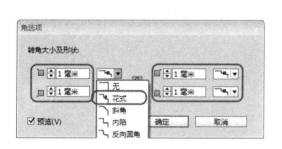，在文档窗口中置入的图片上绘制矩形，然后在菜单栏中选择【对象】|【角选项】命令，在打开的【角选项】对话框中，将【转角大小及形状】分别设置为1、【花式】，如图 13.130 所示。

（23）确认该图形处于选中状态，按 F6 键打开【颜色】对话框，将【填色】的 CMYK 值设置为 0、2、15、0，单击描边，单击【颜色】面板右上角的按钮，在弹出的下拉菜单中选择 CMYK，将描边的 CMYK 值设置为 15、30、71、1，如图 13.131 所示。

图 13.130　绘制图形

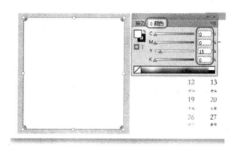

图 13.131　设置填色及描边

（24）在工具栏中单击【钢笔工具】，在文档窗口中绘制如图 13.132 所示的图形。

（25）确认该图形处于选中状态，在【颜色】面板中将【填色】的 CMYK 值设置为 27、98、99、0，将【描边】设置为【无】，如图 13.133 所示。

图 13.132　绘制图形　　　　　　　　图 13.133　设置填充颜色

(26) 使用钢笔工具继续绘制其他图形，绘制后的效果如图 13.134 所示。

(27) 选中所绘制的图形，按 Ctrl+8 组合键建立复合路径，效果如图 13.135 所示。

图 13.134　绘制其他图形

图 13.135　建立复合路径

(28) 继续选中该图形，按 Alt+Ctrl+M 组合键，打开【效果】对话框，在该对话框中将投影的【不透明度】设置为 35，将【距离】设置为 0.6，勾选【使用全局光】复选框，将【大小】设置为 0.5，如图 13.136 所示。

(29) 设置完成后，单击【确定】按钮，即可为选中图形设置投影，如图 13.137 所示。

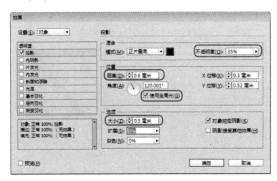

图 13.136　设置投影参数

图 13.137　添加投影后的效果

(30) 使用同样的方法绘制其他图形并输入相应的文字，效果如图 13.138 所示。

(31) 按 Ctrl+D 组合键，在弹出的对话框中选择随书附带光盘中的 CDROM\素材\第 13 章\花.png 图片，将其置入文档窗口中并调整其位置及大小，如图 13.139 所示。

图 13.138　创建文字及图形

图 13.139　置入素材文件

(32) 使用同样的方法将其他素材文件置入到文档窗口中，并调整其位置、大小、不透明度和阴影，效果如图 13.140 所示。

图 13.140　置入其他素材

(33) 场景制作完成后，按 Ctrl+E 组合键，打开【导出】对话框，在该对话框中指定导出的路径，为其命名并将其【保存类型】设置为 JPEG 格式，如图 13.141 所示。

(34) 单击【保存】按钮，在弹出的【导出 JPEG】对话框中，使用其默认值，如图 13.142 所示。

图 13.141　【导出】对话框　　　　　　图 13.142　【导出 JPEG】对话框

(35) 单击【导出】按钮，然后在菜单栏中选择【文件】|【存储为】命令，为其指定命名并将【保存类型】设置为 InDesign CC 文档，如图 13.143 所示，单击【保存】按钮。

图 13.143　储存文件

13.10 思 考 题

1. 在【制表符】面板中，如何能精确地调整选中制表符的位置？
2. 在 InDesign 中如何等比例增大或减小一个表格？

第 14 章　印刷前的颜色设置及文件的打印与输出

印前设置影响着印刷品的一切，一幅再好的作品，如果在印刷时出现错误也是会毁掉作品的，因此，一定要注意印前的设置。本章将详细讲解如何设置印前颜色、文件打印以及输出等。

14.1　颜　色　校　准

InDesign 带有几个颜色管理系统选项(【颜色设置】对话框中的选项)，这些颜色管理系统选项有助于确保准确地打印导入图像中的颜色和 InDesign 中定义的颜色。这些颜色管理系统选项的作用为追踪源图像中的颜色、显示器可显示的颜色以及打印机可打印的颜色。如果显示器或打印机不支持文档中的某种颜色，那么这些选项会把该颜色转换成(在校准)最接近的颜色。

14.1.1　设置系统

要想让屏幕显示最佳的印刷颜色效果，需要精密地控制计算机的系统。对系统控制得越精细，在屏幕上看到的颜色就会和打印出的颜色越接近。

- 将亮度调暗：显示器亮度过高，会因为在显示器中看到的蓝色太多、而红色不足使得颜色失真。将显示器的亮度调整到最高 60%～75%之间。
- 将显示器的颜色温度改变为 K 氏 7200 度：大多数显示器都可以通过控件，调整至该选项进行设置。
- 使用显示器颜色配置文件：在 Windows 操作系统下，单击【开始】|【控制面板】命令，打开控制面板，单击【外观和个性化】图标，如图 14.1 所示，再在【外观和个性化】对话框中单击【显示】图标，如图 14.2 所示，弹出【显示】对话框。

图 14.1　单击【外观和个性化】图标

图 14.2　单击【显示】图标

在【显示】对话框中单击【更改显示器设置】文字，如图 14.3 所示，弹出【屏幕分辨率】对话框，在该对话框中单击【高级设置】文字，在弹出的对话框中选择【颜色管理】选项卡，然后单击【颜色管理】按钮，弹出【颜色管理】对话框，如图 14.4 所示，用户可以在该对话框中设置显示器颜色的配置。

图 14.3　单击【更改显示器设置】文字

图 14.4　【颜色管理】对话框

无论是在 InDesign 中还是图标或绘图程序中定义颜色，用来定义的方法对于保证最佳输出至关重要。

- 如果是 RGB 打印机，使用 RGB 模型定义颜色。
- 如果是 CMYK 打印机，使用 CMYK 模型定义颜色。
- 如果是使用 Pantone 颜色的传统胶印机，且使用的是 Pantone 油墨，则选取 Pantone 实体模型之一。如果印刷机的油墨是 Pantone 之外的其他公司生产的，则选取 Pantone Process Coated 模型。

14 1.2　调整屏幕显示

在菜单栏中选择【编辑】|【颜色设置】命令，即可弹出【颜色设置】对话框，如图 14.5 所示。

图 14.5　【颜色设置】对话框

要使颜色校准对显示器起作用，则必须显示几万种颜色(16 位颜色深度)或更多颜色(或更深的颜色深度，例如 24 位)。

在 RGB 下拉列表中可以选择一种合适的显示器显示模式。在 CMYK 下拉列表框中则可以选择一种合适的输出设置。

在【颜色管理方案】选项中可以导入图像的颜色管理方案。

在【颜色设置】对话框中单击【存储】按钮，即可将设置完成的颜色进行保存。

14.1.3　校准导入的颜色

下面将介绍如何校准导入的颜色，其具体操作步骤如下。

(1) 在菜单栏中选择【文件】|【置入】命令，弹出【置入】对话框，在【置入】对话框中选中需要导入的图像并勾选【显示导入选项】复选框，如图 14.6 所示。

图 14.6　选择图像并设置

(2) 单击【打开】按钮，弹出【图像导入选项】对话框，切换到【颜色】选项卡，在对话框中可以选择一种合适的图像颜色配置，如图 14.7 所示。

除此之外，用户也可以使用【选择工具】将图像进行选中，在菜单栏中选择【对象】|【图像颜色设置】命令，如图 14.8 所示，弹出【图像颜色设置】对话框，在该对话框中可以对置入的图像进行颜色设置，如图 14.9 所示。

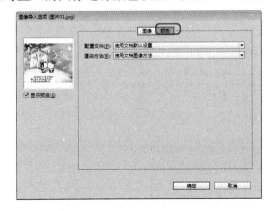

图 14.7　【颜色】选项卡

图 14.8　选择【图像颜色设置】命令

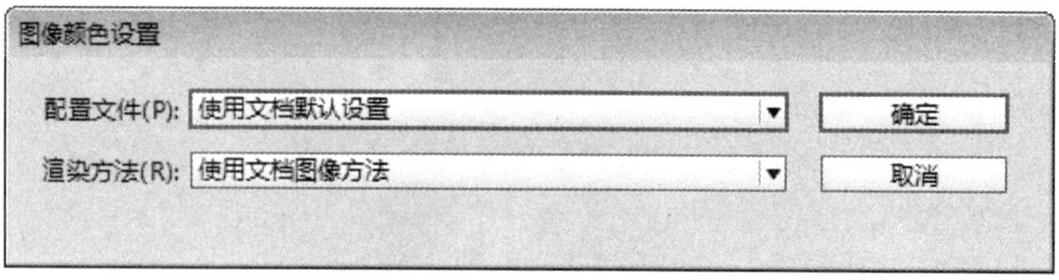

图 14.9 【图像颜色设置】对话框

14.1.4 改变文档的颜色设置

在 InDesign CC 中，用户可以根据需要改变文档的颜色设置，其具体操作步骤如下。

(1) 在菜单栏中选择【编辑】|【指定配置文件】命令，如图 14.10 所示。

(2) 执行该命令后，即可弹出【指定配置文件】对话框，在该对话框中通过【RGB 配置文件】、【CMYK 配置文件】、【纯色方法】、【默认图像方法】、【混合后方法】等相关选项对颜色进行设置，如图 14.11 所示。设置完成后单击【确定】按钮即可。

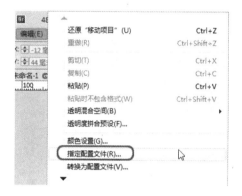

图 14.10 选择【指定配置文件】命令

图 14.11 【指定配置文件】对话框

14.2 使 用 陷 印

陷印是一种叠印技术，它能够避免在印刷时由于稍微没有对齐而使打印图像出现小的缝隙。颜色陷印控制打印时颜色如何重叠和相接。InDesign 提供了适度的陷印控制，足够设置基本的文档但没有达到商用打印机的专业水平。对初学者来说，经常会滥用颜色陷印特性，所以在 InDesign 中将这些选项隐藏起来。如果对陷印了解不多，就可保持该程序的此特性为默认设置。在使用 InDesign 陷印之前，了解一些关于彩色印刷的知识有助于打印输出的设置。在掌握了颜色陷印或有了一定的经验之后，就会发现 InDesign 陷印工具使用起来非常方便快捷。

14.2.1 阻塞与扩散的比较

陷印调整彩色对象的边界以防止相接的颜色之间出现缝隙。出现缝隙是由于负片、印版或印刷机没有对准，而这一切是不可避免的。

颜色通过称为阻塞和扩散的过程而陷印。两个过程都会使对象略微增大，因此使相接的对象出现微微的叠印。一个对象包围另一个对象的过程称为阻塞，这时第 1 个对象会扩大而与第 2 个对象重叠。被包围的对象扩大以至于渗透到包围的对象的过程称为扩散。

阻塞和扩散的区别在于两个对象的相对位置不同。可以把阻塞看作一个孔使内部的对象变小，而把扩散看作使孔内的对象扩大。

陷印技术有 3 种类型，扩散使内部对象的颜色向外出血，阻塞使外部对象的颜色向内出血，事实就是使被阻塞元素的区域变小。黑线表示内部对象的大小，阻塞的深色对象向浅色对象扩大，实际上就是改变了深色对象的大小。如果图像没有陷印，则图像的负片在印刷时位置稍微发生变化，从而产生了缝隙。

InDesign 支持第 3 种类型的陷印技术是居中，居中既是阻塞也是扩散，分离了两个对象之间的区别。这将使陷印看起来更好看，尤其是浅色和深色对象之间，有规则的阻塞和扩散可渗透浅色对象。

中性密度将陷印作为色调和偏色调整，以减小颜色陷印处产生深色线的可能性。但这一点对位图图像很危险，当陷印从像素到像素变化时，很有可能创建不平滑的边界。

实际上，陷印还涉及颜色是否挖空或者叠印的设置。陷印默认值是一个元素在另一个元素上面时，去掉任何重叠。

在 InDesign 中，可以使用【属性】面板为个别对象设置陷印，如文本、框架、形状和线条等，用户可以通过在菜单栏中选择【窗口】|【输出】|【属性】命令，如图 14.12 所示，打开【属性】面板，用户从【属性】面板中可以选择 4 种陷印选项，分别为【叠印填充】、【叠印描边】、【叠印间隙】和【非打印】选项，【属性】面板如图 14.13 所示。大多数对象并非是所有 4 个选项都可用，因为并非所有对象都有填充、间隙和描边，但所有对象都有【非打印】可以利用。【非打印】选项会阻止对象打印。

图 14.12　选择【属性】命令

图 14.13　【属性】面板

14.2.2　陷印预设

陷印预设是陷印设置的集合，可将这些设置应用于文档中的一页或一个页面范围。【陷印预设】面板提供了一个用于输入陷印设置和存储陷印预设的界面。可以将陷印预设应用于当前文档的任意或所有页面，或者从另一个 InDesign 文档中导入预设。如果没有对陷印页面范围应用陷印预设，那么该页面范围将使用【默认】的陷印预设。

在菜单栏中选择【窗口】|【输出】|【陷印预设】命令，即可打开【陷印预设】面板，如图 14.14 所示。

在【陷印预设】面板中单击其右上角的 按钮，在弹出的下拉菜单中选择【新建预设】命令，即可弹出如图 14.15 所示的对话框。除此之外，用户也可以在弹出的面板菜单中选择【删除预设】、【指定陷印预设】命令，以及其他文档中的【载入陷印预设】等命令。

图 14.14 【陷印预设】面板

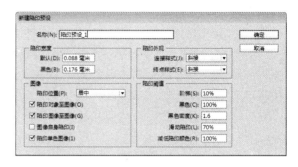

图 14.15 【新建陷印预设】对话框

下面是创建或修改陷印预设时能够改变的设置。

- 【名称】：用户可以在【名称】文本框中输入该陷印样式的名称。
- 【陷印宽度】：主要用于设置陷印宽度，一种常用的设置。【默认】字段适用于黑白之外的所有颜色。可以使用【黑色】字段单独为黑色设置陷印宽度，该值较大的原因是使黑色具有更多的活动余地，将颜色扩散进黑色不会改变黑色，如果将黄色扩散进蓝色会产生绿色，因而需要最小化这种扩散。
- 【陷印外观】：正如对描边一样，也可以选择陷印连接和终点的样式，其选项包括【斜接】、【圆形】和【斜角】3 个命令，如图 14.16 所示。在几乎每一种情况下，都要选择【斜接】选项，因为斜接可以保持陷印被限制到邻接的图像。如果选择其他选项，阻塞或扩散会略微超过对象。如果对象任意一边的颜色是白色或浅色，读者就可能注意到选微小的扩展。
- 【图像】：InDesign 允许用户使用几个选项控制如何应用陷印，【陷印位置】和 4 个图像专用的设置，即【陷印对象至图像】、【陷印图像至图像】、【图像自身陷印】和【陷印单色图像】。
  - ◆ 【陷印位置】：用于确定如何处理像与邻接的纯色之间的陷印，其中包括【居中】、【收缩】、【中性密度】、【扩展】4 个命令，如图 14.17 所示。如果选择【居中】，陷印将跨骑在图像和邻接的彩色对象之间。如果选择【收缩】选项，邻接彩色对象依据【陷印宽度】的值叠印图像；如果选择【扩展】选项，图像依据【陷印宽度】的值叠印邻接彩色对象；如果选择【中性密度】选项，前面已定义过了。
  - ◆ 【陷印对象至图像】：打开图像与邻接的任何在 InDesign 中创建的对象的陷印。
  - ◆ 【陷印图像至图像】：打开图像和任何邻接图像的陷印。

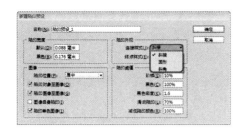

图 14.16　【连接样式】下拉列表

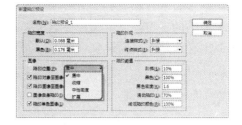

图 14.17　【陷印位置】下拉列表

- ◆ 【图像自身陷印】：实际上在位图图像内陷印颜色。该选项只能用于高对比度图像，例如，动画片和计算机屏幕抓图。这些图的颜色色阶较少，并且色带更宽且一致。
- ◆ 【陷印单色图像】：将黑白图像陷印任何相邻对象。印刷时，如果出现重合不良，该设置可以阻止黑色部分周围出现白色。
- 【陷印阈值】：该选项指导 InDesign 如何应用陷印设置。
  - ◆ 【阶梯】：在实现陷印之前赋予 InDesign 颜色差异阈值，默认值为 10%，大多数对象使用该值。阶梯值越大，陷印的对象越少。该选项起作用的方式是该值表示相邻对象之间的颜色变化的差异，将告诉 InDesign 不必担心在该百分比误差之内的颜色。该值一般设置的较小，这意味着不必担心在相似的颜色之间是否进行陷印。大多数情况下，该值在 8%～20% 之间。
  - ◆ 【黑色】：InDesign 应该将深灰色作为黑色处理的点，以便用【黑色宽度】来定义陷印宽度。对于粗糙的纸张，较深色调和灰色常常看起来像纯色。在这些情况下，要使用【黑色】，使 85% 的黑色对象像 100% 的黑色对象那样陷印。
  - ◆ 【黑色密度】，与【黑色】相似，但它是基于油墨密度将深颜色当作黑色处理的可输入值的范围为 0～10，其中 1.6 是默认值。
  - ◆ 【滑动陷印】：调整阻塞或扩展的方式，常用值是 70%。当油墨密度的差异在 70% 以上时，该选项告诉 InDesign 不要将较深的颜色太多地渗透到较浅颜色之中。两种颜色之间的对比度越大，当较深颜色渗入较浅颜色对象时，较浅颜色对象变形就越大。该值为 0% 时，所有陷印被调整为两对象之间的中线，当该值为 100% 时，阻塞或扩散则按全陷印宽度进行。
  - ◆ 【减低陷印颜色】：控制某些陷印可能产生的油墨过量。默认值为 100%，意味着陷印的重叠颜色按 100% 生成，这样，在某情况下，由于颜色的混合会造成陷印比两种被陷印的颜色更深，在【减低陷印颜色】中选择较小的值，可以使重叠颜色变浅以减少颜色加深，0% 的值会使重叠颜色不比被陷印的两种颜色更深。

14.2.3　指定陷印的页面

可以将陷印预设指定给文档或文档中的页面范围。如果对没有相邻颜色的页面停用陷印，则可以加快这些页面的打印速度。直到打印该文档时，陷印才会真正进行。

陷印预设一旦被创建，用户就可以应用它们。单击【陷印预设】面板右上角的 按钮，在弹出的下拉菜单中选择【指定陷印预设】命令，如图 14.18 所示，执行该命令后，即可弹出【指定陷印预设】对话框，如图14.19 所示。

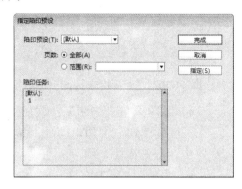

图 14.18　选择【指定陷印预设】命令　　　　图 14.19　【指定陷印预设】对话框

此过程很简单，从【陷印预设】下拉列表中选择一种预设，然后选择要应用该预设的页面。在【页数】选项区域中进行选择，如果选中【全部】单选按钮表示将所有的页面都应用预设，当选中【范围】单选按钮时，在右侧的文本框中输入数值指定预设的页数。单击【指定】按钮完成陷印预设对所选页面的应用。可以为文档中的不同页面设置多个预设，在【指定陷印预设】对话框底部将会显示那些页面应用的是什么陷印预设。

14.3　对打印文档检查并打包

当完成设置打印机的相关属性后，用户可以在 InDesign 中使用【打包】命令检查打印文档并最终将文档相关内容打包。通过该操作可以检查文档在打印过程中可能遇到的任何问题，检查出的错误会报告给读者，以便设计者对相应的错误进行修改。其具体操作步骤如下。

(1) 在菜单栏中选择【文件】|【打印】命令，或按 Ctrl+P 组合键，如图 14.20 所示。

(2) 在弹出的【打印】对话框中选择【输出】选项卡，如图 14.21 所示。

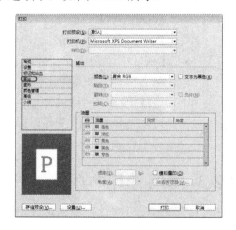

图 14.20　选择【打印】命令　　　　图 14.21　选择【输出】选项卡

(3) 在【输出】选项组中可以设置打印机输出的相关设置，设置完成后，单击【存储预设】按钮，弹出【存储预设】对话框，在该对话框中可以设置预设的名称，如图 14.22 所示。

(4) 输入名称后，单击【确定】按钮，返回到【打印】对话框中，单击【取消】按钮，关闭【打印】对话框。

(5) 再在菜单栏中选择【文件】|【打包】命令，如图 14.23 所示。

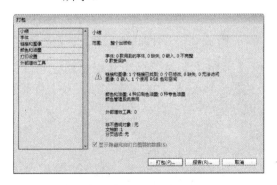

　　图 14.22　【存储预设】对话框

　　图 14.23　选择【打包】命令

(6) 执行该命令后，即可弹出【打包】对话框，如图 14.24 所示。

● 【小结】：可以在【小结】选项卡中查看文档总体的检查结果。

● 【字体】：该选项卡主要用于查看文档中文字的检查结果，【字体】选项卡如图 14.25 所示。

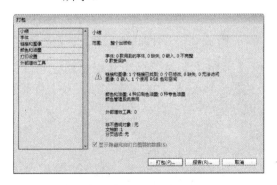

　　图 14.24　【打包】对话框

　　图 14.25　【字体】选项卡

提 示

在打包文档时，如果文档拥有的文字与图像过多，会在检查时很难查找，勾选【仅显示有问题项目】复选框，会只显示文档中错误的文字与图像信息，可以方便文档的检查。

● 【链接和图像】：该选项卡主要用于检查文档中是否有图像丢失与图像的链接是否不正确，或在置入图像时是否修改过原图像，如图 14.26 所示。

● 【颜色和油墨】：该选项卡主要用于检查输出中将要使用的油墨的颜色，如图 14.27 所示。

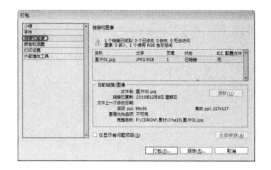

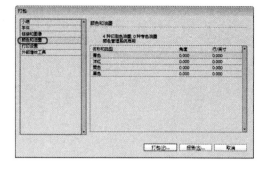

图 14.26　【链接和图像】选项卡　　　　　　图 14.27　【颜色和油墨】选项卡

● 【打印设置】：该选项卡主要用于检查打印的一些相关信息，就是检查在前面设置【打印】对话框中的【输出】选项的一些信息，如图 14.28 所示。

● 【外部增效工具】：该选项卡主要用于检查在输出文件时必需的所有增效工具，如图 14.29 所示。

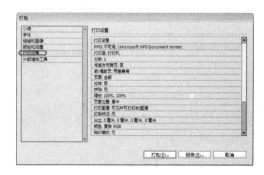

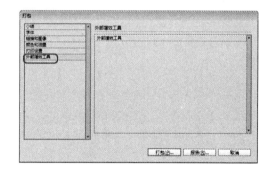

图 14.28　【打印设置】选项卡　　　　　　图 14.29　【外部增效工具】选项卡

(7) 检查完毕后，单击【报告】按钮，弹出【存储为】对话框为其指定路径和文件名，如图 14.30 所示。单击【保存】按钮，即可生成一个.txt 格式的报告文档，双击将其打开，可以看到检查后的报告信息，如图 14.31 所示。

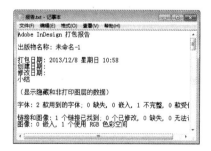

图 14.30　【存储为】对话框　　　　　　图 14.31　查看报告文档

(8) 在【打包】对话框中单击【打包】按钮，可以将所有相关的字体和文件保存到一个文件夹中，如果在单击该按钮之前未对文档进行存储，则会弹出提示对话框，提示保存，如图 14.32 所示。单击【存储】按钮，完成存储后，弹出【打印说明】对话框，在该对话框可以设置打包文件的相关信息，如图 14.33 所示。

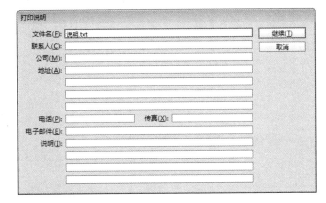

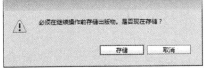

图 14.32　【存储为】对话框　　　　　图 14.33　【打印说明】对话框

- 【文件名】：在该文本框中输入打包文件的文件名称。
- 【联系人】：在该文本框中设置联系人的名称。
- 【公司】：在该文本框中设置公司的名称。
- 【地址】：在该文本框中输入公司的地址。
- 【电话】：在该文本框中设置联系人的电话号码。
- 【传真】：在该文本框中设置联系人的传真号码。
- 【电子邮件】：在该文本框中设置联系人的电子邮件地址。
- 【说明】：在该文本框中设置该文件的相关说明，如打印的相关信息。

(9) 在【打印说明】对话框中进行相应的设置，单击【继续】按钮，弹出【打包出版物】对话框，如图 14.34 所示。

- 【复制字体(CJK 除外)】：复制所有必需的各款字体文件，而不是整个字体系列。勾选此复选框不会复制 CJK(中文、日文、朝鲜语)字体。
- 【复制链接图形】：勾选该复选框，将链接的图形文件复制到包文件夹位置。
- 【更新包中的图形链接】：勾选该复选框，将图形链接更改到包文件夹位置。
- 【仅使用文档连字例外项】：勾选该复选框，将文档中连字排除在文件夹外。
- 【包括隐藏和非打印内容的字体和链接】：勾选该复选框，打包位于隐藏图层和关闭【打印图层】选项的图层上的对象。
- 【查看报告】：打包后，立即在文本编辑器中打开打印说明报告。要在完成打包过程之前编辑打印说明，请单击【说明】按钮。

(10) 单击【打包】按钮，将会弹出一个【警告】对话框，提示软件的限制与文字的限制，如图 14.35 所示。单击【确定】按钮，完成文件的打包。

图 14.34　【打包出版物】对话框

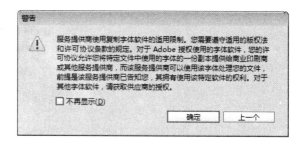

图 14.35　【警告】对话框

14.4　选择最佳输出选项

在 InDesign CC 中，当文档制作完成后，需要将文档制作成印刷品，但是在印刷前，首先要为其选择最佳的输出选项，下面将对其进行简单介绍。

在【打印】对话框左侧有 8 个设置打印时的选项，如图 14.36 所示。用户可以在该对话框中进行相应的设置，设置完成后单击【打印】按钮，即可将文档提交至打印机中，打印机将会打印提交的文档。

在【打印】对话框中，常规选项包括以下几种。

- 【打印预设】：在该下拉列表中可以选择预先定义好的打印预设。
- 【打印机】：在该下拉列表中可以选择需要使用的打印机。
- PPD：在该下拉列表中可以选择打印机专用的配置和特性信息。
- 页面预览区域：在该区域中可以预览设置文档时打印的效果。
- 【存储预设】：单击该按钮，弹出【存储预设】对话框，如图 14.37 所示。用户可以在该对话框中输入名称，然后单击【确定】按钮即可保存打印预设。

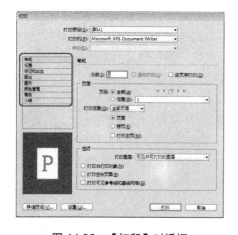

图 14.36　【打印】对话框

图 14.37　【存储预设】对话框

- 【设置】：单击该按钮，弹出【警告】对话框，提示在 InDesign 中打印可能会出现的问题，如图 14.38 所示。单击【确定】按钮，即可弹出【打印】对话框，如图 14.39 所示。用户可以在该对话框中选择打印机的种类、打印范围、打印的份数等。

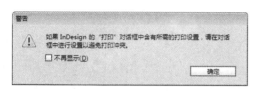

图 14.38 【警告】对话框   图 14.39 【打印】对话框

- 【打印】：单击该按钮，将根据当前设置打印文档。

14.5 PDF 文件

在 InDesign CC 中，用户除了可以通过打印的方式来查看制作出的文件外，还可以将其创建为 Adobe PDF 文件在计算机中查看。

PDF 是一种通用的便携文档格式，这种文件格式保留在各种应用程序和平台上创建的字体、图像和版面。Adobe PDF 是对全球使用的电子文档和表单进行安全可靠的分发和交换的标准。Adobe PDF 文件小而完整，任何使用免费 Adobe Reader 软件的人都可以对其进行共享、查看和打印。

14.5.1 导出 PDF 文件

将文档或书籍导出为 Adobe PDF 文件非常简单，就像使用默认的【高品质打印】设置一样。下面将介绍如何将文档导出为 PDF 文件，其具体操作步骤如下。

(1) 在菜单栏中选择【文件】|【打开】命令，在弹出的对话框中打开随书附带光盘中的 CDROM\素材\Cha14\素材 001.indd 文件，如图 14.40 所示。

(2) 在菜单栏中选择【文件】|【导出】命令，如图 14.41 所示。

图 14.40 打开素材文件

图 14.41 选择【导出】命令

(3) 在弹出的对话框中为导出的文件指定路径，为其命名，再在【保存类型】下拉列表框中选择【Adobe PDF(打印)】选项，如图 14.42 所示。

(4) 在弹出的对话框中使用其默认的参数设置，如图 14.43 所示。

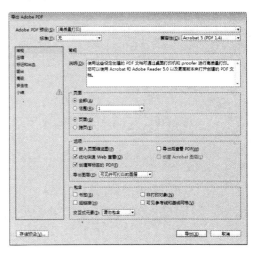

图 14.42 【导出】对话框　　　　　　图 14.43 【导出 Adobe PDF】对话框

(5) 然后单击【导出】按钮，即可将其导出，完成后的效果如图 14.44 所示。

图 14.44 导出后的效果

> **提 示**
>
> 　　要想打开 PDF 文件，须在计算机中安装 Adobe Acrobat、Adobe Reader 或者 Adobe Photoshop 等查看 PDF 文件的软件。如果只是查看，则 Adobe Reader 更加适合。

PDF 文件虽然是在计算机中预览的文档，但也可以通过该文件将其打印出来。所以在【导出 Adobe PDF】对话框中，部分选项与【打印】对话框相同，而其他选项则是针对 PDF 文件设置的。

14.5.2　标准与兼容性

PDF 文件的导出与打印相似，同样可以直接导出或者预设导出选项。PDF 文件的导出首先需要设置的是【标准】和【兼容性】选项，下面将对其进行简单介绍。

- 【标准】：用来指定文件的 PDF/X 格式。PDF/X 标准是由国际标准化组织(ISO)指定的，适用于图形内容交换。在 PDF 转换过程中，将对照指定标准检查要处理的文件。如果 PDF 不符合选定的 ISO 标准，则会显示一条消息，要求选择是取消转换还是继续创建不符合标准的文件。应用最广泛的打印发布工作流程标准为 PDF/X 格式，其中包括如图 14.45 所示的选项。

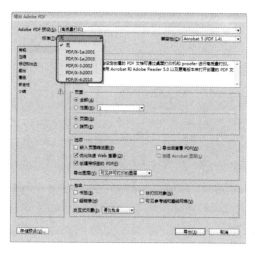

图 14.45　【标准】下拉列表

- ◆ PDF/X-1a：使用这些设定创建的 Adobe PDF 文档符合 PDF/X—1a：2001 规范。这是一个专门为图形内容交换而制定的 ISO 标准。关于创建符合 PDF/X-1a 规范的 PDF 文档的详细信息，可以参阅 Acrobat 相关书籍。可以使用 Acrobat 和 Adobe Reader 5.0 以及更高版本来打开创建的 PDF 文档。

- ◆ PDF/X-3：使用这些设定创建的 Adobe PDF 文档符合 PDF/X-3：2002 规范。这是一个专门为图形内容交换而制定的 ISO 标准。关于创建符合 PDF/X-3 规范的 PDF 文档的详细信息，可以参阅 Acrobat 相关书籍。可以使用 Acrobat 和 Adobe Reader 4.0 以及更高版本来打开创建的 PDF 文档。

- ◆ PDF/X-4：使用这些设定创建的 Adobe PDF 文档符合 PDF/X-4：2008 规范。这是一个专门为图形内容交换而制定的 ISO 标准。关于创建符合 PDF/X-4 规范的 PDF 文档的详细信息，可以参阅 Acrobat 相关书籍。可以使用 Acrobat 和 Adobe Reader 5.0 以及更高版本来打开创建的 PDF 文档。

- 【兼容性】选项：在创建 PDF 文件时，需要确定使用哪个 PDF 版本。另存为 PDF 或编辑 PDF 预设时，可以通过选择【兼容性】选项来改变 PDF 版本。【导出 Adobe PDF】对话框中的【兼容性】选项用来指定文件的 PDF 版本，下拉菜单中包括 5 个选项，如图 14.46 所示，通过不同的兼容性选项创建的 PDF 文件的功能会有所差别。

- ◆ Acrobat 4(PDF 1.3)：选择该选项，可以在 Acrobat 3.0 和 Acrobat Reader 3.0 及更高版本中打印 PDF，并且支持 40 位 RC4 安全性。由于不支持图层，无法包含使用实时透明度效果的图稿。所以在转换为 PDF 1.3 之前，必须拼合任何透明区域。

图 14.46　【兼容性】下拉列表

◆ Acrobat 5(PDF 1.4)：选择该选项，可以在 Acrobat 3.0 和 Acrobat Reader 3.0 及更高版本中打印 PDF，但更高版本的一些特定功能可能丢失或无法查看，支持 128 为 RC4 安全性。虽然不支持图层，但支持在图稿中使用实时透明度效果。

◆ Acrobat 6(PDF 1.5)：选择该选项，大多数 PDF 可以用 Acrobat 4.0 和 Acrobat Reader 4.0 和更高版本打开，但更高版本的一些特定功能可能丢失或无法查看。PDF 除了支持在图稿中使用实时透明度效果外，还支持从生成分层 PDF 文档的应用程序创建 PDF 文件时保留图层。

◆ Acrobat 7(PDF 1.6)和 Acrobat 8/9(PDF 1.7)：这两个选项与 Acrobat 6.0 (PDF 1.5) 的功能基本相同，只是在安全性方面，支持 128 位 RC4 和 128 位 AES(高级加密标准)安全性。

14.5.3　为 PDF 文件设置密码

　　【安全性】选项是将安全性添加到 PDF 文件，比如添加 PDF 文件密码。在创建或编辑 PDF 预设时安全性选项不可用，且安全性选项不能用于 PDF 标准，所以要设置 PDF 文件的安全性，首先需要选择【标准】为无。下面将介绍如何为 PDF 文件设置密码，其具体操作步骤如下。

　　(1) 打开素材 001.indd 素材文件，在菜单栏中选择【文件】|【导出】命令，如图 14.47 所示。

　　(2) 在弹出的对话框中为导出的文件指定路径，为其命名，如图 14.48 所示。

图 14.47　选择【导出】命令

　　(3) 设置完成后，单击【保存】按钮，在弹出的对话框中选择【安全性】选项卡，在其右侧的选项区域中勾选【打开文档所要求的口令】复选框，再在【文档打开口令】文本框中输入 45981230，如图 14.49 所示。

图 14.48　【导出】对话框

图 14.49　输入文档打开的口令

（4）设置完成后，单击【导出】按钮，在弹出的【口令】对话框中输入刚才所输入的口令，如图 14.50 所示。

（5）输入完成后，单击【确定】按钮，即可为导出的 PDF 文件添加密码，当再打开该 PDF 文件时，将会弹出如图 14.51 所示的对话框，只有输入正确的密码才可查看该文件。

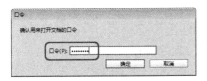

图 14.50　【口令】对话框

图 14.51　【输入密码】对话框

14.6　创建 EPS 文件

下面将介绍如何将 InDesign CC 文件导出为 EPS 文件，其具体操作步骤如下。

（1）打开一个 InDesign 文件，按 Ctrl+E 组合键，打开【导出】对话框，在该对话框中为文件指定导出路径，将【保存类型】设置为 EPS，如图 14.52 所示。

（2）单击【保存】按钮，在弹出的对话框中进行相应的设置，如图 14.53 所示。

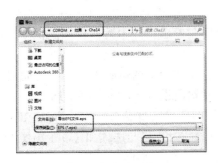

图 14.52　导出设置

图 14.53　【导出 EPS】对话框

(3) 设置完成后，单击【导出】按钮，弹出【正在导出 EPS】对话框，即可将文件导出为 EPS 文件，如图 14.54 所示。

图 14.54　【正在导出 EPS】对话框

1. 【常规】选项卡

【常规】选项卡中的相关选项如下。

- 【全部页面】：选中该单选按钮后，即可将文档中的所有页面进行导出。
- 【范围】：选中该单选按钮后，在其右侧的文本框中输入相应的范围，即可打印所输入范围的页面。
- 【跨页】：选中该单选按钮后，将对页导出为跨页 EPS 文件，相反则导出单个 EPS 文件。
- 【PostScript】：在该下拉列表中指定 PostScript 输出设备中解释器的兼容性级别。对于在 PostScript 级别 2 或更高级别输出设备上打印图形，级别 2 通常会提高打印速度和输出质量。级别 3 提供最佳速度和输出品质.
- 【颜色】：可以在该下拉列表中指定打印时的颜色模式。
- 【预览】：确定文件中存储的预览图像的特性。此预览图像在无法直接显示 EPS 图片的应用程序中显示。如果不想创建预览图像，可以在该菜单中选择【无】选项。
- 【嵌入字体】：可以在该下拉菜单中选择嵌入字体的形式。
- 【数据格式】：在该下拉列表中有两个选项。ASCII 选项生成的文件较大，但熟悉 PostScript 语言的工作人员可以对文件进行编辑；【二进制】选项生成的文件较小，但是无法进行编辑。
- 【出血】：输入 0~36mm 之间的值，为超出页面或裁切区域边缘的图形指定额外空间。

2. 【高级】选项卡

在【导出 EPS】对话框中选择【高级】选项卡，如图 14.55 所示，其相关选项如下。

- 【图像】：可以在该下拉菜单中指定要包括在导出文件中置入位图图像中的图像数据量。
  - ◆ 【全部】：包括导出文件中所有可用的高分辨率图像数据，需要的磁盘空间最大。如果要将文件打印到高分辨率的输出设备上，可选择该选项。
  - ◆ 【代理】：在导出文件中仅包括置入位图图像的屏幕分辨率版本(72 dpi)。如果要在屏幕上查看生成的 PDF 文件，请同时选择此选项和【OPI 图像替换】选项。

- 【OPI 图像替换】：启用 InDesign 可以在输出时用高分辨率图形替换低分辨率 EPS 代理的图形。
- 【在 OPI 中忽略】：在将图像数据发送到打印机或文件时有选择地忽略导入图形，只保留 OPI 链接(注释)以由 OPI 服务器以后处理。
- 【透明度拼合】：选择【预设】菜单中的某一拼合预设可以指定透明对象在导出文件中的显示方式。该选项与【打印】对话框中的【透明度拼合】选项相同。
- 【油墨管理器】：更正所有与油墨相关的选项而不更改文档的设计，单击该按钮后，将会弹出如图 14.56 所示的对话框。

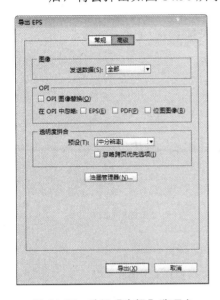

图 14.55　选择【高级】选项卡

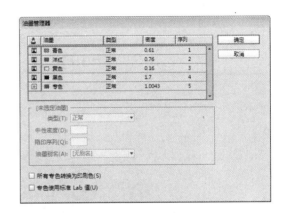

图 14.56　【油墨管理器】对话框

14.7　创建 PostScript 印前文件

在 InDesign 中，用户可以将文档用 PostScript 语言描述并存储为 PS 文件以在远程打印机上打印。服务提供商可以将 PS 文件直接发送给照排机。PostScript 文件的大小通常大于原始的 InDesign 文档，因为其中嵌入了图形和字体。下面将对其进行简单介绍，其具体操作步骤如下。

(1) 打开一个 InDesign 文件，在菜单栏中选择【文件】|【打印】命令，如图 14.57 所示。

(2) 执行该命令后弹出【打印】对话框，在该对话框中的【打印机】下拉菜单中选择【PostScript(R)文件】选项，如图 14.58 所示。

(3) 单击【存储】按钮，弹出【正在存储 PostScript(R)文件】对话框，即可将文件存储为 PS 格式的文件。

图 14.57 选择【打印】命令

图 14.58 选择【PostScript(R)文件】选项

14.8 上机练习——制作杂志内页

本例将通过介绍制作杂志内页，对以前所学的知识进行巩固，完成后的效果如图 14.59 所示。

图 14.59 杂志内页

(1) 在菜单栏中选择【文件】|【新建】|【文档】命令，弹出【新建文档】对话框，在该对话框中将【页数】设置为 2，勾选【对页】复选框，将【宽度】和【高度】分别设置为 210 毫米、297 毫米，如图 14.60 所示。

(2) 单击【边距和分栏】按钮，弹出【新建边距和分栏】对话框，在该对话框中将【上】、【下】、【内】、【外】边距均设置为 5 毫米，如图 14.61 所示。

(3) 单击【确定】按钮。按 F12 键打开【页面】面板，然后单击面板右上角的按钮，在弹出的下拉菜单中取消【允许文档页面随机排布】选项与【允许选定的跨页随机排布】选项的勾选，如图 14.62 所示。

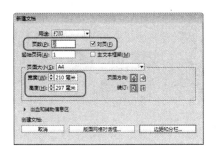

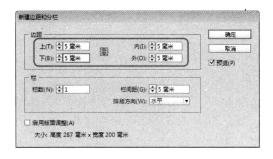

图 14.60　设置新建文档　　　　　　　　图 14.61　设置文档的边距和分栏

(4) 在【页面】面板中选择第二页，并将其拖动至第一页的右侧，如图 14.63 所示。

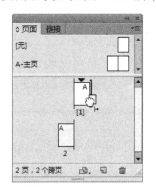

图 14.62　取消【允许文档页面随机排布】命令与　　　图 14.63　调整跨页
　　　　　【允许选定的跨页随机排布】命令的勾选

(5) 然后释放鼠标左键，即可将页面排列成如图 14.64 所示的效果。

(6) 在工具箱中选择【文字工具】，然后在文档窗口中绘制文本框并输入文字，并选择输入的文字，在【字符】面板中将【字体】设置为华文隶书，将【字体大小】设置为 50 点，将文字【填充】颜色的 CMYK 值设置为 78、13、100、0，效果如图 14.65 所示。

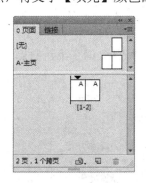

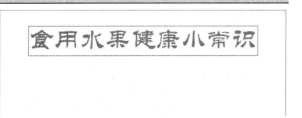

图 14.64　调整后的效果　　　　　　　　图 14.65　输入文字并进行设置

(7) 在工具栏中选择【选择工具】，在文档中选择文本框，在【颜色】面板中将【填色】的 CMYK 值设置为 3、32、90、0，效果如图 14.66 所示。

(8) 按 Ctrl+D 组合键，打开【置入】对话框，在该对话框中选择 CDROM\素材\Cha14\006.jpg 文件，然后单击【打开】按钮，如图 14.67 所示。

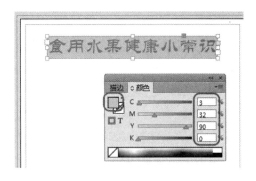

图 14.66　设置文本框填充颜色

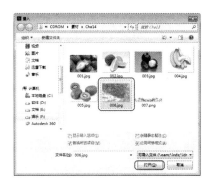

图 14.67　选择素材文件

(9) 在文档中单击即可将素材置入到文档中，然后调整图片的大小和位置，效果如图 14.68 所示。

(10) 在工具箱中选择【钢笔工具】，然后在文档窗口中绘制图形，并选择绘制的图形，在控制栏中将【描边】设置为无，如图 14.69 所示。

图 14.68　调整素材

图 14.69　绘制图形并进行设置

(11) 在工具箱中选择【文字工具】，然后在绘制的图形中输入文字，并选择输入的文字，在控制栏中将【字体】设置为方正舒体，将【字体大小】设置为 20 点，将【填色】的 CMYK 值设置为 9、75、99、0，效果如图 14.70 所示。

(12) 将光标置入段落中的任意位置，然后在【段落】面板中将首字下沉行数设置为2，如图 14.71 所示。

图 14.70　输入文字并进行设置

图 14.71　设置首字下沉行数

(13) 在工具栏中选择【直线工具】，在文档中绘制直线，在控制栏中将【描边粗细】设置为 10，将类型设置为细-粗，效果如图 14.72 所示。

(14) 在工具栏中选择【文字工具】，在文档中绘制文本框并输入文字，并将文字【字体】设置为华文仿宋，将【字体大小】设置为 30，将颜色设置为白色，将文本框的【填色】设置为黑色，效果如图 14.73 所示。

图 14.72　设置直线效果

图 14.73　绘制文本框后输入文字并进行设置

(15) 然后按 Ctrl+D 组合键打开【置入】对话框，选择 CDROM\素材\Cha14\004.jpg 文件，如图 14.74 所示。

(16) 单击【打开】按钮后，在文档中单击，即可将素材置入到文档中，调整素材的位置和大小，效果如图 14.75 所示。

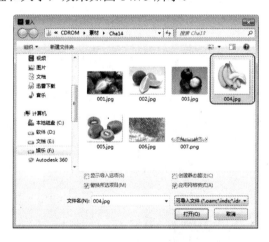

图 14.74　打开素材文件

图 14.75　调整素材

(17) 调整完成后，在工具栏中选择【钢笔工具】，在文档中绘制图形，绘制后的效果如图 14.76 所示。

(18) 在工具栏中选择【文字工具】，在绘制的图形中单击然后输入文字并选中文字，将【字体】设置为方正舒体，将【字体大小】设置为 20 点。然后在控制栏中将文字的【填色】CMYK 值设置为 21、0、86、0，将图形的【填色】CMYK 值设置为 73、11、100、0，效果如图 14.77 所示。

图 14.76　绘制图形

图 14.77　设置文字

(19) 然后使用相同的方法，插入其他素材，绘制图形，输入文字，并为图形和文字设置填充色，效果如图 14.78 所示。

(20) 执行以上操作后，按 W 键取消辅助线的显示，可以查看文档当前的效果，如图 14.79 所示。

图 14.78　绘制其他图形、输入文字并设置颜色

图 14.79　查看文档效果

(21) 按 Ctrl+A 组合键选择文档中的全部对象，然后按 Ctrl+Alt+M 组合键，在打开的【效果】对话框中将【投影】下的【不透明度】设置为 35%，将【距离】设置为 0.6，将【大小】设置为 0.5，然后单击【确定】按钮，即可为文档中选择的对象添加投影效果，完成后的效果如图 14.80 所示。

图 14.80　完成后的最终效果

14.9　思　考　题

1. 由于在打包文档时，文档中拥有大量文字和图片，会在检查时很难找到，如何才能更方便的查找文档中的错误文字和图片信息？

2. 在 InDesign CC 中，如何打开【打印】对话框？

第 15 章 项目指导——实用卡片产品设计

本章将介绍如何制作一些简单的实用卡片，通过输入文本、设置字体等简单的操作，使读者掌握设计卡片的方法。

15.1 制作 Logo

下面将介绍如何制作 Logo，完成后的效果如图 15.1 所示。

图 15.1　Logo 效果

(1) 启动 Photoshop CC 软件，在菜单栏中选择【文件】|【新建】命令，如图 15.2 所示。

(2) 打开【新建】对话框，在【名称】右侧的文本框中输入"Logo"，将其【宽度】、【高度】分别设置为 297 毫米、210 毫米，将【分辨率】设置为 72 像素/英寸，其他均保持默认值，如图 15.3 所示。

图 15.2　选择【新建】命令

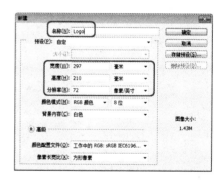

图 15.3　【新建】对话框

(3) 单击【确定】按钮即可新建空白文档，在菜单栏中选择【文件】|【置入】命令，在打开的对话框选择随书附带光盘中的 CDROM\素材\Cha15\L1.png 文件，如图 15.4 所示。

(4) 单击【置入】按钮，使用【移动工具】调整其位置并按 Enter 键确认，效果如

图 15.5 所示。

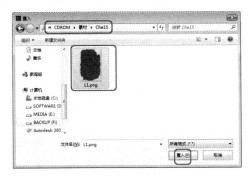

图 15.4　【置入】对话框　　　　　　　　　　图 15.5　调整图片后的效果

(5) 在工具箱中选择【钢笔工具】 ，在工具选项栏中将【工具模式】设置为【路径】，在【图层】面板中单击【新建图层】按钮 ，新建一个图层，使【钢笔工具】绘制一个"盛"字的轮廓，如图 15.6 所示。

(6) 按 Ctrl+Enter 组合键将路径载入选区，在工具箱中将前景色设置为白色，按 Alt+Delete 组合键填充颜色，完成后的效果如图 15.7 所示。

图 15.6　绘制路径　　　　　　　　　　图 15.7　"盛"字填充效果

(7) 使用同样的方法绘制"唐"字轮廓并为其填充白色，设置完成后的效果如图 15.8 所示。

(8) 在工具箱中选择【横排文字工具】，在菜单栏中选择【窗口】|【字符】命令，打开【字符】面板，将字体系列设置为【方正综艺简体】，将字体大小设置为 120，将字符间距设置为 240，将【颜色】设置为黑色，如图 15.9 所示。

(9) 在文档中输入文本"盛唐图文"，使用【移动工具】调整其位置，效果如图 15.10 所示。

(10) 将文本图层进行复制，取消显示"盛唐图文"，在【图层】面板上选择【盛唐图文拷贝】图层，单击鼠标右键，在弹出的快捷菜单中选择【转换为形状】命令，如图 15.11 所示。

(11) 在工具箱中使用【直接选择工具】 ，双击"盛"字，调整"盛"字笔画，设置完成后的效果如图 15.12 所示。

图 15.8 "唐"字填充效果

图 15.9 【字符】面板

图 15.10 输入文本后的效果

图 15.11 选择【转换为形状】命令

(12) 使用同样的方法设置其他文字，完成后的效果如图 15.13 所示。

图 15.12 调整"盛"字

图 15.13 设置其他文字后的效果

(13) 在【图层】面板中，选择【盛唐图文拷贝】图层，单击鼠标右键，在弹出的快捷菜单中选择【栅格化图层】命令，在工具箱中选择【矩形选框工具】，选择"盛"字的上部，按 Ctrl+X 组合键将其剪切，在【图层】面板中单击【新建图层】按钮 ，按 Ctrl+V 组合键进行粘贴，效果在【图层】面板中的显示如图 15.14 所示。

(14) 将前景色 RGB 的值设置为 98、5、7，按住 Ctrl 键单击【图层 3】的缩略图，创建选区，按 Alt+Delete 组合键填充前景色，完成后的效果如图 15.15 所示。

(15) 使用同样的方法设置其他样式，设置完成后的效果如图 15.16 所示。

图 15.14　在【图层】中的显示　　　　　　　　图 15.15　填充后的效果

(16) 在菜单栏选择【文件】|【存储】命令，弹出【另存为】对话框，设置存储路径，并将其命名为 Logo，将【保存类型】设置为 TIFF，单击【保存】按钮，如图 15.17 所示。

图 15.16　设置完成后的效果　　　　　　　　图 15.17　【另存为】对话框

(17) 在弹出的对话框中保持默认设置，单击【确定】按钮，再在弹出的对话框中单击【确定】按钮，即可将图片保存。

15.2　制 作 名 片

本节主要介绍名片的制作，完成后的效果如图 15.18 所示。

图 15.18　名片

(1) 启动 Photoshop 软件后，按 Ctrl+N 组合键打开【新建】对话框，在该对话框中将【宽度】、【高度】分别设置为 180 毫米、110 毫米，其他使用默认设置，如图 15.19 所示。

(2) 单击【确定】按钮，即可新建空白文档，在工具箱中选择【钢笔工具】 ，在【图层】面板中单击【新建图层】按钮 ，新建【图层 1】，绘制如图 15.20 所示的路径。

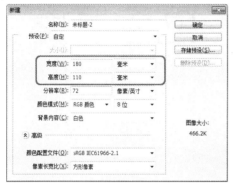

图 15.19　【新建】对话框　　　　　　　　　　图 15.20　绘制路径

(3) 按 Ctrl+Enter 组合键，将其载入选区。在工具箱中选择【渐变工具】在工具选项栏中单击【径向渐变】按钮 ，然后单击渐变条右侧的 按钮，在弹出的下拉列表中选择【前景色到背景色】渐变，如图 15.21 所示。

(4) 然后单击【渐变条】，弹出【渐变编辑器】对话框，双击左侧的色标，在弹出的对话框中将 RGB 值设置为 244、241、146，单击【确定】按钮，如图 15.22 所示。

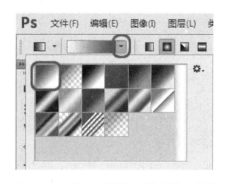
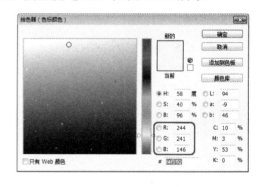

图 15.21　选择【前景色到背景色】渐变　　　　图 15.22　设置颜色

(5) 双击右侧的色标，在弹出的对话框中将 RGB 值设置为 102、59、24，单击【确定】按钮，返回到【渐变编辑器】对话框中，如图 15.23 所示。

(6) 单击【确定】按钮，在页面中单击鼠标，按住 Shift 键自下向上拖动鼠标为选区添加渐变，添加完成后按 Ctrl+D 组合键取消选区，完成后的效果如图 15.24 所示。

(7) 使用相同的方法绘制其他图形并为其填充颜色，效果如图 15.25 所示。

(8) 在工具箱中选择【横排文字工具】 ，将前景色设置为白色，打开【字符】面板，将字体系列设置为【华文新魏】，将字体大小设置为 40，在页面中输入文本，完成后的效果如图 15.26 所示。

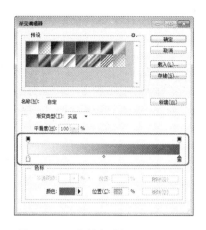

图 15.23　【渐变编辑器】对话框

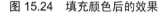

图 15.24　填充颜色后的效果

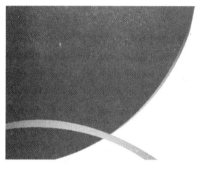

图 15.25　绘制图形并填充颜色

图 15.26　输入文本后的效果

(9) 在【图层】面板中选择文字图层，单击鼠标右键，在弹出的对话框中选择【栅格化文字】命令，如图 15.27 所示。

(10) 按住 Ctrl 键单击文字图层的缩略图，将文字载入选区，在工具箱中选择【渐变工具】，为文字填充渐变，效果如图 15.28 所示。

图 15.27　选择【栅格化文字】命令

图 15.28　载入文字并填充渐变

(11) 使用同样的方法设置其他文字，设置完成后的效果如图 15.29 所示。

(12) 在菜单栏中选择【文件】|【置入】命令，弹出【置入】对话框，在该对话框中选择随书附带光盘中的 CDROM\素材\Cha15\L2.png 文件，单击【置入】按钮，如图 15.30 所示。

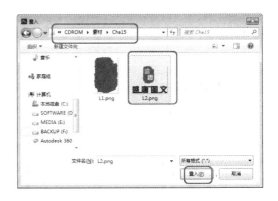

图 15.29　输入文字并填充渐变后的效果　　　　图 15.30　【置入】对话框

(13) 按住 Shift 键调整图片的大小，在工具箱中使用【移动工具】调整图片的位置并按 Enter 键确认，完成后的效果如图 15.31 所示。

(14) 按 Ctrl+N 组合键，弹出【新建】对话框，在弹出的对话框中将【宽度】、【高度】分别设置为 180 毫米、110 毫米，其他使用默认设置，如图 15.32 所示。

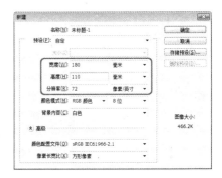

图 15.31　调整图片大小和位置　　　　　　　图 15.32　【新建】对话框

(15) 单击【确定】按钮，即可新建空白文档，在工具箱中选择【渐变工具】，在工具选项栏中单击【线性渐变】按钮，使用鼠标自上而下拖动，创建线性渐变，完成后的效果如图 15.33 所示。

(16) 在菜单栏中选择【文件】|【置入】命令，打开【置入】对话框，在该对话框中选择随书附带光盘中的 CDROM\素材\Cha15\L2.png 图片，如图 15.34 所示。

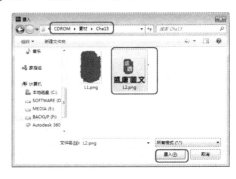

图 15.33　填充渐变后的效果　　　　　　　　图 15.34　选择图片

(17) 单击【置入】按钮，即可将文件置入，然后调整图片的位置及大小并按 Enter 键确认，调整完成后的效果如图 15.35 所示。

(18) 在菜单栏中选择【文件】|【存储】命令，弹出【另存为】对话框，在该对话框中选择存储路径并将其【文件名】命名为"名片—背面"，将【保存类型】设置为 JPEG，如图 15.36 所示。

图 15.35　调整完成后的效果

图 15.36　【另存为】对话框

(19) 单击【保存】按钮，在弹出的对话框中使用默认设置，单击【确定】按钮即可将文件存储。使用同样的方法存储"名片—正面"，至此名片就制作完成了。

15.3　VIP 卡的设计

VIP 卡是公司和产品推广和形象的宣传，VIP 卡设计有独具创意、彰显个性的特点，效果如图 15.37 所示。

图 15.37　VIP 卡

下面将介绍如何制作 VIP 卡，其具体操作步骤如下。

(1) 启动 Photoshop CC 后在菜单栏中选择【文件】|【新建】命令，在弹出的【新建】对话框中将【宽度】和【高度】分别设置为 85 毫米、53 毫米，将【分辨率】设置为 350 像素，如图 15.38 所示。

(2) 单击【确定】按钮后，在工具栏中单击【渐变工具】按钮，然后在工具选项栏中单击【径向渐变】按钮，然后调整渐变条，如图 15.39 所示。

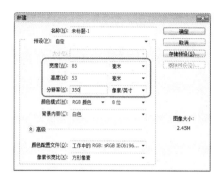

图 15.38　【新建】对话框

图 15.39　选择并设置渐变

(3) 在弹出的【渐变编辑器】对话框中，将最左侧的色标 RGB 值设置为 218、0、0，将渐变条最右侧的色标 RGB 值设置为 147、0、1，设置完成后，单击【确定】按钮，如图 15.40 所示。

(4) 在文件中的左上角处单击并向文件的右下角处拖动，即可拖出渐变色，效果如图 15.41 所示。

图 15.40　设置渐变颜色

图 15.41　拖出渐变色

(5) 在工具栏中选择【横排文字工具】 T.，在菜单栏中选择【窗口】|【字符】命令，打开【字符】面板，在该面板中将字体设置为【华文隶书】，将字体大小设置为 35 点，将【颜色】设置为白色，单击【仿粗体】按钮 T，如图 15.42 所示。

(6) 在文件中单击并输入文字，然后在工具选项栏中单击【提交所有当前编辑】按钮 ✔，确认输入，如图 15.43 所示。

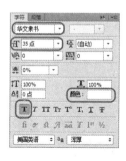

图 15.42　设置字体

图 15.43　输入文字并确认

（7）打开【图层】面板，在【图层】面板中选择文本图层并右击，在弹出的快捷菜单中选择【栅格化文字】命令，如图 15.44 所示。

（8）按住 Ctrl 键单击【栅格化文字】后的图层，即可将其载入选区，在工具栏中选择【渐变工具】 ，在工具选项栏中单击【线性渐变】按钮，然后单击渐变条，如图 15.45 所示。

图 15.44　选择【栅格化文字】命令

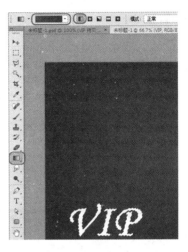

图 15.45　选择并设置渐变

（9）在打开的【渐变编辑器】对话框中，将最左侧与最右侧色标的 RGB 值均设置为 246、200、0，将中间的色标 RGB 值设置为 250、241、118，设置完成后单击【确定】按钮，如图 15.46 所示。

（10）然后在文件中单击鼠标并拖动鼠标，即可为载入的选区拖出渐变色，效果如图 15.47 所示。

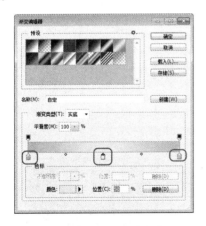

图 15.46　设置渐变颜色

图 15.47　拖出渐变颜色

（11）按 Ctrl+D 组合键取消选区，然后使用相同的方法，添加其他文字并为其添加渐变颜色，如图 15.48 所示。

（12）按 Ctrl+O 组合键弹出【打开】对话框，在该对话框中选择 CDROM\素材\Cha15\logo.png、花纹.png 文件，如图 15.49 所示。

图 15.48　输入其他文字并添加渐变颜色

图 15.49　选择素材文件

(13) 将素材打开后，在工具栏中选择【移动工具】 ，将打开的素材拖动至创建的文件中，如图 15.50 所示。

(14) 选中其中一个拖入的素材文件，按 Ctrl+T 组合键显示变换控件，调整选中素材的大小与位置，调整完成后按 Enter 键确认变换，效果如图 15.51 所示。

图 15.50　将素材拖至文件中

图 15.51　对其中一个素材进行调整

(15) 然后使用相同的方法调整另一个素材的大小与位置，调整完成后的效果如图 15.52 所示。

(16) 在工具栏中选择【圆角矩形工具】 ，在工具选项栏中将【填充】设置为无，将【描边】设置为无，如图 15.53 所示。

图 15.52　调整另一个素材

图 15.53　设置圆角矩形参数

　　(17) 然后在文件中绘制一个圆角矩形，按 Ctrl+Enter 组合键将路径转换为选区，如图 15.54 所示。

　　(18) 按 Ctrl+Shift+I 组合件进行反选，在图层面板中选择背景图层并双击，将其转换为普通图层，然后按 Delete 键删除选区中的图像，按 Ctrl+D 组合件取消选区，效果如图 15.55 所示。

图 15.54　将路径转换为选区

图 15.55　删除选区中的图像

　　(19) 然后使用同样的方法，新建同样大小的文件，并填充渐变颜色，如图 15.56 所示。

　　(20) 使用同样的方法选择素材，然后将素材拖曳至新建的文件中，并调整素材的大小与位置，效果如图 15.57 所示。

图 15.56　创建同样大小的文件并填充颜色

图 15.57　调整素材大小与位置

　　(21) 使用同样的方法为文件添加圆角，效果如图 15.58 所示。

　　(22) 在工具栏中选择【矩形选框工具】 ⬚，在文件中拖出矩形选区，并为选区填充白色，效果如图 15.59 所示。

图 15.58　为文件添加圆角

图 15.59　填充选区

(23) 然后取消选区，使用同样的方法输入文字，并填充渐变颜色，效果如图 15.60 所示。

图 15.60　输入其他文字并填充

(24) 至此 VIP 贵宾卡就制作完成了，对文件进行保存即可。

第 16 章　项目指导——制作汽车宣传单页

本案例将通过 Photoshop、InDesign 两个软件，综合地介绍一下汽车宣传单页的操作方法及步骤。

16.1　使用 Photoshop 制作按钮

下面将介绍在 Photoshop 中绘制按钮，首先使用【圆角矩形工具】，绘制出按钮的形状，并将其转换为选区，填充渐变颜色，然后使用【横排文字工具】，在绘制的按钮上输入相应的文字，并为输入的文字添加【图层样式】，完成后的效果如图 16.1 所示。

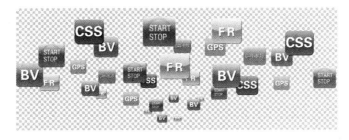

图 16.1　按钮效果图

(1) 启动 Photoshop CC 软件，按 Ctrl+N 组合键，打开【新建】对话框，在该对话框中将【名称】设置为"按钮组合"，将【宽度】设置为 2810 像素，将【高度】设置为 1050 像素，将【分辨率】设置为 72 像素/英寸，将【背景内容】设置为【透明】，如图 16.2 所示。

(2) 设置完成后单击【确定】按钮，在工具箱中选择【圆角矩形工具】，在页面中绘制一个圆角矩形，在【属性】面板中将角半径值链接到一起，然后将【左上角半径】设置为 35 像素，如图 16.3 所示。

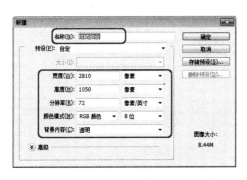

图 16.2　【新建】对话框

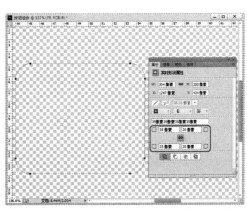

图 16.3　绘制圆角矩形并设置其属性

(3) 按 Ctrl+Enter 组合键，将绘制的圆角矩形转换为选区，在工具箱中选择【渐变工具】 ![img]，在选项栏中选择【点击可编辑渐变】选项，打开【渐变编辑器】对话框，在【渐变类型】选项组中，在渐变条下方单击，添加一个色标，在【色标】选项组中将【位置】设置为50%，如图16.4所示。

(4) 双击左侧的【色块】 ![img]，将 RGB 值设置为 246、224、41，将【位置】为 50%的色块的 RGB 值设置为 232、123、20，将右侧的色标的 RGB 值设置为 244、218、36，如图 16.5 所示。

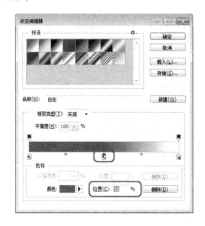

图 16.4　添加色标并设置其位置

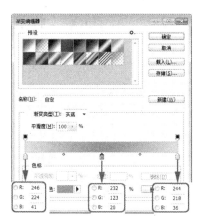

图 16.5　设置色标的 RGB 值

(5) 设置完成后单击【确定】按钮，按 F7 键打开【图层】面板，在该面板中单击【创建新图层】按钮 ![img]，新建一个图层，如图 16.6 所示。

(6) 选择新建的图层，按住 Shift 键的同时在选区中由上向下进行拖曳，填充渐变颜色，如图 16.7 所示。

图 16.6　创建新图层

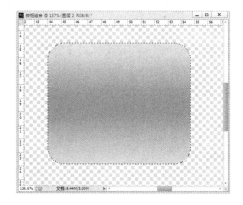

图 16.7　填充渐变

(7) 填充完成后按 Ctrl+D 组合键，在【图层】面板中新建一个图层，在工具箱中选择【椭圆选框工具】 ![img]，在场景中绘制一个椭圆选区，并为选区填充白色，按 Ctrl+D 组合键取消选区，然后将【不透明度】设置为 50%，如图 16.8 所示。

(8) 选择【图层 3】，按住 Ctrl 键的同时单击【图层 2】的缩略图，然后按 Ctrl+Shift+I 组合键，反选选区，按 Delete 键删除选区内的内容，如图 16.9 所示。

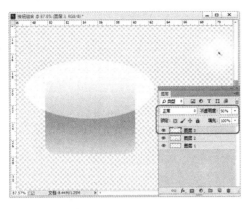

图 16.8 填充颜色并设置其不透明度

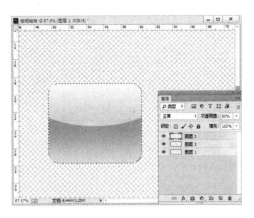

图 16.9 删除多余图形

(9) 按 Ctrl+D 组合键取消选区，在工具箱中选择【横排文字工具】 ，在场景中单击并输入 FR，按 Ctrl+T 组合键，打开【字符】面板，在该面板中将字体设置为【方正综艺简体】，将字体大小设置为 120 点，将字距设置为 200，将【颜色】设置为白色，如图 16.10 所示。

(10) 在【图层】面板中选择文字图层，打开【图层样式】对话框，在【样式】选项中勾选【投影】复选框，在【投影】选项组中将【结构】区域中的【角度】设置为 130 度，将【大小】设置为 0 像素，其他参数均为默认设置，如图 16.11 所示。

图 16.10 设置文字属性

图 16.11 设置【投影】参数

(11) 设置完成后单击【确定】按钮，打开【图层】面板，选择 FR、【图层 3】和【图层 2】，按 Ctrl+E 组合键合并图层，然后双击该图层，打开【图层样式】对话框，在【样式】选项栏中勾选【投影】复选框，在【投影】选项组的【结构】区域中单击【设置投影颜色】缩略图，将其 RGB 值设置为 178、89、38，将【不透明度】设置为 100%，将【角度】设置为 147 度，将【距离】设置为 4 像素，将【大小】设置为 0 像素，如图 16.12 所示。

(12) 设置完成后单击【确定】按钮，完成后的效果如图 16.13 所示。

(13) 使用同样的方法，制作其他按钮，完成后的效果如图 16.14 所示。

(14) 按 Ctrl+N 组合键，在弹出的【新建】对话框中将其重命名为"按钮 1"，文档的名称和大小可根据按钮的大小来定义，如图 16.15 所示。

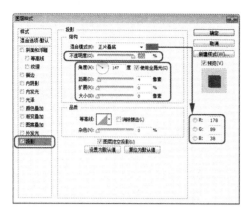

图 16.12　设置【投影】参数

图 16.13　完成后的效果

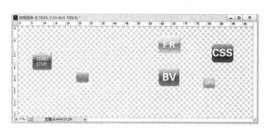

图 16.14　制作其他按钮

图 16.15　【新建】对话框

(15) 设置完成后单击【确定】按钮，使用【移动工具】[图标]在【按钮组合】文档中选择一个按钮，将其拖曳至新建的【按钮 1】文档中，如图 16.16 所示。

(16) 按 Ctrl+S 组合键，在弹出的对话框中为其指定一个保存路径，并将其保存格式设置为 PNG，如图 16.17 所示。

图 16.16　添加文件

图 16.17　【另存为】对话框

(17) 设置完成后单击【保存】按钮，在弹出的【PNG 选项】对话框中单击【确定】按钮即可，如图 16.18 所示。

(18) 使用同样的方法保存其他按钮，然后在【按钮组合】文档中复制不同的按钮，并调整其大小、位置，完成后的效果如图 16.19 所示。

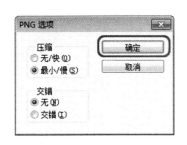

图 16.18　【PNG 选项】对话框

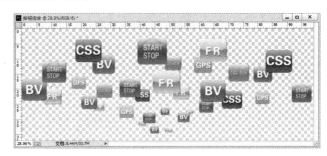

图 16.19　完成后的效果

(19) 按 Ctrl+S 组合键，在弹出的对话框中为其指定一个保存路径，将其保存格式设置为 PNG，如图 16.20 所示。

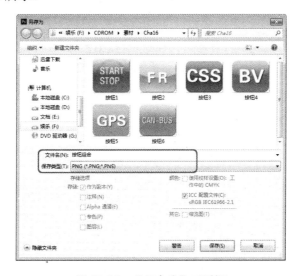

图 16.20　【另存为】对话框

(20) 在弹出的对话框中单击【确定】按钮即可。

16.2　制作汽车宣传单页

下面将介绍如何在 InDesign 中制作汽车宣传单页，完成后的效果如图 16.21 所示。

其具体操作步骤如下。

(1) 启动 InDesign CC 软件，按 Ctrl+N 组合键，打开【新建文档】对话框，在【页面大小】选项组中将【页面方向】定义为【横向】，将【宽度】设置为 291 毫米，将【高度】设置为 216 毫米，如图 16.22 所示。

(2) 设置完成后单击【边距和分栏】按钮，打开【新建边距和分栏】对话框，将【边距】选项组中的【上】、【下】、【内】、【外】均设置为 0 毫米，如图 16.23 所示。

(3) 设置完成后单击【确定】按钮，即可创建一个空白的文档，在工具箱中选择【矩形工具】，在文档中绘制一个矩形，并在选项栏中将 X、Y 均设置为 0 毫米，将 W、H 分别设置为 291 毫米、216 毫米，如图 16.24 所示。

图 16.21　汽车宣传单页

图 16.22　【新建文档】对话框

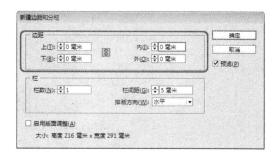

图 16.23　【新建边距和分栏】对话框

（4）打开【渐变】面板，将【类型】设置为【线性】，在渐变条的下方单击添加一个色标，并将其【位置】设置为 33%，并适当调整上方两个点的位置，如图 16.25 所示。

图 16.24　绘制矩形

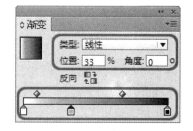

图 16.25　【渐变】面板

（5）调整完成后，将渐变条下方左侧的第一个色标的 CMYK 值设置为 96、81、28、0，将中间的色标的 CMYK 值设置为 72、23、28、0，将右侧色标的 CMYK 值均设置为 0，并将【角度】设置为-90°，如图 16.26 所示。

（6）设置完成后即可为绘制的矩形填充渐变颜色，效果如图 16.27 所示。

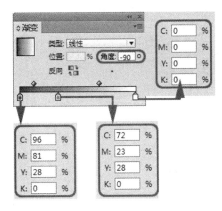

图 16.26　设置渐变颜色

图 16.27　填充渐变颜色后的效果

(7) 按 Ctrl+D 组合键，在弹出的对话框中选择随书附带光盘中的 CDROM\素材\Cha16\楼.png 素材文件，如图 16.28 所示。

(8) 单击【打开】按钮，在文档的空白位置单击，选择导入的素材，在选项栏中单击 W、H 右侧的【约束宽度和高度的比例】按钮，使其链接到一起，将 W 设置为 190 毫米，如图 16.29 所示。

图 16.28　选择素材文件

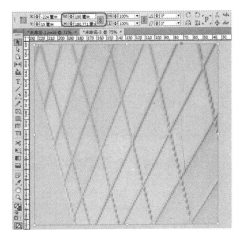

图 16.29　设置对象大小

(9) 选择导入的素材，右击，在弹出的快捷菜单中选择【适合】|【使内容适合框架】命令，如图 16.30 所示。

(10) 使用【选择工具】框选导入的素材，在选项栏中将 X 设置为 101 毫米，将 Y 设置为 0 毫米，如图 16.31 所示。

(11) 使用同样的方法导入"地面.png"素材文件，并将其 W 设置为 291 毫米，使内容适合框架，然后将 X 设置为 0 毫米，将 Y 设置为 158 毫米，如图 16.32 所示。

(12) 选择导入的【地面】素材文件，按 Ctrl+[组合键，将该素材后移一层，完成后的效果如图 16.33 所示。

(13) 使用同样的方法，导入"车 1.png"素材文件，并将其 W 设置为 90 毫米，使内容适合框架，然后将 X 设置为 8.5 毫米，将 Y 设置为 137 毫米，如图 16.34 所示。

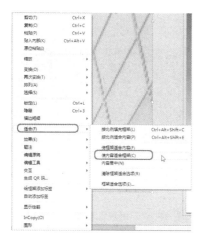

图 16.30　选择【使内容适合框架】命令

图 16.31　调整素材位置

图 16.32　设置素材大小

图 16.33　调整素材顺序

(14) 再次导入"车 2.png"素材文件，并将其 W 设置为 81 毫米，使内容适合框架，然后将 X 设置为 66 毫米，将 Y 设置为 140 毫米，按 Ctrl+[组合键，将该素材后移一层，如图 16.35 所示。

图 16.34　导入素材并调整大小及位置

图 16.35　导入素材并调整

(15) 使用同样的方法，导入其他素材文件，并调整其大小及位置，如图 16.36 所示。

(16) 在工具箱中选择【矩形工具】，在文档中绘制一个 W、H 分别为 291 毫米、14.5 毫米的矩形，并将其填充颜色设置为白色，将其【不透明度】设置为 75%，如图 16.37 所示。

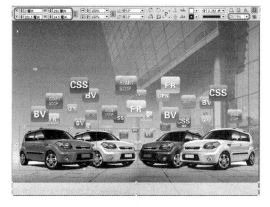

图 16.36　完成后的效果　　　　　　　　　图 16.37　绘制矩形

(17) 使用同样的方法，导入"按钮 1.png"素材文件，将其 W 设置为 13 毫米，并将其调整至合适的位置，如图 16.38 所示。

(18) 在工具箱中选择【文字工具】，在"按钮 1"素材文件的右侧单击拖曳出文本框，输入"一键启动"文本，在【字符】面板中将字体设置为【汉仪中黑简】，将大小设置为 12 点，其他均保持默认设置，如图 16.39 所示。

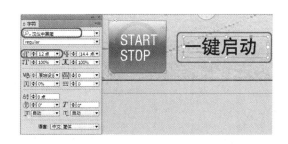

图 16.38　导入素材并设置　　　　　　　图 16.39　输入文本并设置属性

(19) 使用同样的方法，导入素材并输入文字，完成后的效果如图 16.40 所示。

(20) 在工具箱中选择【文字工具】，使用同样的方法，在文档中拖曳出文本框并输入"COOLBEAR"，在【字符】面板中将字体设置为【方正综艺简体】，将大小设置为 58 点，其他均保持默认设置，如图 16.41 所示。

(21) 选择输入的文本，打开【渐变】面板，将【类型】设置为【线性】，将中间的色标位置设置为 50%，调整上方两个色标的位置，将渐变条下方左侧的第一个色标的 CMYK 值均设置为 0，将中间的色标的 CYMK 值设置为 25、17、18、0，将右侧色标的 CMYK 值均设置为 0，并将【角度】设置为-90°，如图 16.42 所示。

(22) 设置完成后的文字效果如图 16.43 所示。

图 16.40 导入素材并输入文字

图 16.41 输入文字并设置

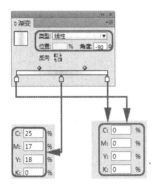

图 16.42 设置渐变颜色

图 16.43 完成后的文字效果

(23) 使用同样的方法，输入文字，并设置文字的大小，调整文字的位置，完成后的效果如图 16.44 所示。

(24) 在工具箱中选择【矩形工具】 ，在文档中绘制一个矩形，并在选项栏中将 X、Y 均设置为 0 毫米，将 W、H 分别设置为 291 毫米、216 毫米，并为其填充白色，如图 16.45 所示。

图 16.44 输入其他文字

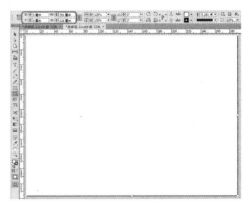

图 16.45 绘制矩形

(25) 选择绘制的矩形，在选项栏中单击【向选定的目标添加对象效果】按钮 fx，在弹出的下拉菜单中选择【透明度】选项，如图 16.46 所示。

(26) 打开【效果】对话框，在【基本混合】选项组中将【模式】设置为【叠加】，将【不透明度】设置为 75%，如图 16.47 所示。

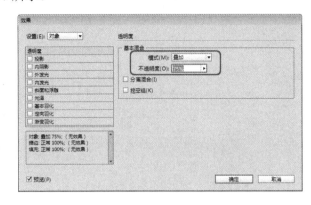

图 16.46　选择【透明度】选项　　　　　　图 16.47　【效果】对话框

(27) 设置完成后单击【确定】按钮，将该矩形向下移动图层，至"楼"素材文件的上方即可，如图 16.48 所示。

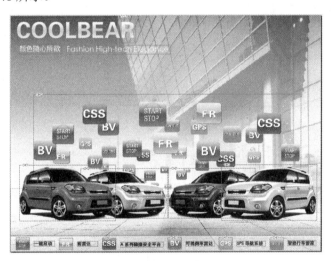

图 16.48　移动图层

(28) 打开【链接】面板，选择该面板中全部的对象，右击，在弹出的快捷菜单中选择【嵌入链接】命令，如图 16.49 所示。

(29) 在菜单栏中选择【文件】|【导出】命令，如图 16.50 所示。

(30) 在弹出的对话框中为其指定一个正确的存储路径，将其重命名为"汽车宣传单页"，将【保存类型】设置为 JPEG，如图 16.51 所示。

(31) 单击【保存】按钮即可将其导出，在弹出的【导出 JPEG】对话框中保持默认设置，单击【导出】按钮即可，如图 16.52 所示。

图 16.49　选择【嵌入链接】命令

图 16.50　选择【导出】命令

图 16.51　【导出】对话框

图 16.52　【导出 JPEG】对话框

第 17 章　项目指导——制作三折页宣传单

本章将介绍如何利用 Photoshop CC 和 InDesign CC 制作三折页宣传单，效果如图 17.1 所示，其中包括如何制作折页的 Logo 和如何设计三折页宣传单。本章的学习可以使读者对前面所学的知识进一步巩固和加深。

图 17.1　三折页宣传单

17.1　制作 Logo

下面将介绍如何利用 Photoshop 制作三折页宣传单的 Logo，其具体操作步骤如下。

(1) 启动 Photoshop CC 软件，按 Ctrl+N 组合键，在弹出的对话框中将【名称】设置为 Logo，将【宽度】和【高度】分别设置为 454 像素、464 像素，将【分辨率】设置为 300 像素/英寸，将【背景内容】设置为【透明】，如图 17.2 所示。

(2) 设置完成后，单击【确定】按钮，将【前景色】的 RGB 值设置为 255、192、0，按 Alt+Delete 组合键填充前景色，效果如图 17.3 所示。

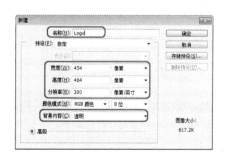

图 17.2　新建文档

图 17.3　设置前景色并进行填充

（3）设置完成后，按 F7 键打开【图层】面板，单击【新建图层】按钮，新建【图层 2】，如图 17.4 所示。

（4）在工具箱中选择【钢笔工具】，在文档中绘制一个如图 17.5 所示的图形。

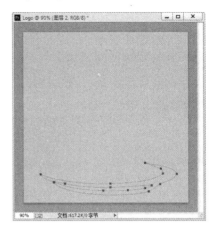

图 17.4　新建图层　　　　　　　　　　图 17.5　绘制图形

（5）在【路径】面板中双击【工作路径】图层，在弹出的对话框中使用默认名称，单击【确定】按钮，按 Ctrl+Enter 组合键，将绘制图形载入选区，将【背景色】的 RGB 值设置为 255、255、255，按 Ctrl+Delete 组合键填充背景色，效果如图 17.6 所示。

（6）按 Ctrl+D 组合键取消选区，在【图层】面板中单击【新建图层】按钮，新建【图层 3】，使用【钢笔工具】在文档中绘制一个如图 17.7 所示的图形。

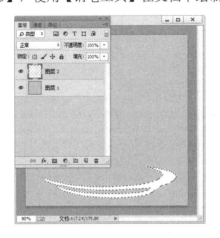

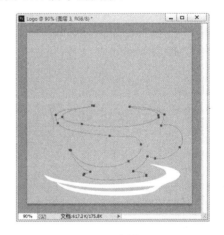

图 17.6　填充背景色　　　　　　　　　　图 17.7　绘制图形

（7）按 Ctrl+Enter 组合键，将绘制的图形载入选区，按 Ctrl+Delete 组合键填充背景色，如图 17.8 所示。

（8）按 Ctrl+D 组合键取消选区，在【路径】面板中双击【工作路径】图层，在弹出的对话框中使用默认名称，单击【确定】按钮，在工具箱中选择【椭圆选框工具】，在文档中绘制一个椭圆形，如图 17.9 所示。

（9）在该选区上右击，在弹出的快捷菜单中选择【变换选区】命令，如图 17.10 所示。

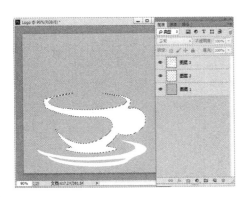

图 17.8 填充背景色

图 17.9 绘制椭圆形

(10) 在工具选项栏中将旋转角度设置为-30°，如图 17.11 所示，设置完成后，按两次 Enter 键确认。

图 17.10 选择【变换选区】命令

图 17.11 设置旋转角度

(11) 在文档中调整椭圆形的位置，在【图层】面板中选中【图层 3】，按 Delete 键将选区中的图像删除，效果如图 17.12 所示。

(12) 按 Ctrl+D 组合键取消选区，根据相同的方法绘制其他图形，效果如图 17.13 所示。

图 17.12 删除图像

图 17.13 绘制其他图形后的效果

(13) 制作完成后，对该文件进行保存，在【图层】面板中选择【图层 1】，按 Delete

键将该图层删除，如图 17.14 所示。

(14) 在菜单栏中选择【文件】|【存储为】命令，在弹出的对话框中指定保存路径，将【保存类型】设置为 PNG(*.PNG；*.PNS)，如图 17.15 所示，设置完成后，单击【保存】按钮，再在弹出的对话框中单击【确定】按钮即可。

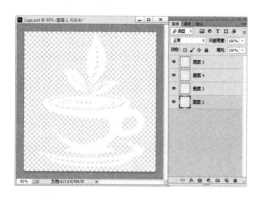

图 17.14　删除图层

图 17.15　指定保存路径和类型

17.2　制作三折页宣传单

下面将介绍如何制作三折页宣传单，其具体操作步骤如下。

(1) 启动 InDesign CC 软件，按 Ctrl+N 组合键，在弹出的对话框中将【宽度】和【高度】分别设置为 346.2 毫米、268.56 毫米，如图 17.16 所示。

(2) 设置完成后，单击【边距和分栏】按钮，在弹出的对话框中将【上】、【下】、【内】、【外】都设置为 0 毫米，如图 17.17 所示。

图 17.16　新建文档

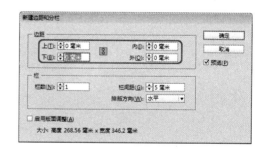

图 17.17　设置边距

(3) 设置完成后，单击【确定】按钮，在工具箱中选择【矩形工具】，在文档中绘制一个矩形，选中绘制的图形，在菜单栏中选择【窗口】|【颜色】|【渐变】命令，在弹出的【渐变】面板中将【类型】设置为【线性】，将【角度】设置为 45°，将左侧色标的 RGB 值均设置为 255，将右侧色标的 RGB 值均设置为 0，如图 17.18 所示。

(4) 设置完成后，在工具箱中选择【钢笔工具】，在文档中绘制一个如图 17.19 所示的图形。

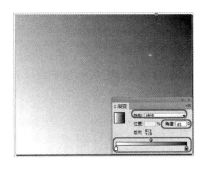

图 17.18　设置渐变填充

图 17.19　绘制图形

（5）按 F6 键，在【颜色】面板中将 CMYK 值设置为 13、15、24、0，如图 17.20 所示。

（6）在工具控制栏中将描边设置为无，再次使用【钢笔工具】在文档中绘制一个如图 17.21 所示的图形。

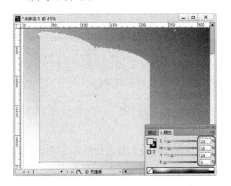

图 17.20　设置填充颜色

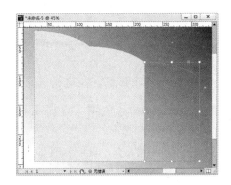

图 17.21　绘制图形

（7）在【渐变】面板中将【类型】设置为【径向】，将左侧色标的 CMYK 值设置为 13、10、37、0，选择右侧的色标，在【渐变】面板中单击 按钮，在弹出的下拉列表中选择 CMYK 命令，将右侧色标的 CMYK 值设置为 85、51、100、18，将右侧色标的位置设置为 85%，如图 17.22 所示。

（8）按 Ctrl+D 组合键，在弹出的对话框中勾选【显示导入选项】复选框，然后选择随书附带光盘中的 CDROM\素材\Cha17\花 01.png 素材文件，如图 17.23 所示。

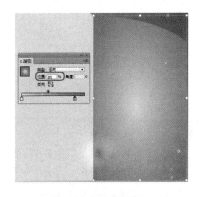

图 17.22　设置渐变

图 17.23　【置入】对话框

413

（9）单击【打开】按钮，在弹出的【图像导入选项】对话框中保持默认设置，单击【确定】按钮即可，如图 17.24 所示。

（10）在文档的空白位置单击，导入素材文件，选择导入的素材文件，在选项栏中将 W 设置为 65 毫米，然后选择框架中的内容，右击，在弹出的快捷菜中选择【适合】|【使内容适合框架】命令，如图 17.25 所示。

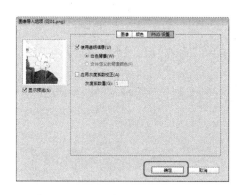

图 17.24　【图像导入选项】对话框　　　　　图 17.25　选择【使内容适合框架】命令

（11）调整完成后，使用【选择工具】，选择调整完成后的素材，将其调整至合适的位置，如图 17.26 所示。

（12）使用同样的方法，导入其他素材文件并设置其大小，将其调整至合适的位置，完成后的效果如图 17.27 所示。

图 17.26　调整素材位置　　　　　　　图 17.27　导入其他素材并调整

（13）选择左上角位置的素材，在选项栏中单击【向选定的目标添加对象效果】按钮，在弹出的下拉菜单中选择【渐变羽化】命令，如图 17.28 所示。

（14）打开【效果】对话框，在【渐变色标】选项组中选择渐变条下方左侧的色标，将其【位置】设置为 68%，在【选项】选项组中将【角度】设置为-90°，如图 17.29 所示。

（15）设置完成后单击【确定】按钮，在工具箱中选择【文字工具】，在页面上单击并拖曳出文本框，输入"茶"文字，按 Ctrl+T 组合键打开【字符】面板，将字体设置为

【方正魏碑简体】，将大小设置为 100 点，将填充颜色设置为白色，如图 17.30 所示。

图 17.28 选择【渐变羽化】命令   图 17.29 【效果】对话框

(16) 设置完成后选择输入的文字，在选项栏中单击【向选定的目标添加对象效果】按钮 ，在弹出的下拉列表中选择【斜面和浮雕】命令，打开【效果】对话框，在【结构】选项组中将【样式】定义为【内斜面】，将【大小】设置为 2.5 毫米，如图 17.31 所示。

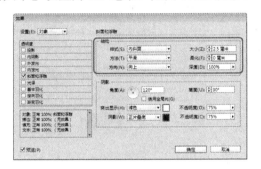

图 17.30 设置字体属性   图 17.31 【效果】对话框

(17) 然后勾选【投影】复选框，在【位置】选项组中将【距离】设置为 1 毫米，将【角度】设置为 120°，在【选项】选项组中将【大小】设置为 0.5 毫米，如图 17.32 所示。

(18) 设置完成后单击【确定】按钮，完成后的效果如图 17.33 所示。

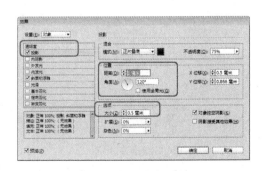

图 17.32 设置【投影】参数   图 17.33 设置完成后的效果

(19) 选择"茶"文字，打开【渐变】面板，将【类型】设置为【线性】，选择渐变条下方右侧的色标，将其 CMYK 值设置为 11、40、49、0，如图 17.34 所示。

(20) 设置后选择"茶"文字，在选项栏中将【描边】颜色设置为黑色，打开【描边】面板，将【粗细】设置为 1 点，如图 17.35 所示。

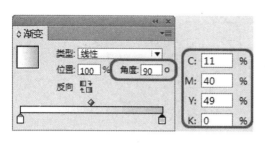

图 17.34 设置渐变

图 17.35 设置描边属性

(21) 使用同样的方法在页面中输入"香"文字，并设置其属性及效果，完成后的效果如图 17.36 所示。

(22) 在工具箱中选择【矩形工具】，在文档中绘制一个矩形，并将其 CMYK 值设置为 0、0、40、0，取消描边，效果如图 17.37 所示。

图 17.36 输入文字后的效果

图 17.37 绘制矩形并设置

(23) 选中绘制的矩形并右击，在弹出的快捷菜单中选择【效果】|【透明度】命令，如图 17.38 所示。

(24) 在弹出的对话框中将【模式】设置为【柔光】，如图 17.39 所示。

图 17.38 选择【透明度】命令

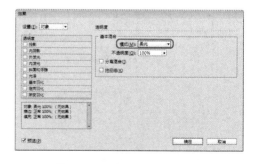

图 17.39 选择【柔光】模式

(25) 设置完成后，单击【确定】按钮，在工具箱中选择【文字工具】，在矩形中绘制一个文本框，在菜单栏中选择【表】|【插入表】命令，如图 17.40 所示。

(26) 在弹出的对话框中将【正文行】设置为 9，将【列】设置为 4，如图 17.41 所示。

图 17.40 选择【插入表】命令

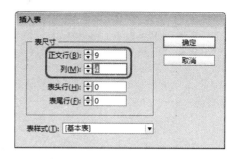

图 17.41 【插入表】对话框

(27) 设置完成后，单击【确定】按钮，选中插入的表格并右击，在弹出的快捷菜单中选择【单元格选项】|【描边和填色】命令，如图 17.42 所示。

(28) 在弹出的对话框中将【粗细】设置为 1 点，将【颜色】设置为【纸色】，如图 17.43 所示。

图 17.42 选择【描边和填充】命令

图 17.43 设置描边参数

(29) 设置完成后，单击【确定】按钮，在文档中调整表格大小，调整完成后，在表格中输入文字，并进行相应的设置，效果如图 17.44 所示。

(30) 根据前面所介绍的方法输入其他文字，并对其进行相应的调整，如图 17.45 所示。

图 17.44 输入文字并进行设置后的效果

图 17.45 输入其他文字后的效果

(31) 打开【页面】面板，在该面板中右击，在弹出的快捷菜单中选择【插入页面】命令，如图 17.46 所示。

(32) 在弹出的对话框中使用其默认参数，单击【确定】按钮，在新插入的页面上右击，在弹出的快捷菜单中选择【允许选定的跨页随机排布】命令，如图 17.47 所示。

图 17.46　选择【插入页面】命令

图 17.47　选择【允许选定的跨页随机排布】命令

(33) 在【页面】面板中调整页面 2 的位置，调整后的效果如图 17.48 所示。

(34) 使用相同的方法制作折页的背面，制作后的效果如图 17.49 所示。

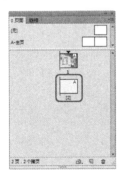

图 17.48　调整页面的位置

图 17.49　折页背面效果

(35) 在菜单栏中选择【文件】|【导出】命令，如图 17.50 所示。

(36) 在弹出的对话框中指定保存路径，将名称设置为"三折页宣传单"，将【保存类型】设置为 JPEG(*.jpg)，如图 17.51 所示。

图 17.50　选择【导出】命令

图 17.51　【导出】对话框

(37) 设置完成后，单击【保存】按钮，在弹出的对话框中将【分辨率(ppi)】设置为 300，将【色彩空间】设置为 CMYK，如图 17.52 所示。

(38) 设置完成后，单击【导出】按钮，即可弹出导出进度对话框，如图 17.53 所示。

图 17.52　设置导出参数

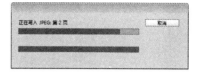

图 17.53　导出进度对话框

第 18 章 项目指导——房地产宣传单

房地产宣传单是房地产开发商或销售代理商宣传楼盘、吸引购房者的重要资料，是房地产广告的一种重要形式。下面将介绍如何制作房地产宣传单，完成后的效果如图 18.1 所示。

图 18.1 房地产宣传单完成后的效果

18.1 制作房地产宣传单的正面

本节主要介绍房地产宣传单正面的制作过程，包括置入图片、输入文字和文字的设置，其具体操作步骤如下。

(1) 在菜单栏中选择【文件】|【新建】|【文档】命令，在弹出的对话框中将【页数】设置为 2，将【页面大小】设置为 A4，如图 18.2 所示。

(2) 单击【边距和分栏】按钮，再在弹出的对话框中将【边距】选项组中的【上】、【下】都设置为 0 毫米，如图 18.3 所示。

图 18.2 【新建文档】对话框

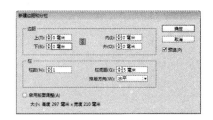

图 18.3 设置边距

(3) 设置完成后，单击【确定】按钮。在工具箱中选择【矩形工具】 ，在文档窗口中单击，在弹出的【矩形】对话框中将【宽度】和【高度】分别设置为 210 毫米和 297 毫米，如图 18.4 所示。

（4）确认绘制的图形处在选中状态，按 F6 键打开【颜色】面板，在该面板中将【填色】的 CMYK 值分别设置为 69、87、77、55，如图 18.5 所示。

图 18.4　【矩形】对话框

图 18.5　设置填色

（5）为了后面的操作更加方便，选择该矩形并右击，在弹出的快捷菜单中选择【锁定】命令，如图 18.6 所示。

（6）在工具箱中选择【矩形工具】，在场景中绘制一个矩形，如图 18.7 所示。

图 18.6　选择【锁定】命令

图 18.7　绘制矩形

（7）在工具箱中选择【选择工具】，选择绘制的矩形，按 Ctrl+D 组合键，打开【置入】对话框，选择随书附带光盘中的 CDROM\素材\Cha18\楼.jpg 文件，如图 18.8 所示。

（8）单击【打开】按钮，在工具箱中选择【直接选择工具】，选择置入的图片，按住 Shift 键对图片进行等比例缩放，调整至合适的大小和位置，如图 18.9 所示。

图 18.8　选择素材文件

图 18.9　调整图片位置和大小

(9) 在工具箱中选择【矩形工具】，在场景中绘制一个矩形，放置在适当的位置，如图 18.10 所示。

(10) 确认绘制的图形处在选中状态，按 F6 键打开【颜色】面板，在该面板中将【填色】的 CMYK 值设置为 7、14、40、0，如图 18.11 所示。

图 18.10　绘制矩形

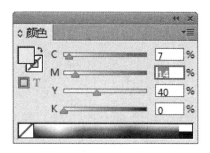

图 18.11　设置填色

(11) 确认绘制的图形处于选中状态，右击，在弹出的快捷菜单中选择【效果】|【渐变羽化】命令，如图 18.12 所示。

(12) 在弹出的【效果】对话框中，选择左侧的色标，将其【不透明度】设置为 70%，将其【位置】设置为 70%，将【类型】设置为【径向】，如图 18.13 所示。

图 18.12　选择【渐变羽化】命令

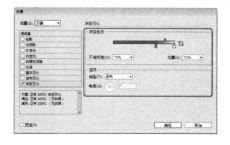

图 18.13　设置【渐变羽化】参数

(13) 单击【确定】按钮。在工具箱中选择【文字工具】，在文档窗口中绘制一个文本框并输入文字，将文字选中，在控制栏中将字体设置为【华文琥珀】，将字体大小设置为 60 点，如图 18.14 所示。

(14) 在工具箱中选择【文字工具】，将文字选中，按 F6 键打开【颜色】面板，在该面板中选择填色，将其 CMYK 值设置为 7、14、40、0，如图 18.15 所示。

图 18.14　输入文字并设置

图 18.15　设置字体颜色

（15）使用同样的方法，输入其他文字，并适当调整其他文字的大小及位置和颜色，效果如图 18.16 所示。

（16）在工具箱中选择【文字工具】$\boxed{T}$，按住鼠标左键在文档窗口中拖动出一个文本框，输入电话，将字体和大小分别设置为【宋体】和 24 点，将【填色】的 CMYK 值设置为 7、14、40、0，如图 18.17 所示。

图 18.16　输入其他文字并设置

图 18.17　输入电话并设置

（17）在工具箱中选择【直线工具】$\boxed{/}$，按住 Shift 键在文档窗口中绘制一条直线，并将其颜色设置为如图 18.18 所示。

（18）按住 Alt 键在文档窗口中对直线进行复制，并调整其位置，调整后的效果如图 18.19 所示。

图 18.18　绘制直线

图 18.19　复制直线

（19）在工具箱中选择【文字工具】$\boxed{T}$，按住鼠标左键在文档窗口中拖动出一个文本框，输入地址，将字体和大小分别设置为【华文新魏】和 18 点，将【填色】的 CMYK 值设置为 7、14、40、0，如图 18.20 所示。

（20）在工具箱中选择【文字工具】$\boxed{T}$，按住鼠标左键在文档窗口中拖动出一个文本框，输入网址，将字体和大小分别设置为【华文新魏】和 18 点，将【填色】的 CMYK 值设置为 7、14、40、0，如图 18.21 所示。

图 18.20　输入地址并设置

图 18.21　输入网址并设置

（21）在工具箱中选择【矩形工具】$\boxed{\blacksquare}$，在场景中绘制一个矩形，移至适当的位置，如图 18.22 所示。

（22）确认绘制的图形处在选中状态，按 F6 键打开【颜色】面板，在该面板中将【填色】的 CMYK 值设置为 0、0、0、100，如图 18.23 所示。

图 18.22　绘制矩形

图 18.23　设置填色

(23) 在工具箱中选择【文字工具】![T]，按住鼠标左键在文档窗口中拖出一个文本框，输入地址，将字体和大小分别设置为【华文新魏】和 30 点，将【填色】设置为如图 18.24 所示的效果。

(24) 按 Ctrl+D 组合键，打开【置入】对话框，选择随书附带光盘中的 CDROM\素材\Cha18\单花边.png 文件，如图 18.25 所示。

图 18.24　输入文字并设置

图 18.25　选择素材文件

(25) 在工具箱中选择【直接选择工具】![箭头]，选择置入的图片，按住 Shift 键对图片进行等比缩放，调整至合适的大小和位置，如图 18.26 所示。

(26) 按住 Alt 键在文档窗口中对图片进行复制，并调整其位置，调整后的效果如图 18.27 所示。

图 18.26　设置图片位置及大小

图 18.27　复制图片并调整位置

(27) 在工具箱中选择【直线工具】![斜线]，按住 Shift 键在文档窗口中绘制一条直线，并将直线【粗细】设置为 2 点，并进行描边，将其【填色】的 CMYK 值设置为 7、14、40、0，如图 18.28 所示。

(28) 在文档窗口中按住 Alt 键对直线进行复制，并调整其位置，调整后的效果如图 18.29 所示。

图 18.28　设置直线粗细并描边

图 18.29　复制直线并调整位置

至此房地产宣传单的正面就制作完成了。

18.2　制作房地产宣传单的反面

本节将接着上一节继续进行房地产宣传单反面的制作过程，其具体操作步骤如下。

(1) 在工具箱中选择【矩形工具】，在文档窗口中单击，在弹出的【矩形】对话框中将【宽度】和【高度】分别设置为 210 毫米和 297 毫米，如图 18.30 所示。

(2) 单击【确定】按钮。确认绘制的图形处在选中状态，按 F6 键打开【颜色】面板，在该面板中将【填色】的 CMYK 值设置为 7、14、40、0，如图 18.31 所示。

图 18.30　【矩形】对话框

图 18.31　设置【填色】参数

(3) 为了后面的操作更加方便，选择该矩形并右击，在弹出的快捷菜单中选择【锁定】命令，如图 18.32 所示。

(4) 在工具箱中选择【直线工具】，按住 Shift 键在文档窗口中绘制一条直线，将其文字粗细设置为 0.5 点，设置描边类型为细-细，如图 18.33 所示。

图 18.32　选择【锁定】命令

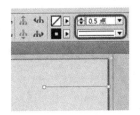

图 18.33　绘制直线并设置

（5）按住 Alt 键在文档窗口中对直线进行复制，并调整其位置，调整后的效果如图 18.34 所示。

（6）在工具箱中选择【文字工具】T，在文档窗口中绘制一个文本框，并输入文字，将文字选中，在控制栏中将字体设置为【方正大标宋简体】，将字体大小设置为 45 点，如图 18.35 所示。

图 18.34　复制直线后的效果

图 18.35　输入并设置文字

（7）将文字选中，按 F6 键打开【颜色】面板，在该面板中选择【填色】，将其 CMYK 值设置为 69、87、77、55，并将【描边】设置为【纸色】，如图 18.36 所示。

（8）在工具箱中选择【矩形工具】■，在场景中绘制一个矩形，如图 18.37 所示。

图 18.36　设置文字颜色

图 18.37　绘制矩形

（9）在工具箱中选择【选择工具】，选择绘制的矩形，按 Ctrl+D 组合键，打开【置入】对话框，选择随书附带光盘中的 CDROM\素材\Cha18\现代.jpg 文件，如图 18.38 所示。

（10）在工具箱中选择【直接选择工具】，选择置入的图片，按住 Shift 键对图片进行等比例缩放，调整至合适的大小和位置，如图 18.39 所示。

图 18.38　选择素材文件

图 18.39　调整图片的大小和位置

(11) 在工具箱中选择【文字工具】，按住鼠标左键在文档窗口中拖动出一个文本框，输入文字，将字体和大小分别设置为【黑体】和 15 点，将"A1 两房两厅"的字体大小设置为 22 点，如图 18.40 所示。

(12) 在工具箱中选择【文字工具】，选中"A1 两房两厅"之前，在菜单栏中选择【窗口】|【文字和表】|【段落】命令，如图 18.41 所示。

图 18.40　设置文字字体和大小　　　　图 18.41　选择【段落】命令

(13) 在弹出的【段落】面板中，单击面板右侧的按钮，在弹出的下拉菜单中选择【项目符号和编号】命令，如图 18.42 所示。

(14) 在弹出的【项目符号和编号】面板中，将【列表类型】设置为【项目符号】，然后单击右侧的【添加】按钮，如图 18.43 所示。

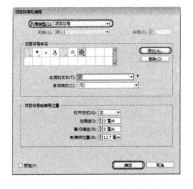

图 18.42　选择【项目符号和编号】命令　　　图 18.43　【项目符号和编号】面板

(15) 在弹出的【添加项目符号】面板中选择黑倒三角符号，单击【确定】按钮，如图 18.44 所示。

(16) 在【项目符号和编号】面板中，在项目符号字符中选择刚添加的符号，单击【确定】按钮，效果如图 18.45 所示。

(17) 用相同的方法将其他内容设置完成，效果如图 18.46 所示。

(18) 在工具箱中选择【矩形工具】，在场景中绘制一个矩形，如图 18.47 所示。

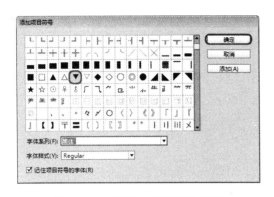

图 18.44 【添加项目符号】面板

图 18.45 增加项目符号效果

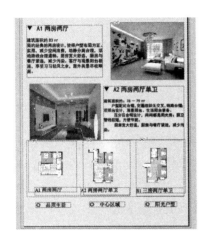

图 18.46 文字图片设置完成后的效果

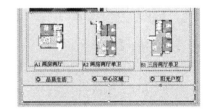

图 18.47 绘制矩形

(19) 确认绘制的图形处在选中状态，按 F6 键打开【颜色】面板，在该面板中将【填色】的 CMYK 值设置为 69、87、77、55，如图 18.48 所示。

(20) 场景制作完成后，按 Ctrl+E 组合键，打开【导出】对话框，在该对话框中为其指定导出的路径，为其命名并将其【保存类型】设置为 JPEG 格式，如图 18.49 所示。

图 18.48 设置颜色

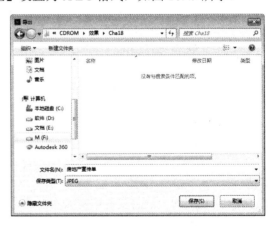

图 18.49 【导出】对话框

(21) 单击【保存】按钮，在弹出的【导出 JPEG】对话框中，使用其默认值，如图 18.50 所示。

(22) 在菜单栏中选择【文件】|【存储为】命令，将文件命名并将其【保存类型】设置为【InDesign CC 文档】，如图 18.51 所示。

图 18.50 【导出 JPEG】对话框

图 18.51 【存储为】对话框

答　案

第 1 章

1. 7 种，分别是 RGB 模式、 CMYK 模式、灰度模式、位图模式、双色调模式、索引颜色模式、Lab 模式。

2. 数字印刷的优点是：数字化印刷方式、无空间限制印刷、可变信息、印刷周期短、成本不受印量制约、可变数据输入。

3. 电子宣传册可以分为两类，一类是在线阅读宣传册，另一类是下载电子宣传册，在线阅读宣传册打开相应界面即可进行阅读浏览，但无法进行下载保存。当下次需要阅读时只有登录到相应网页才可以进行阅览，所以必须提供网络支持。而下载电子宣传册可以将其下载到自己的电脑中，再次查阅时只需找到下载的相应文件打开即可，和在线阅读是完全一样的，此时则不再需要网络支持，可以随时随地浏览和复制传播。

第 2 章

1. 有 4 种打开方法，快捷键为 Ctrl+O。

2. 有两种方法，快捷键为 Ctrl+N。

3. 8 种方法。

第 3 章

1. 不可以，因为后面的每一步都是由前面的步骤决定的，也和它的存储顺序有关。

2. 矢量图，对矢量图放大多少倍都不会失真。

3. 污点修复画笔工具，修复画笔工具，修补工具与红眼工具。

第 4 章

1. 普通图层、背景图层、文本图层、调整图层、效果图层。

2. (1) 在菜单中选择【新建】|【图层】命令。

   (2) 在图层面板中单击【创建新图层】按钮。

   (3) 按 Ctrl+Shift+N 组合键。

3. Ctrl+]组合键　　　Ctrl+[组合键　　　Ctrl+Shift+[组合键　　　Ctrl+Shift+]组合键

第 5 章

1.【颜色通道】、【Alpha 通道】、【专色通道】3 种，【颜色通道】是在打开新图像时自动创建的通道。【Alpha 通道】是用来保存选区的，它可以将选区存储为灰度图像。【专色通道】是用来存储专色的通道的。

2.【合并专色通道】指的是将专色通道中的颜色信息混合到其他各个原色通道中。它会对图像在整体上施加一种颜色，使得图像带上该颜色的色调。

第 6 章

1. (1) 基线网格；(2)文档网格；(3)字符网格；(4)标尺辅助线；(5)页边线；(6)栏辅助线。
2. (1) 基线网格；(2)文档网格。
3. 3 种，分别为使用【存储为】命令、使用【存储】命令、使用【存储副本】命令。

第 7 章

1. 分别是【正常】、【正片叠底】、【滤色】、【叠加】、【柔光】、【强光】、【颜色减淡】、【颜色加深】、【变暗】、【变亮】、【差值】、【排除】、【色相】、【饱和度】、【颜色】和【亮度】。

2. 有 3 种，分别是【粘贴】命令、使用【置入】命令和使用【定位对象】命令。
3. 旋转、缩放和切变。

第 8 章

1. 两种，一种是使用【新建主页】对话框创建主页；另一种就是以现有跨页为基础创建主页。

2. (1) 在【页面】面板中选择一个或多个页面，然后单击面板中的【删除选中页面】按钮，即可删除选择的页面。

(2) 在【页面】面板中选择一个或多个页面，单击并拖动到【删除选中页面】按钮上，也可以删除选择的页面。

(3) 在【页面】面板中选择一个或多个页面，单击【页面】面板右上角的下拉菜单按钮，在弹出的下拉菜单中选择【删除页面】命令，即可删除选择的页面。

(4) 在菜单栏中选择【版面】|【页面】|【删除页面】命令，即可删除选择的页面。

第 9 章

1. 输入文本、粘贴文本、拖放文本、导出文本。

2. 选择文本、删除和更改文本、还原文本编辑。

第 10 章

1. 对行距、对齐、缩进进行操作等。

2. 设置第一章的首字下沉效果即可用于装饰文章。

第 11 章

1. (1) 在文档框中单击，在弹出的【矩形】对话框中，将【宽度】和【高度】设置为相同的数值。

(2) 按住 Shift 键，拖动鼠标可以绘制一个正方形。

2. 按住 Ctrl 键，然后用鼠标拖动所要移动的元素即可。

3. 4 种，分别为绘制矩形、绘制圆形、绘制多边形、绘制星形。

第 12 章

1. (1) 选择【窗口】|【颜色】|【色板】菜单命令进行创建颜色并填充。

(2) 双击工具箱中的【填色】图标，在弹出的【拾取器】对话框中进行填充。

(3) 选择菜单栏中的【窗口】|【颜色】|【颜色】命令，在打开的【颜色】面板进行填色。

2. 印刷色就是指印刷所使用的 C(青)、M(红)、Y(黄)、K(黑)这 4 种基本的油墨颜色。专色就是除了 CMYK 以外的所使用的特殊的油墨。

3. 要删除脚注，可以使用【文字工具】选择脚注的引用编号，然后按 Backspace 键或 Delete 键即可。

第 13 章

1. 在 X 文本框中输入数值可以调整制表符的位置。

2. 选中表格式，在按住 Shift 键的同时向下或向上拖动鼠标，可以等比例增大或减小表。

第 14 章

1. 可以勾选【仅显示有问题项目】复选框，只显示文档中错误的文字与图像信息。

2. (1) 按 Ctrl+P 组合键可以打开【打印】对话框。

(2) 在菜单栏中，选择【文件】|【打印】命令。